食托邦

一餐一世界！有意識的選擇吃，用美味打造永續未來

Sitopia

HOW FOOD CAN SAVE THE WORLD

卡洛琳・史提 周沛郁——譯

目錄

導讀 011
作者前言 015

第一章 食物 019

01 人造肉：來一份谷歌漢堡！
02 肉類狂潮：吃肉的道德難題
03 好好吃飯：美好生活的意義
04 復活節島之後：一切危機都指向食物
05 食托邦：食物塑造了這個世界
06 無盡的晚餐：拿什麼餵飽世界
07 亞當的蘋果：從採集、畜牧到農耕
08 現代美食家：學會品味日常喜悅
09 想一想：用食物看世界

第二章 身體 059

10 量體重：監控邪惡的熱量
11 致胖的世界：光是待著就會發胖
12 味覺是最原始的感官
13 牠們吃什麼、我們像什麼
14 玩火：從操控火開始的進化史
15 生與死：雜食者的兩難
16 全世界的味覺都「工業化」了
17 肥胖國度：穿越工業化食物的地雷區
18 速食：新世界症候群
19 我們全身上下只有前額葉皮質能抗拒誘惑
20 牽腸掛肚：腸道是我們的第二個腦子
21 法國悖論：為什麼法國人不會變胖
22 舒適與喜悅：小心消費主義陷阱
23 追求理想飲食：現代營養學的救贖

24 國王的新衣；新營養主義時代
25 節食上癮症：名人文化和同儕壓力
26 「我如何停止吃食物？」科學怪咖的實驗

第三章 家——115

27 芬蘭農場，那曾稱之為「家」的地方
28 屬於自己的地方，共享食物的地方
29 那些食物讓我們想到家
30 食品儲藏室裡的人生
31 烹煮：爐火即家園
32 文化與培育：農業改變了人類歷史
33 新石器時代的家庭主婦
34 家庭經濟，自給自足的基礎
35 家族財富的積累：女人的工作永遠做不完
36 農場與工廠：餵飽迅速擴張的城市
37 我的家庭真可愛？
38 英雄的家：戰後家庭危機助長食品工業
39 數位之家：獨居與即食的文化
40 生活在數位的鏡廳之中
41 失樂園？在這世上何以為家
42 需求的美德：食物技藝與美食的復興

第四章 社會——163

43 雙市集記：城市之胃
44 虛擬市場：當食物成為期貨
45 美好的社會：如何公正地分享食物
46 分享餐食是最古老的經濟型態
47 自然的法則：私有與共享的界定
48 貪婪是對民主的最大威脅
49 禮物的交換創造了社會連結
50 泥板支付：最早的錢記錄了農業交易
51 市場的情緒波動有如「動物本能」
52 經濟成長幾乎成為美好的同義詞
53 亞當·史密斯未被回答的問題

54 當勞動受到市場法則左右
55 零時契約：永恆的不確定與焦慮
56 賺錢，賺錢，賺錢！
57 通往農奴之路
58 新自由主義的實驗：財閥興起
59 機器人上場了
60 佛教經濟：重視大地、勞動與自然
61 食托邦經濟：讓食物引導我們
62 根與枝條：慢食、社區支持農業、合作社
63 慢錢：投資有機農場與好食物
64 社區基金：善用食物與農業的潛能
65 順其自然：安息年的傳統
66 食托邦契約：以食物打造韌性的合作網路
67 新的一種成長

第五章 城市與鄉間 243

68 布魯克林農場：在城市屋頂種菜
69 垂直農場：水耕、氣耕能餵飽城市嗎
70 人不能光靠火箭而活
71 都市悖論：城市需要鄉間，反之亦然
72 烏托邦：有五〇四〇座爐火的理想城邦
73 消費城市：古羅馬把自己吃死了
74 告別地理：餵養我們的地景消失了
75 都市化與進步是必然的嗎
76 鄉村之死：你失去的不只是一座農場
77 城鄉的夥伴關係
78 未來該怎麼吃？
79 明日的田園城市
80 社區信託、共同所有權和真正的自治
81 資本地理：充斥著遞送中心、伺服器農場和發電廠的鄉村
82 重視生態資源，規劃更有韌性的社區
83 新自由棲地：關鍵仍在於食物
84 餵養世界：改吃更永續的飲食
85 理想的的城邦：環保、韌性、民主而平等

86 無政府主義的火光
87 土地價值：創造以食物為基礎的穩態經濟
88 新的常態：跨洲恢復食物真正的價值
89 身在食托邦：全球食物運動帶來正向生態改變

第六章 自然——311

90 德文郡的水獺河口
91 藍色星球：在人類世這個時代
92 小即是美：少了微生物，地球上不會有生命
93 人類是自然秩序的一部分
94 我們吃的方式造成自然的失衡
95 自然的系統靠互惠維持平衡
96 我們該怎麼餵養自己：兩派想法
97 自然是人類美德的源頭
98 野性的呼喚
99 野性無所不在
100 森林與作物的健康，取決於野性的程度
101 飛地思維：和自然共存的替代性計畫
102 如何餵養世界？「照常行事，絕無可能」
103 減肉與植物性有機生產
104 未來的食物和農業，必須以自然優先
105 自然本身就是「超級農民」
106 一切的核心是活的土壤
107 會說話的樹
108 生命之網：擁抱複雜度
109 幕後的微生物首腦
110 我們也是野性的動物
111 野化是放手讓自然修復
112 森林農園的回復法則
113 植物領先我們七億年

第七章 時間——383

114 花園棚屋
115 最後的禁忌：凝視死亡

116 永生不死的致命吸引力
117 生態耗竭的時代相當於老年
118 在食物上投注的時間
119 重拾對時間的感知
120 毫無畏懼地生活，彷彿那是自己最後一天
121 借來的時間：如何面對生命有限而活
122 食物是構成我們未來身體的材料
123 融入生命之流
124 人類世的災難：以生態向度重新思考時間
125 心流：除了消費也需要創造
126 用食物找回自然與時間的關係
127 食物連結了我們與世界

附錄

好評推薦

生而為人，就是矛盾。人類的雜食，使我們無法簡單選擇、容易思考。

從人類開始透過畜牧與農耕獲取食物開始，就注定人類是耗能的物種，歷百萬年益發積重難返。後工業時代的食物生產逐一見樹不見林的產業化，經濟動物成為我們蛋白質的主要來源，而永遠過食和食不厭精的人類需索無度，把天地海的資源提前提取過量，終究得面對枯竭即將來臨的一天。矛盾的人類或許沒機會創造烏托邦，但也許『食托邦』是個機會，使我們在生活的基礎需求和複雜的世界之間有了更多思考的連結，於矛盾中創造可能永續的未來。

——古碧玲／上下游副刊總編輯、作家

文明持續進展，但人類越來越不快樂。我們從工作無法得到意義感，而停下工作的時候我們已經比狗還累，無法好好享受時間。我們常常忘記自己匆匆吃了什麼，或者根本忘記吃。我們難以應對的疾病一個個冒出頭來，即便現在的醫學比過去任何時間點都先進。

《食托邦》提供一個宏大的觀點，說明上述這些問題其實源於同一個問題：人類社會用什麼集體策略來餵養自己。

——朱家安／哲學雞蛋糕腦闆、作家

作者用幽默的風格與博學的資訊，以《食托邦》宣誓給讀者一條透過舌尖唇齒就可以日常參與的永續之路。本書教我們柴米油鹽醬醋茶中的社會創新，如何從鍋碗瓢盆裡的青菜蘿蔔，關照城鄉山川五湖四海的生生不息。文中強調全球都市化的當前，都市農耕、城鄉互助方能生養萬民。

——張聖琳／國立臺灣大學建築與城鄉研究所教授暨臺大創新設計學院副院長

食物的身世，食物的親緣，倚賴的味道，是每個人情感記憶的飲食地圖。如果只是跟著設計師、食物學家、主廚、農夫和饕餮吃，擁有經驗，卻錯失了對意義的父母飲食系統的覺察，是一生的可惜。

——淦克萍／種籽設計總監

飲食作為人類集體生命與文明延續之本，世界各國都不遺餘力在發現問題與解決問題。《食托邦》在各國傳統飲食文化之外，反思背後最新的社會議題與文化爭議，也引領思考我們需要什麼樣的食之未來。

——宋世祥／「百工裡的人類學家」創辦人、中山大學人文暨科技跨領域學士學位學程助理教授食物美妙之處，在於它同時包含了許多面向：它是生命之必需和愉悅之所在、它涵括了自然和技藝，融合了科學、哲學、禮儀和藝術。本書對食物的想法和觀察有如一場多元而豐美的盛宴，是一部勇敢且不凡的著作。

——《觀察家報》

本書啟發我們：重新發現食物將我們彼此和自然世界聯繫在一起的方式，並在這個過程中找到新的生活方式。

——《衛報》，克里斯多福・基山（Christopher Kissane），歷史學家

作者提出的想法，正是人類當務之急。

——《TLS泰唔士報文學副刊》，克萊爾・薩克比（Clare Saxby）

必讀之作！作者提出優質食品應取代金錢成為新的世界貨幣的遠見。

——提姆・史派克（Tim Spector），英國流行病學家和科學作家

史提爾女士的書寫令人振奮……這是一趟激發我們的想像力，穿越政治、文化、經濟、歷史的旅程，讓我們看見以食物滋養充滿愛的新生活的可能。

——內森・姆拉丁（Nathan Mladin），Theo智庫資深研究員

關於食物，沒有作家提出比史提爾更為有趣的提問，因為沒有人比她更認真地看待食物在人類生活中的深遠作用。每次讀到或聽到她的話語，總讓我的心智更加擴展。這本雄心勃勃、文筆優美的書表明：我們現在的飲食方式違背了人類延續了數千年的飲食智慧。但她並不悲觀，而是建議我們重新學會珍惜食物，為更充實的、可持續的生活方式指明了道路。《食托邦》必然會成為當代的新經典。

——碧・威爾遜（Bee Wilson），英國暢銷美食作家

食托邦：看見食物的力量

「今日，我們很少人看出窗外，能看到餵養我們的地景。」

導讀／古碧玲 作家、上下游副刊總編輯

《食托邦》整本書的金句甚多，上述這幾句特別有感。

當人類不斷湧向都市，都市成為進步的代名詞之後，我們早已遠離自己直接生產食物的年代，把食物主權交給各種各樣的代辦角色；食物，變身為包裝後的工業產品出現在廚房、餐桌、食肆間，以至於模糊了食物的真相，更不知我們到底吃了什麼。

農業促成文明進程，也讓人類社會分裂成城鄉兩個社群，彼此既相互依賴又抗拮的夥伴關係，把農村的生產者變成消費者，鄉村因此迭遭抹滅，最終失去的不止是一座座農場而已。人類社會為了餵飽不斷增生、食物需求日高的城市人口，世界各地的農夫被迫離開土地，讓路給被認為能夠餵飽城市人的農業企業，食物的生產製造與配送縱向橫向分割成一個個產業。更可怕的是，一旦全球30億的鄉村居民都採用西方的生活方式，勢必會導致生態浩劫。

如今的世界在各種因素交征之下，一場場防不勝防的風暴突如其來，常在眼前跳動的一些數據，指出糧食供應問題短缺的迫切性。

近年的夏季，熱浪不時席捲溫帶寒帶的歐洲，極端氣候變遷早已侵門踏戶；繼而COVID-19掀起大流行，無論是種植、收穫到分銷的供應鏈都被打斷；二〇二二年二月兩大小麥和玉米出口國的俄羅斯與烏克蘭戰爭未息，更加劣化糧食的供應；聯合國糧食及農業組織（FAO）公布的年度食品價格指數透露上述天災人禍已將包括植物油和穀物在內的主食價格推高至歷史新高。

這項指數追蹤一籃子共同交易的糧食商品國際價格的月度變化，發現僅於過去十二個月就攀升了百分之二十三。接著，「食物民族主義」紛紛高築起圍牆，當北半球禽流感爆發加劇，偏偏馬來西亞限制雞肉出口，雞肉價格節節攀升。空前的乾旱縮短了最大的糖出口國巴西的收穫季，而能源財好賺，巴西甘蔗廠已大舉轉移到生產乙醇。畜牧業則在牛群減少、缺工、飼料價格狂漲等因素作用下，致使乳製品成本也飆升，牽動了奶油等食用油的短缺。

食物供應危機迫使人類社會非得面對，全球肉類食物需求增加，如本書作者言：「也改變遠方的地景以滿足需求。」稀樹草原佔五分之一國土的巴西，二〇一七年遭到地區大火，二〇一八年相當於五個倫敦大小的巴西森林被砍伐，用來放牧牛隻、種植大豆，該年森林砍伐速度提高百分之八十八。今日，所有蠻荒的地域有被資本地理改變。

資本集中的工業化生產食物，讓食物價格變得便宜，一九五〇年的英國人把收入的百分之三十到五十花在食物上，現在只花百分之九；美國人則更少，食物花費只佔所有支出的百分之六點四，為全球最低，每人每年平均花費為二二七三美金，卻是餵飽一般印度人的十倍以上。政客害怕民眾買不起食物，不敢提高價格，以免導致幾百萬民眾挨餓；儘管如此，食品價格指數只升不降。

同時，人們的飲食素質則在吃加工與包裝食物，讓我們付出遠離產地的代價，得到則是過去五十年胡蘿蔔的銅和錳減少百分之七十五、鈣減少百分之四十三、鐵減少版分之四十六；被設計成能消化纖維素與分解複雜分子的牛胃，改吃無法消化的穀物，不再產生人體需要、富含Omega3的肌肉，而是含Omega6的脂肪，徒然增肥。弔詭的是，節食在今日的英美兩國成了一種生活方式，每一波新風尚都被視為神奇的解藥與救贖，減肥與節食已成為都市人永垂不朽的「終身志業」。

經過反脂肪、反碳水化合物、反醣類的各種「飲食完美傳說」階段，又逐一幻滅，抬頭看地球生態已千瘡百孔。但人類社會總是繞著食物運轉，食物是經濟貿易政治、文化、文明以及我們與大地的連結，也連結我們與彼此與世界；生老病死脫不了與食物的關係；生時，透過攝取食物取得生化能量，讓我們體內充滿生氣；死時，息了味覺與胃口，嚥下最後一口氣。

⋯

本書分為：食物、身體、家、社會、城市與鄉間、自然、時間，書寫光譜的尺寸既縱深且寬廣，從人類的飲食起源到陷入工業化飲食的窘境，並從自然裡重拾解方，尤其是「自然本身就是『超級農民』」、「植物領先我們七億年」、「未來的農業和食物必須以自然為優先」、「花園棚屋」、「心流，除了消費也要創造」、「永生不死的致命誘惑」等篇章，一新經常盤桓於自然與人類關係的我的思路。

在擁有四十六億人口的亞洲還看不到曙光，甚至可說最黑暗時期還未來到的時刻，人類與湯瑪斯・摩爾於十六世紀提出的「烏托邦」漸行漸遠；此刻，作者卡洛琳・史提爾搜遍參考資料，累積出飽滿厚實卻不晦澀的書寫，引領我們透過無法與之斷絕的食物，有意識地透由食物檢視我們與自身、外界、地土的關係。

作為始終兩難雜食動物的我們從來沒有簡單的答案，然而，**運用食物獨特的治癒力，正視食物的真正意義，學習看見食物的力量，往餵養我們的地景靠近一點，試圖重建一座「食托邦」，也許有望在自然秩序中找到我們的立足之地。**

作者前言

幾年前，我在愛丁堡參加了一場TED全球大會。我們在一週間聽了數十位思想家、發明家、藝術家和行動主義者暢談他們發人省思的人生和工作，最後一天，我精疲力竭地癱在一張懶人沙發上，一位高大的荷蘭人走上前來自我介紹，說他是殼牌公司（Shell）[※1]的一位副總裁。他說：「我在找解答。我整星期都在聽大家講話，沒聽到什麼有意義的東西。我們有一堆問題要解決耶！妳有什麼好主意嗎？如果妳能告訴我好點子，我有幾百萬可以投資！」

我已經連續好幾天吸收川流不息的好點子，聽到這話有點錯愕。不過我認真思考了殼牌傢伙說的話，最後告訴他，我認為這世界最缺乏的是哲學。我說：「我們忘了怎麼問重大的問題。像是美好人生的意義是什麼。」我永遠不會忘記他臉上的表情。先是不解，然後懷疑，最後是憤怒。「**我們沒時間管那種事！**」他口沫橫飛地說。「我們有七十億人口，不知量入為出，摧殘地球，妳卻說**我們需要的是哲學**？」

雖然這段談話並沒有直接促成本書，但確實激發了我寫作本書的動機。壓力過大的荷蘭人

※1 譯註：成立於二十世紀初，是全球第二大石油公司。

說得不錯，我們二十一世紀的人類面臨種種威脅生命的挑戰；要處理那些挑戰，需要遠大的思考、儘快行動、全球合作。在這方面，我和石油商的看法若合符節；我們有異議的是處理危機的方式。他想為我們的種種問題尋求科技解答，我則想檢視導致那些問題的因素、假設和選擇，來處理那些問題背後的肇因。雖然科技和哲學這兩個學科不大算完全互斥（我們顯然都需要），不過我們坐在懶人沙發上的壞脾氣談話卻反應了科技和哲學之間的鴻溝。而我在本書中，正是想以食物為媒介，跨越那樣的鴻溝。

為什麼選食物呢？因為要讓我們一同思考、行動，把世界變得更美好，食物可說是最強大的媒介。遠在我們祖先成為人類之前，食物就在塑造我們的身體、習慣、社會和環境。食物的影響深刻而無遠弗屆，大部分的人甚至沒察覺；不過食物其實像我們自己的臉孔一樣熟悉。食物是最厲害的橋梁，是生命的要素，也是生命最現成的隱喻。食物能推動世界和思想，因此擁有強大無比的力量。食物可以說最能改變我們的生命，而我們甚至不知道食物有這樣的能耐。

我在我第一本書《飢餓城市》（*Hungry City*，暫譯）中，探討了為城市供應糧食的過程，如何逐漸塑造文明。本書繼續食物的旅程，從陸地和海洋，經由馬路和鐵路，來到市場、廚房、餐桌和垃圾場，揭露這旅程中的每個階段如何影響世界各地人們的生命。這本書寫作到尾聲時，我逐漸意識到食物對我們存在的各個面向，究竟有多深遠的影響。我決定稱最後一章為「食托邦」（sitopia，來自希臘文*sitos* 食物 + *topos* 地方），來指稱我發現的現象——我們生活在受到食物影響的世界。食物在某些方面的影響顯而易見（例如我們餓的時候，或是穿不上長褲的時候），不過其他方面的影響卻深奧而神祕。比方說，有多少人會停下來想想，食物對我們的心智、價值觀、法律、經濟、家、城市和地貌（甚至我們對生死的態度）有什麼影響。

本書延續了我當時的發現。食物塑造我們的生活，但由於影響大到難以察覺，所以大多人都毫無意識。我們在工業化世界不再重視食物，花在食物上的錢愈少愈好。因此我們活在糟糕的食托邦，食物通常只有負面的影響。許多我們最重大的挑戰——氣候變遷、大滅絕、森林砍伐、土壤侵蝕、水資源枯竭、污染、抗藥性和飲食相關疾病都源於我們並未重視食物。而本書主張，我們再度重視食物，就能利用這股正向的力量，不只處理那樣的威脅、逆轉各種不幸，並且打造更美好、適應力更強的社會，過著更健康快樂的生活。

《食托邦》和《飢餓城市》一樣分為七章，代表著以食物為重心的旅程；始於一盤食物，接著拓展到全宇宙。故事起於食物本身，延伸到身體、家、社會、城市和國家、自然與時間。我在這趟旅程的每個階段（或尺度），都透過食物來探索我們目前處境的肇因和困境，問問我們該怎麼改善。

食物是食托邦的中心，不過本書主要談的不只是食物，而是探索食物如何幫我們以關聯、正面的方式，處理我們的種種困境。我們無法活在烏托邦，但是藉由食物來思考、行動，合力打造一個更美好的食托邦，就能超乎想像地接近那個理想。

·第一章·

食物

01

人造肉：來一份谷歌漢堡！

科技是解答。但問題是什麼？

——英國建築師、建築教育兼作家賽德里克・普萊斯（Cedric Price，一九三四～二〇〇三）

二〇一三年八月，一群觀眾聚集在倫敦，見證一場驚人的美食盛會。這場盛會在攝影棚裡現場直播，由獨立電視新聞公司（ITN）主播妮娜・霍森（Nina Hossain）主持，在節目中烹煮、試吃世上第一批實驗室培養出的牛肉漢堡排。現場氣氛緊張，有種祕密研究機構挾持了週六早晨烹飪節目的不協調氣氛。不同以往的是，來賓不是名人，談的不是風花雪月；這種漢堡肉的發明人，馬斯垂克大學哲學教授馬克・波斯特（Mark Post）不安地坐在一張凳子上，旁邊是兩位緊張兮兮的「白老鼠」——奧地利營養學家漢妮・露茲勒（Hanni Rützler），和美國美食作家喬許・項瓦德（Josh Schonwald），他們準備試吃可望成為未來食物的東西。

銀餐盤蓋下的漢堡肉看起來夠無害了，不過仔細看，漢堡肉泛紫，質地太過平滑（何況還盛在培養皿裡），暴露出肉的來源與眾不同。這種漢堡肉歷經五年，花費二十五萬歐元研發，含有二萬束波斯特口中的「培養牛肉」（牛幹細胞培養出的體外培養肌肉組織），加上一些比較常見的成分——蛋和麵包粉增添口感，加上番紅花和甜菜汁調色。負責烹調這塊珍貴蛋白質的廚師李查・麥格恩（Richard McGeown）用處理核費料的態度舀起漢堡肉，擱到平底鍋裡融化的奶油中。

肉餅開始滋滋作響時，現場播放一段影片，解釋了體外培養肉類背後的科學原理。一個柔和的美國腔男中音配著卡通圖形和宛如出自《侏儸紀公園》「恐龍DNA」序列的放克爵士專輯，告訴我們培養牛肉的肌肉組織起先是在「無害小手術」中，從一隻牛身上「採取」的。接著分離脂肪和肌肉細胞，並且分割肌肉細胞，使那些細胞自我分裂。帶著磁性的男聲說道：「從一個肌肉細胞，可以長出一**兆個**細胞！」接著那些細胞融合，形成〇・三公釐的細胞鏈，再把細胞鏈鋪到培養基上，而肌肉細胞天生有收縮的趨勢，會增大而產生更多肌肉。那聲音熱情地說：「從一小塊組織，可以長出一**兆束**肌肉！」好像沒意識到話中重複之處。「所有的細小肌肉疊在一起之後，我們就得到和原本一模一樣的東西——**牛肉**了！」

攝影棚裡，麥格恩主廚宣布漢堡肉做好了，他把漢堡肉盛到一只白盤子上，旁邊擱了一堆小圓麵包、番茄片和萵苣菜。霍森爽朗地說：「女士優先！」然後把盤子推向露茲勒，她猶豫地切下一小塊肉餅，瞧了瞧、聞了聞，然後放進嘴裡，開始咀嚼。食物史上的這「一小口」上演的同時，波斯特解釋道，溫斯頓・邱吉爾（Winston Churchill）早在一九三一年就在一篇短文中預測過這一切，描述人類有一天會「擺脫荒謬」，不再養整隻雞，而是在「適合的介質中培養可食的部位」[2]。波斯特愈說愈起勁，但其他人都發現漢堡肉燙到了露茲勒的嘴。露茲勒不肯吐出她五萬歐元的生意，她勇敢地吞下，顯然很痛苦，一邊還要努力回答霍森夠麻煩的問題：「嚐起來怎樣？」

露茲勒緊張地哈哈笑，好不容易才說：「我以為質地會軟一點。上色後滿有風味的。我知道裡面沒脂肪，所以不知道會多麼多汁，不過很接近真的肉……至於口感，很完美……不過**我想念鹽和胡椒！**」最後這番爆發後，露茲勒把試吃的接力棒交給項瓦德，他立刻發揮了他與生俱來的吃漢堡傳承，說：「那一口嚐起來像傳統的漢堡肉，卻是某種不自然的體驗，因為我說不出過去二十年我多常吃漢堡肉不加番茄醬，或是任一種洋蔥、墨西哥辣椒或培根；不過我覺得主要缺少的是脂肪……風味有很明顯的差異。」

之後霍森問起波斯特，試吃進行的如何，雖然有這些褒貶不一的評價，波斯特仍然樂觀。「我覺得這是非常好的開始。舉辦試吃，主要是為了證明我們辦得到。我很欣慰。評價很中肯，肉裡還沒有脂肪，不過這部分我們正在努力。」原來**我們**包括了谷歌的共同創辦人謝爾蓋．布林（Sergey Brin），這時他出現在一支短片裡，解釋他對這計畫的期許。「有時新發展出的技術，能夠改變我們看待世界的方式。」他說。「我喜歡評估機會，看看何時發展到可望成功的轉折點。」布林要是沒選擇戴著他的谷歌智慧眼鏡發表這番話，或許更令人振奮；那副眼鏡讓他外表有一種〇〇七電影反派的邪惡氣質。他繼續說：「有些人覺得這是科幻小說，其實我覺得這是好事。如果大家都不覺得你做的事像科幻小說，帶來的影響很可能不夠大。」

二〇一三年的時候，根本看不出布林會是熱衷實驗室食物的矽谷執行長。那年對於新科技潮流而言，是奇跡之年，比爾．蓋茲宣布他贊助了至少三家新創公司：新科鹽（Nu-Tek Salt）、漢普頓溪食品公司（Hampton Creek Foods）和超越肉類（Beyond Meat）。新科鹽打算用氯化鉀取代食鹽中的氯化鈉。漢普頓溪食品公司現在更名為皆食得（JUST），是用植物性蛋白仿製蛋的先驅。而超越肉類也利用植物性蛋白，仿製的是雞肉和牛肉。蓋茲試吃了超越肉類的「無雞雞柳」之後，發現他無法分辨和真的雞柳之間有什麼差異，之後顯然皈依了。那年，蓋茲在他的網站上寫道：「我們處於這世界盛大創新的起點。我非常樂觀，這世界有無數的人，會因為富含蛋白質的營養飲食而獲益！」

蓋茲一如往常，說中了賺錢的事。現在，實驗室食物成了一大產業，主要投入的公司包括凱鵬華盈（Kleiner Perkins，是亞馬遜和谷歌的主要投資者）、維諾德．科斯拉（Vinod Khosla，昇陽電腦公司〔Sun Microsystems〕的共同創辦者）和顯明公司（Obvious Corp，由社交媒體推特〔Twitter〕的創辦者成立），都想分一杯羹。短短幾年內，科幻小說已經成了現實，皆食得、超越肉類、不可能食品（Impossible Foods，由谷歌、科斯拉〔Khosla〕與比爾．蓋茲創立）之流，都打入了美國和其他地方的高檔超市和時髦餐廳。二〇一八年，英國率先嚐到「血淋淋」的素食漢堡——超越肉類製造的那些漢堡肉在特易購（Tesco）上市，幾乎一上架就搶購一空（他們和波斯特的肉餅一樣，用甜菜汁替人造食物調色）。在此同時，不可能食品推出更血腥的假血漢堡排，遭到美國評論家大肆抨擊；他們用基因改造酵母製造血基質（heme／haem，是血紅素〔haemoglobin〕的字源），也就是讓我們的血呈現紅色的物質。二〇一九年，漢堡王推出不可能的華堡（Impossible Whopper），「和牛肉華堡一樣，完美直火烘烤」，而不可能食品的漢堡排大紅大紫。

目前美國實驗室肉品的銷售額已達十五億美元，預期二〇二三年將成長到一百億，而肉品工業的反應很快。一些肉品生產商要求植物性代替品不能標示為肉類（二〇一八年，密蘇里州率先通過這項規定），有些（包括嘉吉〔Cargill〕和泰森〔Tyson〕等大公司）則採取「無法打敗他們，就加入他們」的策略，贊助像曼菲斯肉品公司〔Memphis Meats〕這樣的新創公司，這些公司的目標是用波特斯的方式，在實驗室裡進行商業化的體外培養肉類。

人造肉為什麼一鳴驚人？除了大筆資金注入，工業化畜牧生產帶來災難性後果的公眾意識迅速提升，也是一大刺激。從聯合國二〇〇六年開創性的報告，《牲畜的巨大陰影》（*Livestock's Long Shadow*）到著名的影片（例如《奶牛陰謀》〔*Cowspiracy*〕和強納森・薩法蘭・弗耳（Jonathan Safran Foer）的《吃動物》（*Eating Animals*）等書籍，到近期的報告，例如EAT-刺胳針委員會（EAT-Lancet Commission）二〇一九年〈人類世的食物〉（Food in the Anthropocene），愈來愈令人憂心的大量書籍、影片和研究記錄了養殖工廠造成的破壞、殘酷和生態瘋狂行徑[3]。

人類一開始馴養牲畜，主要是因為那些獸類能吃我們不吃的東西——牛吃草，豬、雞大啖廚餘；在田野、山丘和後院待了幾年之後（期間牛和雞會給我們額外的好處——牛奶和蛋），我們可以吃了牠們。只要不介意無法避免的結局，這一切其實造就了相得益彰的美好循環。相較之下，養殖工廠的效率幾乎低得可笑。全球生產的穀物，現在有三分之一用於飼養動物，這些食物如果直接吃，能餵養十倍的人口[4]※1。工業化肉類生產消耗掉三分之一的農業總用水量，占溫室氣體總排放量的百分之十四．五[5]。加上足球場大小的有毒糞尿池和濫用抗生素，就得到非常可觀的隱藏成本。雖然那樣的損害很難估計負面價值，不過印度科學與環境中心（Indian Centre for Science and the Environment）這間環境機構的一則研究認為，如果考慮所有因素，一份工業化漢堡的真正價格會是二百美元，而不是我們現在支付的二美元[6]。

工業化畜牧生產的道德問題一樣令人擔憂。即使養殖工廠這個名詞沒直接給人一種喬治．歐威爾式的不安※2，仔細檢視這些遮遮掩掩的設施（業界稱為集約動物飼養經營，concentrated animal feeding operations，CAFO）也很快激起那種感覺。數萬隻動物擠在這些地方，以穀物和

※1 原註：這是因為各種牲畜的蛋白質轉換效率。

※2 譯註：Orwellian，指著有《一九八四》和《動物農莊》等小說的英國小說家喬治．歐威爾（George Orwell），作品充滿對社會的觀察諷刺，與對極權的批判。歐威爾式是形容有礙自由開放社會福祉的情況。

玉米飼料為食，這些飼料的目的正是儘快把牠們養到屠宰體重。我們大多人打從心靈深處知道，那種養殖場的狀況和田園風情天差地遠。不過就像強納森．薩法蘭．弗耳說的，我們準備為肉類付出的代價，直接影響我們享用的鳥獸的生活品質。依據弗耳在美國參訪各家動物古拉格的噩夢般經驗※3，那價格通常低到不能再低。一名行動主義者這樣總結：「這些養殖工廠計算出他們可以把這些動物養到多密集，而不會害死動物。這一行的商業模式就是這樣[7]。」

你也許多少仍寄望我們吃的大部分動物，都過著幸福快樂的生活，老實說，恐怕不是這樣。二〇一八年，落入全球餐盤中的七百億隻牲畜裡，三分之二都出自養殖工廠；美國的這個數字是百分之九十九[8]。只要想想看，現在地球上所有哺乳動物中，有百分之六十是家畜，百分之三十六是人類，其餘則是野生動物（僅占百分之四），就能了解這樣的尺度有多麼驚人[9]。從那樣的數字可以看出，我們吃肉的嗜好正在威脅我們自己和我們的地球。

這正是那些矽谷實驗室食物公司想處理的危機。皆食得的年輕執行長賈許．泰特里克（Josh Tetrick）是死忠的純素食者，自從發現了美國三億隻蛋雞飼養的狀況多麼駭人聽聞之後，就開始設法複製他口中的「蛋的二十二種功能」（例如乳化、起泡、增稠）。泰特里克意識到大家短時間內不會停止吃蛋之後，套一句他的話，他想「從這狀況中排除蛋雞這個因素」。二〇一三年，泰特里克推出了超越蛋（Beyond Eggs），這種植物性的蛋代替品含有豌豆和油籽等等成分，保存期限比較長，膽固醇較低，而且泰特里克希望超越蛋的風味勝過任何母雞產出的東西。同一年，「就是美乃滋」（Just Mayo）在原型食品超市（Whole Foods Market）上市，受到好評，之後是二〇一八年的「就是蛋」（Just Egg），這種代替品的主要成分是綠豆，煮熟後很像炒蛋，即使還不大能贏過母雞，也朝泰特里克的純素夢想邁進了另一步[10]。

不可能食品、超越肉類、超越蛋——實驗室食物的詞彙有種奇妙的氣氛；刺激而帶了些許威脅，有點像某個漫畫中的超級英雄，意外闖入了《美麗新世界》（*Brave New World*）的情節中。催生實驗室食物的矽谷文化（曲速科技、天文數字的利潤、無情的競爭和充滿睪固酮的執行長致力於拯救地球的任務）在不到一代之內，稱霸了我們生活的大部分面向。科技巨頭太強大又無所不在，你如果知道那些公司有多新，可能很意外——二〇一三是實驗室食物的突破之年，當時谷歌才成立十五年，推特和臉書不到十年。公司尚新，影響力卻驚人，不只影響我們購物、通訊、個人資料，也影響了我們未來可能的生活方式。二〇一八年，谷歌的營利超過一千億元，有雄厚的本錢投資自己新成立的研發分公司——Google AI；這間公司引領了我們數位生活想得到的所有領域（從臉孔辨識到無人駕駛車）的設計與開發[11]。回頭來看，問題不是矽谷為何涉足食物，而是為何那麼晚才開始。

※3 譯註：gulag，蘇聯時代勞改管理營總局的縮寫，估計約有三千萬人曾被關進勞改營。

科技巨頭近年執著於食物，至於該為此歡喜或憂心，多少取決於你一般的人生觀。如果比較相信我們人類聰明才智，能靠著發明突破任何困境，大概就可以好枕以暇，抓個實驗室漢堡吃，買些皆得食和谷歌的股票。不過如果你擔心我們遇到複雜的問題，會尋求簡單的解答，就該非常擔心了。我們的生活從來不曾這麼複雜，也不曾這麼依賴科技而運作。我們的地球陷入麻煩，一些國際企業想控制一切，從我們怎麼通訊、旅遊和吸收知識到我們怎麼吃，都想掌控。這樣再好不過了，不是嗎？

你大概已經猜到，我是擔心派的。雖然我沒有科技恐懼症，但我覺得我們迫切需要檢視自己和科技的關係；我在本書中提出，我們可以透過食物的視角來檢視。我們人類早在發明科技之前，就學會了吃，許多最偉大的進展都發生於試圖讓自己吃得更好的過程中。食物和科技是我們演化的兩大支柱，所以能幫我們了解我們是怎麼落入如今的困境，引導我們塑造未來。話不多說，就來回頭看這章開頭的疑問吧：如果科技是解答，那問題是什麼？

02 肉類狂潮：吃肉的道德難題

這問題可能是：「該怎麼活？」這是世上歷史最悠久的問題，也是所有生物行為背後的那個問題；該怎麼活的問題，其實寫在我們的DNA裡。這問題的核心是該怎麼吃，而這又是所有生物的基礎問題。樹木、蛙、鳥、魚、蟲都必須進食，不過對牠們來說，這問題遠不如我們複雜。身為有意識的生物，我們覺得餵飽自己的方式也有「好」有「壞」。孰是孰非或許沒有共識（這問題曾經掀起戰爭），不過對我們來說，吃這事免不了涉及倫理的範疇。

在全球尺度，該怎麼吃的問題還有待我們人類解決。我們努力了將近二百五十萬年，仍然無法破解。我們有些驚人的突破（製造工具、運用火、發明了畜牧、利用溪流、改造基因），不過每樣進展都伴存著一堆新問題。今日，我們的超市架上或許堆滿食物，不過讓貨架充盈的系統卻身陷危機。我們所在的星球資源有限，溫度過高，而我們吃的方式讓我們陷入自我毀滅的漩渦，難以逃脫。一七八九年，羅伯特・馬爾薩斯（Robert Malthus）在他悲觀出名的《人口論》（*Essay on the Principle of Population*）中警告，不論我們生產多少食物，食物好像總是不夠。

我們很不擅於管理我們生產出的食物；這下子事情更複雜了。依據聯合國糧食與農業組織（Food and Agriculture Organisation，FAO）統計，全球農民目前每天提供相當於每人二千八百卡的食物，足以分配給所有人——前提是要有個理想的糧食系統[12]。那樣的系統當然不存在，所以全球約有八億五千萬人在挨餓，而過重或肥胖的人數高達兩倍以上[13]。※4 這種失衡狀況的

※4 原註：最新數據見：http://www.fao.org/hunger/en/; http://www.who.int/mediacentre/factsheets/fs311/en/321

原因眾多又複雜，不過最終可以濃縮成一開始阻撓我們餵飽自己的那些因素，也就是地理、氣候、所有權、貿易、分配、文化和浪費等面向——正是這些因素塑造了我們的文明。我們怎麼吃，和左右我們人生的社會、政治、經濟與實體結構密不可分，而食物因此無比複雜、無比重要。

不過在那樣的複雜狀況下，又產生了某些趨勢。比方說，開發中國家努力產生足以餵飽人民的食物，已開發國家則容易把人民餵得太飽。食物浪費是全球問題，但問題的起因卻取決於地理位置——南方世界浪費※5，主要是因為缺乏基礎設施，北半球則主要是供過於求。英國、法國、比利時和義大利提供國民百分之一百七十到一百九十的營養需求，美國每個男、女、兒童可得到的熱量則是驚人的三千八百卡，幾乎是安全攝取量的兩倍[14]。難怪那麼多美國人過重，也難怪美國有半數食物都浪費了[15]。特拉姆．史都華（Tristram Stuart）在《浪費》（*Waste*）中指出，如果西方國家把他們的食物供應限制在營養需求的百分之一三〇，而開發中國家把收獲後損失降低到和已開發國家相當的程度，就能省下三分之一的全球食物供應，足以餵飽全球飢餓人口二十三倍的人[16]。

如果食物危機是顆洋蔥，剝掉一層洋蔥，露出的就是全球飲食改變。人們搬去城市，傳統的鄉村飲食（以穀物和蔬食為主）換成了大量肉類與加工食品的西式飲食。二〇〇五年，聯合國糧農組織預測全球的肉類和乳製品攝取量將在二〇五〇年加倍，這個預測至今仍然不曾偏離[17]。這種改變最顯著的就是中國，一九八〇年，百分之八十的人口在鄉村，現在卻有百分之五十三的人住在都市，預估到二〇五〇年，將有百分之七十的人口在都市[18]。一九八二年，中國平均每人每年只吃十三公斤的肉，今日這數字已經變成六十公斤，而且仍不斷增加。雖然這只是一般美國人攝取量的一半，今日的中國人卻消耗了全球四分之一的肉類，比愛吃漢堡肉的美國人還多了一倍[19]。

我們西方人可能很難理解自己吃了多少肉，因為曾在我們田野中覓食的牲畜幾乎都不在了。在英國鄉間漫步，太少看見牛羊，很容易以為全英國都改吃素食。這種心理與實際的距離感，多少使我們許多人說到我們毛茸茸的朋友和長羽毛的朋友時，處在否認的狀態——我們愛貓愛狗，卻迫使數百萬隻雞和豬活在悲慘中（豬和我們的犬科同伴一樣聰明、有感覺）。雖然世界各地的動物福利標準各有不同（英國牧場的一些標準超高），但很少有人會認真確認我們培根三明治的原料來源是隻「快樂」的豬。

我們對於食物的真相為何那麼盲目？一個答案是，我們不喜歡想太多。活在愉快的無知之中、不去思考維持生命，這曾是富人的特權；現在多虧了便宜的即食食品，我們大多人都能這樣活下去。有些人或許會說，那樣的漫不經心是工業化登峰造極的成就；然而那也是道德淪喪

※5 譯註：Global South，相對於北方世界，並非地理位置；南方世界通常指開發中國家，北方世界則為已開發國家。

的徵兆。只有「馬門風波」尺度的醜聞（歐洲和其他地方的便宜肉派遭人發現含有非法的馬肉）足以喚醒我們，脫離美食家的昏沉。那場醜聞之後，大家不再買便宜的肉派，尋求更好的代替品，而英國獨立肉販的銷售量增加了百分之三十。可惜這場復興維持不久——幾個月內，肉派的銷量恢復正常，這次危機只在典型英式幽默中留下一絲痕跡。**侍者**：「先生，請問您的漢堡肉要加什麼嗎？」**顧客**：「五塊賭獨贏和三重彩※6。」

馬克．波斯特和其他人希望用實驗室培養的替代物撼動的，正是我們一心吃肉的做法。對波斯特來說，培養牛肉的優點很明確。他問道：「嚐起來一樣，有一樣的口感，價格相同，甚至更便宜；所以你會選哪一種？從倫理的角度來看，這樣只有好處[20]。」雖然波斯特的意圖令人佩服，但實驗室肉品的道德其實沒他聲稱的那麼清白。首先，培養牛肉是用牛胚胎血清培養的，所以和植物性的血基質不同，仍然用到了動物，只是程度遠小於傳統的牛肉。再來是「吹毛求疵」的因素：在實驗室培養肌肉組織，究竟是不是我們想走的路。最後，也是最重要的是所有權的問題：雖然谷歌非正式的標語是「不作惡」（現在修正為「做正確的事」），但我們真的希望製造、擁有我們食物的，就是控制我們如何取得、分享資訊的那些國際企業嗎？如果不希望，我們覺得還有誰會擁有製造實驗室牛肉必需的科技呢？顯然不是你當地親切的農民或肉販。如果實驗室肉品成功了（所有跡象都顯示會成功），絕對會申請一堆專利，利潤至少多得和你智慧手機上的軟體一樣驚人。

那麼超越肉類、不可能食品和其餘的植物性肉類代替品呢？雖然道德方面沒那麼有問題，不過大量食用那樣的產品，對我們或地球是否真的有好處，還有待商榷。依據網站說明，不可能的華堡成分有：「水、大豆蛋白萃取、椰子油、葵花子油、天然香料、馬鈴薯蛋白、甲基化纖維素、酵母萃取、培養的右旋糖、修飾澱粉、大豆血紅素（soy leghemoglobin）、食鹽、大豆分離蛋白、混合生育酚（mxed tocopherol，即維生素E）、葡萄糖酸鋅（zinc gluconate）、鹽酸硫胺明（thiamine hydrochloride，即維生素B_1）、抗壞血酸鈉（維生素C）、菸鹼酸、鹽酸吡哆辛（pyridoxine hydrochloride，即維生素B_6）、核黃素（riboflavin，即維生素B_2）和維生素B_{12}」。這些成分阿嬤大概都認不得，更不用說信任了。

不過這不是說實驗室肉品或人造肉一定都不好；相反地，任何承諾會終結養殖工廠的東西，都值得一試。原子彈之父羅伯特・歐本海默（Robert Oppenheimer）體悟得好，問題在於實驗室裡的好主意，在現實世界卻可能造成不曾預料的後果。科技和狗一樣，通常會服從主人，而我們目前科技巨頭的行為，其實令人無法信任他們控制我們未來的食物。

在實驗室裡培養肌肉組織，可能好過單純多吃蔬食，這樣的思維反映了我們人類困境的核心。數百萬年來，我們和科技一同演進，在過程中，成為我們口中的**智人**（*Homo sapiens*，種

※6 譯註：賭馬術語，指既押了獨贏，又押那匹馬會跑前三名。

名*sapiens*有睿智之意）。少了科技，就不會有人類，人類會無法生存，但我們的共同演化遇上了挫敗。我們致力於解決「怎麼吃」的問題，同時卻讓「怎麼活」的問題更複雜了。要解決那問題時，科技不再是限制因子——我們已經知道怎麼餵飽全世界、溫暖或冷卻我們的住家、治療疾病；我們欠缺的是無法有效地應用想法——合作、分享、從我們的錯誤中學習。我們最迫切需要投資、發明的領域並不是科技，而是**人性**。

03 好好吃飯：美好生活的意義

> 如果不好好吃，怎麼好好思考、好好去愛、好好睡覺。
>
> ——英國女作家維吉妮亞·吳爾芙（Virginia Woolf）[21]

美善的生活有什麼意義，這問題科技從未替我們解答。這是我們做任何事情的核心，我們所有的選擇與行為，其實都是因應而生[22]。我們何時而怎麼吃、喝、工作、思考、行走、說話或查看手機，這些決定都遵循有意識或無意識的美善概念。即使在睡夢中，我們的大腦也會不斷翻閱一天之中無法解決的問題。我們永遠免不了追尋美善的生活。

我們飢餓、口渴、冷、病或有危險的時候，這樣的追尋變得關乎生存。食物、水、溫暖、藥物和棲身之處成為極其珍貴的「商品」，人類大部分的歷史上都是如此。因此我們舒舒服服在西方國家生活的人，其實算是反常——對我們來說，死亡比較可能來自所謂的「文明病」——癌症、心臟病、糖尿病或失智症，而不是戰爭、暴力、飢餓或疫病。科技幫助我們對抗死亡，卻也讓我們遠離了自己生命有限的事實，甚至導致這個主題變成是禁忌。

一旦確定能活下去，「怎麼活」的問題就變得愈發複雜、抽象。雖然我們的選擇仍然間接與生存有關（**我們的玉米脆片吃完了嗎**），卻通常比較無形，例如追求幸福。幸福出名地難界定，更難達成。幸福是終極的誘惑，人皆渴望，卻少有人得到。在我們電腦、洗碗機與微波爐圍繞的暖和家園走動，同時高聲叫亞馬遜公司的艾列克莎（Alexa）語音助理播放我們最愛的音樂時，有一種心照不宣的假設——我們**應當**幸福；不過基於數不清的原因（工作壓力、擔心財務狀況或一種普遍的寂寞感），我們的感覺時常恰恰相反。

英國經濟學家李查．萊亞德（Richard Layard）在《快樂經濟學》（*Happiness*）中寫得好，喜悅和財富根本不呈線性關係。生活夠舒適（滿足基本生存）之後，即使財富再多，我們也不會更快樂。萊亞德發現，截至二〇〇五年的五十年中，雖然英美、日本的收入加倍，幸福程度卻維持不變[23]。從這樣的發現可以得知，為什麼有些人即使幸運地肚子飽飽，家宅舒適，擁有各種聰明的小玩意兒，卻仍然需要追求其他事物，像是愛、意義、成就感、目的。但我們愈是追尋，那些事物卻顯得愈不可及。音樂、藝術、天文、詩、哲學和宗教，或是低空跳傘、Xbox

遊戲機、填字遊戲、毒品和酒精，都只是我們渴望的副產品。

人類是複雜的動物，我們如何可能持續欣欣向榮？最早提出這問題的人，包括蘇格拉底。蘇格拉底以挑釁與面貌醜陋聞名，同時又機智迷人，不斷質疑生命的意義、在他雅典同胞的答案中挑毛病，折磨他們。蘇格拉底這麼做，是因為他相信我們人類最重大的任務，是學會運用我們的大腦。想也知道，他的努力不大受領導菁英歡迎，他們最後以「腐化年輕人心智」的罪名審判他。蘇格拉底在一場著名的演說中替他的行為辯護，說他一生探索之後，最重要的體悟是發覺自己一無所知。他說，即使如此，所有人仍然有義務做那樣的探求，因為「少了這種檢視，人生就不值得活[24]。」

蘇格拉底為哲學犧牲奉獻，付出了生命，不過他的思想遠遠沒那麼容易抹滅。他不懈地尋求善的意義，由於忠實學生柏拉圖的《對話錄》（*Dialogues*）而名垂千古，在雅典廣為流傳。雅典是世上第一個民主政體，因此有完美的背景可以傳播那樣的探求。現實的城邦成為柏拉圖的烏托邦之作《理想國》的基礎，這作品又啟發了他的學生亞里斯多德寫出《倫理學》（*Ethics*），是美善生活的第一本實際指南。

亞里斯多德同意柏拉圖的概念——人生的指導原則是尋求美善。他寫道：「所有技藝、所有探究，以及所有行為與追求，都視為以某種美善為目的。因此善確實該定義為所有事物的目的[25]。」亞里斯多德思索著，那麼人類終極的善是什麼呢？當然是讓我們最重要的能力（也就是理性）更臻健全。亞里斯多德說，我們唯有藉著理性，才能過著正直（因此幸福）的生活，藉此渡過人生終將讓我們陷入的困境。而關鍵是找到一切的平衡，首先是我們自己：如果我們生來莽撞，就該培養耐性；如果生來怯懦，就該努力勇敢。透過那樣的努力，我們可以讓靈魂更完美，因此擁有美德，直直穿越人生，就像奧德賽小心航行過絲庫拉（Scylla）和卡律布狄斯（Charybdis）驚險的岩石間[26]。※7如果人類是艘船，人生是大海，那麼善就是我們的北極星，也是我們掌舵的依歸。

然而希臘哲學家從沒宣稱，過美善的生活很簡單。恰恰相反；這樣當然需要不少勇氣和努力。幸福的希臘文*eudaimonia*，這個字的意思接近繁榮，是主動而非被動的狀態。對亞里斯多德來說，這特別重要，因為人類是「政治的動物」，表示我們永遠無法獨自壯大——想要幸福，就需要彼此。對我們好的事物，對整體社會一定也好。亞里斯多德說，我們對好的意義或許沒有共識，但我們還是得設法尋求共識——其實這正是政治的最終目標。

從蘇格拉底的下場可以看出，並不是所有雅典人接觸到那概念，都覺得心安理得。但如果說古代過著正直的生活很難，在當代的倫敦就更有得瞧了。像我們這樣的後工業社會裡，幾乎

※7 譯註：《奧德賽》記述了希臘小島國國王奧德賽前往參加特洛伊戰爭，及戰後因為得罪神明而在外漂流十年，屢經險阻才得返鄉的故事。絲庫拉是六頭十二腳的吃人海妖，卡律布狄斯則是吞噬隻船的大漩渦，雙方分別占據一座海峽的兩側，太靠近任一邊都將折損人船。

無法真正過著美善的生活，因為光是活著，我們就參與了大量的社會、政治和經濟體系，姑且不論其他缺失，那些體系還會大肆壓迫工人、虐待動物、毒害海洋、摧毀生態系、排放溫室氣體。你開車、坐飛機去度假、吃牛排或擁有智慧型手機嗎？老天保佑。我們在現代世界做的幾乎所有事，都有深遠的負面影響。我們檢視自身行為對無數人、動物、結構和生物的所有影響時，光是處理生活中的種種兩難，就需要龐大的知識和努力，而我們對大多影響幾乎一無所知。用不著說，很少人辦得到。

蘇格拉底會怎麼建議我們面對現代生活呢？他的第一個建議可能是，要學會擁抱矛盾。畢竟我們一生追求難以捉摸的目標，這件事本身就很矛盾。對蘇格拉底來說，接受人類的處境，本身就是美善生活的基礎；印度的佛陀幾乎是同時代的人，也有相同的概念。他們都創立了一個人道主義思想的傳統，其中蘊含了不少幸福的關鍵。這概念聽似熱切，對於另一個偉大的人道主義分支（或許還是我們對付人生無常的最佳武器）——幽默，卻不可或缺。比方說，一九七〇年代，英國科幻小說家道格拉斯．亞當斯（Douglas Adams）的系列廣播《銀河便車指南》（*The Hitchhiker's Guide to the Galaxy*）※8裡，就為了回答「生命、宇宙和萬物的意義是什麼」而建造了一臺電腦，「深思」（Deep Thought）。深思花了七百五十萬年，想出了答案：「四十二。」大家指控電腦的答案毫無意義，電腦也承認了，但它辯解道，設計它的人其實不了解原本那個問題[27]。

04
復活節島之後：一切危機都指向食物

我們的現代生活充滿矛盾。我們的科技能力超乎人類想像，徒有基因改造羊隻、把探測器送上彗星，或讓機器人製作壽司等等能力，應付非科技挑戰（例如打造公正的社會、尊重彼此對神的分歧看法，或和魚類共存）的能力卻似乎遠遠不如。以心理學詞彙來說，我們犧牲了「軟」技術來發展「硬」技術；用象徵的說法，我們容許科技的尾巴搖動了哲學那隻狗※9。

科技主宰了我們的生活，使我們的窘境每況愈下。三分之二的人擁有智慧型手機，這樣的數字突顯了數位革命無遠弗屆。網際網路轉變了我們的生活，程度和速度超過任何人的預料（唯一的例外是媒體先知馬歇爾・麥克魯漢〔Marshall McLuhan〕）。今日我們所在的地球村裡，谷歌是市場，亞馬遜是百貨商店，臉書是花園欄杆，推特則是地方八卦。眨眼間，從前只發生在小鎮、城市的活動，一彈指就能在沙漠、海洋或飛機上進行。

誰也不知道我們的數位生活會往哪發展。我們對螢幕的執念，已經改變了我們的社會行為和思考方式。現在數位生活令人陶醉的刺激感開始消退，黑暗面愈發清晰，網路犯罪、自殘網

※8 譯註：以「地球即將毀滅」為引子，發展出的一系列廣播、小說、影視、舞臺劇作品。

※9 譯註：正常狀況是「狗搖尾巴」；因此用「尾巴搖狗」形容本末倒置、從主顛倒的情況。

站、網路霸凌、政治宣傳、個人監視和資料探勘的消息層出不窮。我們拓展了通訊領域，卻犧牲了一部分的自由；這個新的公共領域曾經看似無害，結果卻恰恰相反。被資訊淹沒，不停看著貓咪用垃圾桶蓋做些蠢事，我們身處在受到嚴重操控、貨幣化的地雷區，一舉一動都受到監視、被存起來販賣營利[28]。[※10]我們孤立於個人的數位世界，沒意識到演算法正在混淆我們的心智，我們逐漸失去亞里斯多德口中發揮「正常人類功能」——理性的能力。

人類的創造力和適應力無窮，然而賈德・戴蒙（Jared Diamond）在《大崩壞》（*Collapse*）中說得好，我們不大容易意識到自己陷入了麻煩。戴蒙的滅絕文明故事清單裡，復活節島（Easter Island）是最難忘的故事之一。復活節島最早是在七到十二世紀間，由波里尼西亞的拉帕努伊人（Rapa Nui）占據，十七世紀時是個人口一萬五千的繁榮社群，草木茂盛，生長著世上最高的棕櫚樹。不過復活節島極為偏遠，附近最近適合居住的島嶼幾乎在一千二百哩外，缺乏交易夥伴。島民為了務農、建材，製作復活節島著名的龐大石像頭（摩艾，Moai），樹愈砍愈多，而土壤侵蝕使他們更難種出食物。更不妙的是，沒了樹，他們就無法造船、出海捕魚。一七二二年歐洲人終於來到復活節島時，發現當地人口不到三千人，營養不良，到處充斥鬥毆的跡象，島上光禿禿，最高的樹木不過三公尺。

戴蒙指出，復活節島是地球的完美象徵。雖然登島船隻上的鼠類和疾病給了復活節島最後一擊，但真正讓島民注定衰亡的關鍵，是他們與世隔絕。我們未必注定跟島民一樣踏上滅絕之路；戴德指出，社會崩潰有種種原因（環境破壞、氣候變遷、鄰國或貿易夥伴虎視眈眈），其中「第五組因子——社會對環境問題的反應，影響總是不容小覷」[29]。

對於現代的困境，拉帕努伊人能教我們什麼呢？我們和他們一樣，不知量入為出；和他們一樣，反應得不夠快。我們知道我們必須改變了，然而我們面臨的威脅複雜不堪，所以我們就繼續這麼過下去。我們亟需新的思考方式，不但要避免讓頭腦陷入僵局，並且讓我們對未來該怎麼生活有新的想像。這一切都指向食物。

05 食托邦：食物塑造了這個世界

美食學研究的是人和事物。

——法國美食家尚．布里亞．安特爾姆．薩瓦蘭（Jean Anthelme Brillat-Savarin）[30]

食物塑造我們的生活，所以能幫助我們思考。我們或許沒意識到食物的影響，但影響卻無

※10 原註：至於這是如何運作的，深入討論請見肖莎娜．祖博夫，《監控資本主義時代》，時報出版，二〇二〇。

所不在——就連頭腦中不斷納悶生命意義的那部分也逃不過。食物的影響極為普遍，可能很難察覺，所以學會透過食物去看事物，才那麼發人省思。其中有個很神奇的關聯——有股能量流過我們身體和這世界，同時連結、驅動一切。前面說過，我稱食物塑造的這個世界為**食托邦**[31]。※11 食托邦不同於烏托邦。烏托邦太理想，無法存在；食托邦則非常實際。其實我們已經活在食托邦之中；食托邦不那麼美好，因為我們並不重視食托邦的構成要素。

食托邦基本上是一種看待世界的方式。食物能幫我們了解複雜性，因為食物代表著生命，卻是實質的、可以捉摸。我們或許沒思考過，但我們都直覺了解食物——笛卡兒（Descartes）※12 即使說「我吃故我在」，也不奇怪。這樣的本能讓我們直接連結到我們的過去，因此非常強大——我們祖先過著截然不同的生活，但他們也得吃。人們努力餵養自己，這過程塑造了所有人類社會，因此體現了各式各樣的概念、思想和做法，成為我們的養料。透過食物的透鏡來看，就像坐上概念的時光機，幫助我們檢視過去，察覺我們的現在，因此能想像一個食物仍然舉足輕重的未來。

我們透過食物來看事物之前，要學會看食物本身；這可不容易，尤其雖然要活就要吃，吃卻是非常私密的事。飲食文化是我們很早就學會的一種語言，早到我們根本沒意識到這回事。我們是雜食動物，幾乎能適應吃任何東西，卻不是生下來就直覺知道該吃什麼；該吃什麼是我們從第一餐開始學習的事。我們剛出生時，還不會思考就先進食；進食因此早在有意識之前。

從我們吞下第一口母奶，到我們最後的晚餐，食物決定了我們生命的樣貌和韻律，打造了我們的軀體、品味、社會連結和身分。小時候，我們先學到怎麼和家人和朋友一起吃，三、四歲時，我們的習慣已經根深蒂固了。從此以後，我們對不熟悉的食物很可能更小心——隨著年紀漸長，可能開始覺得其他人的進食習慣令人倒胃口、無法理解，甚至討厭。

幾年前，前往泰國的一段旅程中，我被人帶去一間專賣昆蟲的叢林市場，不得不面對我自己對食物的偏見。英國人嗜吃巧克力，很多泰國人卻嗜吃昆蟲；但亮晶晶的生物鋪成厚厚一層，要給我當晚餐，我看著那些生物，卻感到我的胃正在緊縮。最後，我鼓起勇氣試了隻蟋蟀，我告訴自己，那只是有腿和翅膀的明蝦。我把蟋蟀放進嘴巴，發現嚼起來鹹酥、鬆脆又充實——簡而言之，美味極了。不過，四十年的習慣占了上風——雖然我設法吞下那隻蟲，卻一連好幾天，一想到就明顯覺得噁心。

我們遇到陌生食物會感到不安，吃熟悉食物卻感到安慰（尤其是兒時吃的那些食物），形成鮮明的對比。那些菜餚的味道帶來強烈的懷舊感，英國主廚史奈傑（Nigel Slater）在他的自傳《吐司：敬！美味人生》（*Toast*）中寫道，就連食物本身也沒那麼美味。最重要的是，那些

※11 原註：見前言 P.15。
※12 譯註：十七世紀法國哲學家，提出「我思故我在」。

食物是懷著愛做出來的。史奈傑回憶他母親耶誕蛋糕上的糖霜硬到連狗也不吃，但「我相信是那個蛋糕讓一家人凝聚在一起。我母親把蛋糕擺在桌上，不知怎麼我就覺得一切都很好。很安全。有種安心感。無法動搖[32]。」

食物和我們的自我感覺息息相關，密不可分。我們都擁有關於食物的故事、記憶、習慣和喜好、我們喜歡或討厭的菜餚，不過我們大多人的一個共通點就是吃的喜悅（除非有疾病或經歷過某種創傷）。法國「美食哲學家」尚・布里亞・安特爾姆・薩瓦蘭在他一八二五年的《美味的饗宴》（*La Physiologie du Goût*）中寫道，吃是我們最可靠、最長久的快樂：「餐桌上的喜悅不分時代、年齡、國家，適於每個日子，和我們其他喜悅相輔相成，而且更長久，即使不在了，也能繼續撫慰我們的心[33]。」

飲食文化關係到我們的核心。我們如何製造、交易、烹飪、浪費、重視食物，比我們想像得更能反映我們內心——那些做法形成的架構，正是我們生活的基礎。食物既是生活的本質，也象徵了構成我們世界的複雜活連結。

06

無盡的晚餐：拿什麼餵飽世界

我們現代世界很少思索食物的事；工業化盡可能模糊了我們食物的來源。思考食物究竟是什麼，會讓我們過於仔細地檢視我們自身存在的本質，因此可能令我們不安。不過正是這樣的體悟，促成了查爾斯・達爾文（Charles Darwin）最偉大的發現。達爾文努力解釋地球各式各樣的物種，最後恍然大悟——資源有限或競爭，導致最適合那個環境的物種才能活下來、繁衍。「適者生存」會造成特化，逐漸演化成形形色色的不同物種。

達爾文的思考得到令人不安的結論—撤除餐桌上的禮儀，人對食物的需求與其他動物沒什麼不同。達爾文意識到，所有物種（包括人類）都在競爭相同的那些資源，所有生命都有進食的需求，全都加入一場無止境的相互屠殺，即使看似最無害的春日一景，背後也是同樣的情形：

當我們看著自然的燦爛面容，我們看到的時常是過剩的食物；我們沒看到（或忘了）我們周圍悠閒高歌的鳥兒幾乎都以昆蟲或種子為食，其實不斷在摧毀生命；或是忘了這些鳴禽或牠們的蛋或雛鳥，會被猛禽猛獸所毀；我們有時會忘記，現在或許食物過剩，但並不是每年每季都這樣[34]。

達爾文在閱讀馬爾薩斯的《人口論》時有這樣的體悟，並非偶然。馬爾薩斯認為，人口受限於食物多寡，既然人口是以幾何級數成長，食物供應卻是以算數級數成長，所以人類的食物終將不足。如果社會要避免人口成長發生「積極抑制」（飢荒、疾病和戰爭）的悲劇，就必須施行「道德約束」（生育控制）來減少人口。馬爾薩斯的理論隨即引發爭議，至今不休，不過這些理論補上了達爾文演化之謎的關鍵。除了人與動物是由共同祖先演化而來，達爾文又加上了另一個概念——生存競爭其實是所有生物都參與的一場無盡的晚餐。

一八五九年出版的《物種起源》（*On the Origin of Species*），在自然科學的中心掀起一股震撼。人類多少和其他動物有實質和遺傳的關聯，大部分維多利亞時代的人都很難接受這概念。不過達爾文的學說雖然受接納的過程一波三折，卻撼動了人與自然關係的概念核心，其中的洞見至今仍然不容小覷。我們人間動物進食的時候，總是在一起進食；而且吃下彼此。我們為生存而殺死生物，以此為食——前提是我們有辦法、有欲望吃那些生物。

當然，人類不只為了果腹而殺戮；所有物種之中，只有我們會培育、繁殖我們吃的生物。餵養人類的問題因此加倍複雜。獅子不會因為煩惱該不該吃掉那隻小蹬羚而睡不著覺；對獅子來說，該怎麼吃是實際問題，不是道德問題。不過達爾文指出，長久下來，獅子決擇造成的影響，仍然會逐漸讓獅子知道該怎麼吃——如果吃太多蹬羚，最後就會沒食物可吃。說到維持掠食者與被食者的平衡，自然界有些辦法可以維持現狀。

不過對我們來說，又是另一回事了。多虧了現代農業和醫療，馬爾薩斯預測飢荒和疾病大流行會自然限制人口，我們避開了那些災禍，因此導致前所未有的人口爆炸。光是二十世紀，我們的數目就從十七億爆增到六十億；這主要歸功於德國化學家弗立茲．哈柏（Fritz Haber）在一九〇九年發現了如何「固定」大氣中的氮（也就是把氮氣變成氨這種化合物），讓植物利用。人造氮是俗稱氮磷鉀肥（NPK）的化學肥料的重要成分；稱之為氮磷鉀肥，是因為其中除了氮（N），也含有磷（P）和鉀（K）[35]。※13現在，所謂的哈柏－波希法（Haber-Bosch process，卡爾．波希〔Carl Bosch〕把哈柏的概念給工業化）估計多餵養了全球五分之二的人[36]。

馬爾薩斯的批評者認為，那樣的科技徹底粉碎了馬爾薩斯的理論。他們宣稱，要是馬爾薩斯活到見識了現代農業，就會明白他理論中的錯誤。馬爾薩斯只厭惡人類，不明白人類的才智終能勝天。馬爾薩斯主義對這論點的反駁，是指出雖然哈柏-波希法無疑很聰明，但用化學物質讓土壤接應不暇，長久來看對土壤沒什麼好處。其實，這樣讓人口可以呈指數增加，只是讓我們依賴的其他自然資源壓力更大；人不能只靠氮磷鉀肥而活。

馬爾薩斯冒失地一口氣論及食物、死亡和道德，或許難免會激起「餵飽世界」的爭論。馬爾薩斯提起人口的問題，涉足了至今仍然是禁忌的一些領域。不過該怎麼吃的問題和人口問題顯然相關，所以要討論我們該怎麼吃，**卻不**論及人口問題，輕則受限，重則毫無意義。馬爾薩

※13 原註：鉀（potassium）的化學符號的是K，源自中世紀拉丁文kalium，也就是鉀鹼。

斯或許在散布悲觀主義，但他的理論還不曾證實有誤。不論我們耕作、捕漁、打獵或採集時多麼盡責，我們的食欲仍繼續塑造地球，影響我們和其他地球生物的生命機會。

07 亞當的蘋果：從採集、畜牧到農耕

要活就要吃；為了吃，我們必須奪取生命。大多人都吃盒裝的即食食物時，這種循環看似離我們很遠，其中的邏輯卻是我們生存背後的基礎。我們每次吃東西，都隱含著價值判斷——人類生命比其他生物（例如韭蔥）更寶貴。這我們大多都同意；畢竟這是我們維生的基礎，純素食者也不例外。但是羔羊呢？素食主義者的那條線畫在這裡，不過很多人還是吃蛋和起司；其實為了產生這些產品，動物也會喪失性命。肉食 者吃羔羊，不過比較有良心的人會堅持讓那些動物活得好、（可以的話）死得安祥。

那樣的想法有點倒胃口，所以幸虧我們既不用想出怎麼生火或烤土司，也不用每次吃早餐就建構道德的宇宙。那些苦差事，我們的祖先都替我們做完了，學會哪些動、植物能吃，哪些有毒（這任務的健康安全排名不高），建構出一個架構，至今我們仍吃其中的食物。他們把各式各樣的規則、習慣、技能、知識、該做和不該做的事傳給我們，而我們稱之為飲食文化。

這種文化架構塑造了我們對食物的概念，甚至只有生死關頭能動搖什麼能吃、什麼不能吃的概念（甚至那種時候也無法動搖）。比方說，食物援助有個惡名昭彰的問題—習慣吃薯蕷之類食物的人，可能會拒絕熱心饋贈的小麥，甚至餓死也不足惜。對他們來說，小麥根本不是食物。不過偶爾會出現危機，打破最絕對的規範；像是約翰．富蘭克林（John Franklin）爵士一八四五年尋找西北航道的慘烈遠征。遠征隊困在冰雪中，絕望至極，有些隊員甚至開始吃人；當地有因紐特人，他們卻似乎無法向因紐特人求助。因紐特人在那種冰寒的氣候下好得很。因紐特人表示，他們看到飢餓的水手踉蹌經過，想逃離困境，卻沒想到停下腳步向他們求助。

即使在世俗社會，迷思也大大強化了我們判斷什麼能吃、什麼不能吃的概念。比方說，在猶太教—基督教世界，《創世記》的第一章開宗明義闡釋了規則，上帝告訴亞當，「看哪，我將遍地上一切結種子的蔬菜和一切樹上所結有核的果子全賜給你們作食物。」，從此確立了人優於其他動物[37]。※14亞當因此成為純素食者，而他的家園（伊甸園）是食果主義者的樂園，亞當和夏娃可以在那裡任意遊蕩。不過其中有個圈套。上帝警告：「園中各樣樹上的果子，你可以隨意吃，只是分別善惡樹上的果子，你不可吃，因為你吃的日子必定死[38]」※15

※14　原註：《創世記》1:29。
※15　原註：《創世記》2:17。

當然，夏娃忍不住吃了禁忌果實，人類因此墮落，這也是聖經中人類故事的開端。亞當和夏娃被逐出伊甸園，不得不務農維生——古代認為這樣的生活方式遠比打獵、採集更辛苦。因此他們成為雜食者，這樣的改變讓他們兒子承受了悲慘的重擔，上帝偏愛亞伯獻祭的羔羊，而不要該隱奉獻的穀物，該隱心生嫉妒，謀殺了弟弟。

食物在《創世記》中有很重要的地位，很合情合理。其中的敘事反映了我們人類從狩獵採集轉變到農業和公民的旅程，記錄了過程中的掙扎與犧牲。隨著生活愈來愈複雜，主人翁必須對抗一連串亞里斯多德式的兩難——無知與了解、自由與服從、權力與責任。生活面臨一連串的考驗，大家通常無法通過，但在面對那些挑戰的過程中，變得更加有人性。最重要的是，這整趟旅程開始於意識到善惡——故事告訴我們，帶著那樣的認知而活，是人性獨特的負擔。

《舊約》除了一些對日常飲食吹毛求疵的地方之外，也確立了人類雜食的權力；這樣的假定在西方至今仍然盛行。不過其他傳統的看法卻截然不同。比方說，印度一向有吃素的習俗，因為佛教徒、耆那教徒和婆羅門教徒都反對屠殺動物，印度教不吃牛和豬，穆斯林則會避開豬肉。這是截然不同的信仰系統，而印度聖牛則是這系統的驚人象徵——聖牛因為賜予生命的牛奶而受到尊敬，可以四處遊蕩，一路受人餵食。蕾伊．唐納希爾（Reay Tannahill）在《歷史上的食物》（*Food in History*）中解釋，那種飲食文化的起源時常是實事求是（印度次大陸的牛隻罕見，活著可以餵飽更多人）。不過那些起源也反映了非常不同的人生觀——在印度《吠陀經》中，所有生物都擁有靈魂，依據業力（*karma*）而一再轉世；業力是一種靈性的力量，會受世俗行為影響（尤其暴力行為）[39]。

那樣的世界觀自然讓吃這回事變得很複雜。例如耆那教徒奉行「不害」（*ahimsa*，非暴力），所以菜單上不會出現肉、魚、蛋和乳製品。吃蜂蜜對蜜蜂不好，所以也不能吃蜂蜜，虔誠信徒也會避開塊莖，因為挖塊莖時，會傷到微生物，所以馬鈴薯、洋蔥和大蒜也在排除之列。因此耆那教最苦行的飲食包括蔬菜、水果、堅果、豆類和穀物，這些東西能吃，是基於人類必須至少奪走一些生命才能生存。

東方、西方相異的世界觀確實也反應在對待死亡的不同態度。我們西方人不計任何代價延長生命，但耆那教徒如果覺得自己達成了此生能做的一切，就能進行極受尊崇的「勝塔若」（*santhara*），刻意絕食而死。西方人或許難以理解，覺得那樣的行為是悲劇；但對耆那教徒來說，我們執著於生命的傾向，也一樣怪異。我們的世界觀是由我們的原生文化所形塑，然而不論我們對生命持有什麼不同看法，進食的共同需求都會超越這一切。

08

現代美食家：學會品味日常喜悅

已經足夠還不滿足的人，怎麼也不知足。

——伊比鳩魯（Epicurus）[40]

對希臘哲學家伊比鳩魯來說，美善生活最重要的是滿足食欲。伊比鳩魯的花園俯望雅典城，他廣邀各種行業、階層的男男女女（包括奴隸）和他共享簡單的一餐，包括自家種植的蔬菜、自製麵包與飲水（可能還有一些起司和葡萄酒），同時討論人生、宇宙和任何事。伊比鳩魯深信，學會品味那種簡單的喜悅，是幸福的關鍵。然而少有概念那麼廣為扭曲，epicure衍生自伊比鳩魯之名（Epicurus），和美食家同義，是指一個人品味出眾、知識廣博、口袋夠深，因此能欣賞高級料理的精髓。不過對伊比鳩魯來說，那樣的繁複是通往毀滅之路。

我說喜悅是生活的目標，不是指放蕩不羈的喜悅或積極享受本身帶來的喜悅……相反地，我是指沒有痛苦或焦慮的喜悅。愉快的生活並不是源於一場場酒宴或和女性、男童交媾，或在筵席吃海鮮和其他珍饈[41]。

如果你和我一樣，讀了這些文字，感到一絲失望，那麼依據伊比鳩魯學派最嚴苛的原則而活，恐怕很辛苦。不過伊比鳩魯的禁慾主義遠比表面有道理，也遠比較愉快。伊比鳩魯說，我們和動物一樣，會因為單純的行為而快樂，像是滿足口渴和飢餓。比如說，我們在熱天走了很長的路之後，喝下一杯冷飲，口渴紓解，就會感到一股喜悅。對我們來說，那樣的喜悅就像自然的美善，所以我們人類和其他動物一樣，都是天生的享樂主義者。我們直覺認為那樣的喜悅是好的，飢餓或口渴那樣的痛苦不好；所以對我們來說，那些感受有固有價值。

目前為止，大多人大概還贊同伊比鳩魯的話——畢竟說到追求快樂，大家幾乎都很自動自發。不過癥結就在這——對伊比鳩魯來說，靠著麵包和水的簡單一餐來滿足食欲，產生的喜悅**再好不過了**。伊比鳩魯認為，想加入一點味道濃烈的山羊奶起司或香料酒，提高快樂指數，並不會提升吃東西的喜悅，只是改變了吃東西的本質。此外，那種縱容可能帶來未來的痛苦（像是肝機能障礙綜合症或劇烈的宿醉），進一步減少整體的好處。更糟的是經常大吃大喝很危險，會讓人不斷渴望佳餚，而比較無法享受單純的食物。伊比鳩魯說，遠比較好的是學會品味日常喜悅，而不是渴望只能偶爾吃到的美食。

如果你開始覺得伊比鳩魯的哲學帶有東方風味，你恐怕沒錯。伊比鳩魯受到的早期影響之中，包括哲學家德謨克利特（Democritus）和皮若（Pyrrho），他們都曾到印度旅行，當時吠陀教在印度已經十分盛行。希臘「寧靜」的概念（*ataraxia*，心靈不痛苦）和佛教涅槃（*nirvana*，不再受苦）的概念極為相似，並非偶然。對伊比鳩魯來說，寧靜代表世上最高的美善，唯有驅走不理性的恐懼（例如對死亡和神明的恐懼）才能達成。伊比鳩魯認為，我們用不著害怕死亡，死亡只是我們根本無緣經歷的不存在狀態，而神明忙著自己的事，沒空理我們。因此，我們消除那些毫無根據的恐懼之後，就能享受幸福人生，在朋友的陪伴下，思考生命的意義。

很少人能過著毫無所懼的生活，更不用說靠著麵包飲水維生了。不過伊比鳩魯認為喜悅來自於簡單的事物（在日常中找到喜樂），他的洞見因此和當代心理學不謀而合。他發現的喜悅原則，愈來愈被視為個人動機的關鍵。同樣的，伊比鳩魯意識到，我們必須像現代正念手冊一樣，在物質主義讀物之外尋求快樂——他宣稱，「已經足夠還不滿足的人，怎麼也不知足。」話說回來，伊比鳩魯從沒看過iPad。

09
想一想：用食物看世界

如果伊比鳩魯能時光旅行，他會怎麼看待我們今日的世界？他絕對會覺得我們的消費主義和大啖速食的習慣很恐怖。不過他最憂心的大概是我們花在反思的時間少之又少。現代的伊比鳩魯絕對會在部落格空間找到安身之處，然而現代生活的複雜狀況，可能很難處理。即使伊比鳩魯當年也不大和政治打交道——蘇格拉底喜愛熙來攘往的廣場，按雅典的法律來生活、死去，相較之下，伊比鳩魯則撤退到他花園的庇護所。有些批評者認為這種退隱是天真或自私；但伊比鳩魯把重點放在個人美德，或許正因如此，在這個自我實現至上、身分政治當道的時代，他對我們才這麼重要。然而亞里斯多德寫道，去區分個人或公眾何者更為重要其實是一個假議題：面對生命中的抉擇困境，不論是社會面或自我層次的，唯有平衡二者才是正確答案。

最直接把希臘的美德概念改寫成現代版本的思想家，是美國心理學家亞伯拉罕・馬斯洛（Abraham Maslow）。馬斯洛一九六二年出版《自我實現與人格成熟》（*Towards a Psychology of Being*），提出所有人類都有五種層次的需求，從生理需求（食物、水和睡眠）到安全（棲身處和安寧）、愛（家庭和歸屬感）、尊嚴（地位和認同），最後是自我實現（表達內在天性）。馬斯洛的需求層級有明確的優先順序——如果肚子餓，通常會去找食物，而不是寫詩。不過這不表示我們「更高層次」的需求不如基本需求重要，馬斯洛解釋道：「說我們『需要』碘或維生素C，任何人都不會質疑。要知道，我們『需要』愛也是鐵證如山[42]。」

馬斯洛認為，美善生活的目標都是自我實現，這反應了亞里斯多德「完美靈魂」的概念。不過，在我們實踐之前，必須滿足基本需求——馬斯洛稱這些需要為「匱乏需求」（相較於自我實現只是「成長需求」）。馬斯洛延續了亞里斯多德，認同社會在滿足那些需求的過程中，扮演了關鍵的角色：「安全、歸屬、愛情關係和尊重，這些需求只能靠其他人滿足，要從當事者外在來滿足。因此十分依賴環境[43]。」

馬斯洛說，兒童自然會那樣依賴，因為我們必須仰賴父母提供那些需求。不過如果那些需求沒完全滿足，我們就可能成為高需求的成人，時常尋求他人承諾、贊同和喜愛[44]。※16即使那種情況，也不是毫無希望。只要有適當的支持，還是能自我實現；這過程本身就很療癒。我們只要尋求技藝、創造和洞察的「高層次」喜悅，把匱乏動機行為，轉換為成長動機行為。對馬斯洛而言，這種內在變化引入了一種自發的參與，因此改變了一切。

> 對於有成長動機的人來說，滿足會提高而非減少動機，會強化興奮而非降低興奮。欲望提高、增強了。他們會自我成長，那樣的人渴求的（例如教育）不會愈來愈少，而是愈來愈多。滿足並不會減輕成長的欲望，反而會刺激欲望。成長本身就是有益而令人興奮的過程[45]。

我們大多人可能很熟悉馬斯洛描述的經驗——或許是學習彈奏樂器，或烹煮美食，或像阿根廷足球名將梅西（Messi）一樣在球場上運球。心理學家米哈里・契克森米哈伊（Mihaly Csikszentmihalyi）把參與像這樣的技術活動，描述為最佳經驗——心流（flow）[46]。※17他說，那樣專注練習，自然雙贏，因為練習愈多，就會得到愈多樂趣。相較於我們為了錢而做的事，追求成就感本身就是目的。我們像上癮一樣渴望成就感，然而毒品會讓我們的感官遲鈍，這些練習卻讓感官敏銳。對古希臘人來說，體操是思考的自然附屬物，而展現那樣的技巧，應該被視為培養美德的一種方式。

在現代世界，消費導向的成長理論上應當讓人快樂，不過由於自我實現和心流仰賴我們的內在發展，所以追求自我實現和心流，會抵消消費導向的成長。偉大的小提琴家不會每年丟掉舊琴、買新琴，而是找一把可靠的樂器收藏一輩子，精進技巧。同樣的，好農人不會破壞自己的土壤，而是讓土壤愈來愈肥沃。如果我們放棄消費主義，轉而強調培養的重要（從所謂的外部成長變成內在成長），對我們生活方式和經濟背後的價值觀，將有深遠的影響。

正因如此，我們現代追求美德的過程中，食物占據了獨特的地位。食物是我們天天必須攝取的東西，是我們最可靠的喜悅來源，也造成了我們對自然界最大的需求，最直接地體現了我們內外需求的衝突。因此學會重視食物、透過食物來看待一切，最有機會能平衡我們的內外需求。

※16 原註：馬斯洛指出，這樣的策略很容易適得其反，因為很少人喜歡被當作「滿足需求者」，而不是他們自己。

※17 米哈里．契克森米哈伊著有《心流：高手都在研究的最優體驗心理學》，行路出版。

·第二章·

身體

10 量體重：監控邪惡的熱量

「好啦，來吧！」潘年約三十，一頭金髮，身材勻稱，對我露出鼓勵的微笑。我深吸口氣，踩上體重計。結果和往常一樣令人沮喪。潘問：「和妳想的一樣嗎？」她聲音中帶了一絲同情。其實沒錯。我和大部分喜愛美食的人一樣，很清楚自己有多重，我的體重通常過高。我和其他數百萬人一樣，花了大把的時間實行各式各樣的節食法。低碳水化合物、高蛋白的阿特金斯飲食法（Atkins），純蛋白質和蔬菜的杜肯飲食法（Dukan），每週五天正常飲食、二天節食的5:2節食法，我全試過了，大多都有效，至少有效一陣子。不過就像漲潮時的海浪，體重總是無情地去了又回。我愛麵包、奶油、乾酪、巧克力、馬鈴薯、義大利麵和葡萄酒（其實幾乎任何食物都愛），所以更是雪上加霜。何況我生命中大部分的時候都坐在桌前。不過有一種節食法我從沒試過，主要是因為要付錢當眾量體重，對我從來沒什麼吸引力。不過既然我已經沒別的選擇，這下子終於來體重監察者（Weight Watcher）量了第一次的體重。

「這個做法的重點就是讓食物幫助你！」潘說話就像改信者一樣熱切。「妳愛吃的食物都能吃，可以調整飲食法來配合妳。只要預先計畫飲食、追蹤吃了什麼就好。**一定會有好事發生！**」潘根據我目前的體重，分配了每日二十九點的「食物點數」給我，讓我隨心所欲「支配」，此外一週還有四十九點可以款待自己。她交給我一小本手冊，有點像糧食配給票，裡面列出幾百種食物，依據相對的邪惡程度打了分數。我掃過清單，看看這和我的飲食法有什麼關係。大部分的蔬果都「免費」，好是好，不過其他的點數迅速增加——去皮雞胸肉，四點；一小杯葡萄酒，同上；四十克的切達乾酪（飛機上才有的可憐份量），五點。我顯然得捨棄最愛的乾酪和餅乾宵夜，但那也是預料中的事。

潘讓我看她三年前的一張照片，那時她比現在重了十九公斤。照片裡的她滿臉笑容，身材壯壯的，我三十幾歲比較胖的時候也是這樣。我跟她說，我很佩服她的改變。「是啊，我以前是那樣。」她語氣感傷，像在說早已失去的家庭寵物。「和現在差多了。」潘的「理想體重」維持了好幾年，因此現在成為體重監察者的組長，見證了這種飲食真的有效。她的做法是依循體重監察者創辦人珍．尼德契（Jean Nidetch）的足跡——尼德契是美國家庭主婦，在一九六一年請她朋友每週來她家看她量體重，幫她減重。尼德契減重成功之後，想到可以替其他女性舉辦類似的聚會，用她自己的例子激勵別人。現在，全球每週會舉辦四萬場那樣的聚會，參與者多達一百萬人。

我們所在的房間，位於倫敦中心的一間救世軍建築裡。我和潘聊天時，房間裡逐漸湧入每週來量體重的人。除了有個美國男人看來只是去那裡閒聊的，其他全是女人。那些人來自各行各業，有老有少，身材各異，但沒人是胖子；她們願意犧牲午餐時間來這裡，難怪不胖了。有些是常客，潘直呼她們的名字打招呼，有些人是失聯會員，必須重新註冊才能站上體重計。行政程序跑完，女人整整齊齊排成一列，像旅客穿過機場安檢，一邊脫大衣和鞋子，一邊接近重力的真相時刻。

潘在體重計旁主持，一個接著一個聊不停。「嗨，很高興又看到妳。最近怎樣？」一個消沉的年輕女子說：「不大好。」但體重計反駁了她的話。潘尖叫：「什麼叫不大好。妳瘦了**一．四公斤耶！**」女子得意地紅著臉離開。但下一個人就沒那麼幸運了。她說：「不懂為什麼我一點也沒瘦。我都很乖。」「別在意。」潘柔聲說，「我們可以幫妳回到正軌。一定會有好事發生。」就這樣，隊伍緩緩向前移動，每個節食者得到他們的數字，加上一些喃喃的稱讚或鼓勵。這景像突然讓我想起在教堂看著人們上前領聖餐。突然間，前面有叫聲傳來，一個女人尖叫說：「**三．五！**我以為只會瘦一．五公斤！」「喔，做得好，太厲害了！」潘說。女人興高采列地從體重計回來，房間裡一時因為她見證奇蹟而煥然一新。我們每週付六．二五英鎊的會費，就是為了**這**一刻：揮別一些多餘體重那種脫胎換骨的喜悅。大家相視而笑。

量完體重之後，大家留下來聊天，收銀機旁展示著為數眾多的體重監察者產品——大多是餅乾、甜點和巧克力，我瀏覽了一番。一名中年女性挑了一大包餅乾。她語帶歉意地說：「被我兒子吃光了。和真正的餅乾比起來，他好像比較喜歡體重監察者的餅乾。」我決定也試試，於是拿了些巧克力棒，成分滿是焦糖、餅乾和「耐嚼的奶蛋什錦甜點」，一份不過八十四卡（值兩點）。我離開前，潘給了我一本寫滿建議菜單和食譜的書，和一張個人記錄卡，上面寫了我的起始體重，未來一週週的身材理論上愈來愈苗條，不斷延伸以至於無限。

那是個美好的春日，我決定穿過公園走回去，路上給自己賺幾分點數。經過這早上這番經歷之後，我不確定這種節食法適不適合我——計算感覺很麻煩，每週量體重太像上健身房了。我走近一叢黃水仙，決定坐下來嚐一根耐嚼的巧克力棒。我端詳包裝紙上字體迷你又冗長的成分清單，發現其中有些聽起來很可疑的東西，像是「增量劑」，話說回來，似乎也含有真正的巧克力。我放膽咬了一口。或許因為那是個美好的一天，我心中充滿春天的喜悅，所以巧克力棒美味異常。不過我心底忍不住覺得，減肥巧克力的概念本身哪裡有問題。

11 致胖的世界：光是待著就會發胖

吃東西的喜悅即使不需要飢餓，至少也需要食欲。

——尚・布里亞・安特爾姆・薩瓦蘭

我初次（很可能也是最後一次）的體重監察者經驗，讓我一窺這個生意興隆的全球產業。今日，體重監察者（Weight Watchers，二〇一八年更名為WW）以主要股東兼代言人歐普拉・溫芙蕾（Oprah Winfrey）為傲，他們的熱量控制即食食品和「健康」計畫，帶來每年十三億美元的營收[2]。這數字雖然驚人，在減肥產業裡卻只有九牛一毛——二〇一九年，美國健康食品產業市值高達七百二十億元[3]。

那樣的數字讓人不禁深深懷疑我們和食物的關係。每年有四千五百萬的美國人在節食，美國引領肥胖和節食的領域，但無獨有偶——我們英國人之中，任何時候每四人中就有一人正在採取某種節食法，而這現象就像我們的腰圍一樣不斷擴張[4]。所以說，既然只要少吃多動就行了，何必花幾十億元在瘦身產品上？換個說法，我們為什會變得那麼胖，要處理這問題為什麼好像那麼無能為力呢？

一個原因是，我們對食物會產生不由自主的反應。我這輩子吃過一些美味的食物（米其林的星級餐廳之類的），不過最享受的莫過於十五歲時，在大湖區一座陡峭山巔狼吞虎咽吃下的一條吉百利（Cadbury）牛奶巧克力棒。那時我剛在濃霧中辛苦爬上山，餓壞了，巧克力正中紅心。我那天發現，肚子餓的時候，什麼都好吃。原因很明顯：我們得吃東西才能存活，所以我們身體會因為吃東西而獎勵我們——「美味」只是身體在說，「謝了，多多益善」。幸好有些廚師巧手讓我們不用先跋涉上山，就到達味覺的天堂。重點是，我們有食欲的時候，普通食物也能達成同樣的效果。伊比鳩魯說得一點也沒錯。

不過這年頭我們西方人很少餓了才吃。在餐間吃點心從前引人皺眉，現在成了常態；美國人一天平均吃五次正餐或點心，只有四分之一的人遵循傳統的早、午、晚餐模式[5]。英國有百分之五十七的人承認會跳過正餐，只吃點心，百分之三十的人每天至少會這樣一次[6]。我們的工作愈來愈靜態，所以也不像活躍的祖先那麼有食欲了。因此我們吃東西常常是出於習慣，而不是肚子餓，而且愈來愈常邊吃東西邊做其他事情。我前陣子去芝加哥，我的計程車司機大腿上擱著一盤義大利麵，一手叉起一團團麵條，另一手握著方向盤搖搖晃晃地開車；我看得驚訝極了。雖然不諳此道的人看得心驚膽顫，不過那樣的景像在美國愈來愈常見，五餐裡有一餐是在車上解決[7]。

美國是引領全球的工業化食物國家，所以要了解我們和食物的關係正在如何改變，就要看看美國。不論是養殖工廠、急速冷凍、超市或速食，美國在現今稱霸全球食物系統的幾乎所有產品和處理法，都領先群雄。結果美國長久以來一直是全球最肥胖的國家[8]。※1在美國各地遊歷，不難明白為什麼——街道、購物中心、公園和博物館都充滿餐飲店，而且食物份量大得驚人——我在歐海爾（O'Hare）機場買的一份三明治能輕易餵飽一家四口。在美國，用餐時間演化成了不間斷的進食機會；其他國家也有這個趨勢。手抓一杯汽水或咖啡到處閒晃，已經司空見慣，電影院裡的座位現在裝了餐盤，可以邊看電影邊吃一整餐。這種持續吃東西的壓力，產生了所謂的致胖社會，光是待在這社會裡就會發胖。

※1 原註：一些研究顯示，這種狀況現在已經蔓延到墨西哥，是採用美式飲食的直接結果。

今日，美國根本不再是唯一有肥胖問題的國家；任何採取美國飲食文化的地方（像是數十年前的墨西哥和英國），都在走上同樣的路子[9]。[※2]那我們為何覺得漢堡、甜甜圈和披薩難以抗拒呢？答案是我們身體會因為我們吃東西而獎勵我們，而且伊比鳩魯已經警告過我們，我們很容易過度依賴喜悅。

12 味覺是最原始的感官

一切都和味覺有關。味覺是我們最享樂主義的刺激，也是我們用來對這個世界的化學組成進行取樣的感官。在分子的層次，味覺可以讓我們分辨營養和毒物，也就是區分好與壞的食物。哈洛德．馬基（Harold McGee）在他一九八四年的著作《食物與廚藝》（*On Food and Cooking*）寫道，這種能力就連單細胞生物也需要——例如原生動物會朝糖分來源移動，避開有毒的生物鹼。馬基寫道，味覺因此是我們最原始的感官：「因為營養關乎尋找、攝取特定化合物，有些那樣的感官從生命之初就不可或缺[10]。」

我們大多可以說出我們味蕾嚐到的五種基本味覺——鹹、苦、甘、甜、酸（味蕾就是我們舌頭上看得到的感測細胞叢）。我們吃東西時，唾液造成的溶液讓味蕾嚐到食物的化學組成，把得到的資訊直接送到我們腦部。那五種味覺在大自然裡至關緊要——有甜、鹹和甘味的食物（例如水果、魚類和海草）通常對我們很好，苦或酸的物質可能有毒。法國哲學家尚・雅克・盧梭（Jean-Jacques Rousseau）肯定這種味覺的天然智慧。他在一七六二年的小說《愛彌兒》（*Emile*）中寫道：「如果我們必須等著靠經驗來認識、選擇適合我們的食物，恐怕會餓死或中毒而死；但上帝慈悲，讓眾生的自保方式帶著喜悅，透過我們的味覺，教我們什麼適合我們的胃[11]。」

雖然風味的基礎取決於味蕾，不過真正使風味絢麗繽紛的是嗅覺這種感官。開動之前，我們鼻子上端的嗅覺細胞接收到食物中的揮發性物質（飄浮在空中的分子），把信號送到腦部，讓腦子知道食物要來了——所以光是烤東西的味道，就能讓我們口水直流。我們開始咀嚼之後，更多揮發性物質通過我們咽喉，往上跑過我們鼻子，讓我們得到第二批資料。這些鼻前嗅覺和鼻後嗅覺的信號，與我們味蕾的信號結合，我們才終於「嚐到」食物。因此嚐東西是交叉驗證的行為，我們會體驗到風味，但不是在嘴裡，而是我們的眼窩額葉皮質（位於眼睛後方）[12]。這部分的頭腦直接和記憶與情緒的區域相連，所以某些味道才會觸發強烈的鄉愁，最著名的是馬賽爾・普魯斯特（Marcel Proust）的小說《追憶逝水年華》（*à la recherche du temps perdu*）裡的敘事者，瑪德蓮泡在茶裡的滋味喚起強烈的童年回憶，一寫寫了七卷。

※2 原註：英國因為和美國有「特殊關係」，因此特別容易被美國的速食文化影響。

溫暖的液體夾帶蛋糕屑，一沾到我的上顎，我就渾身一顫，我停下動作，沉浸在這改變中。一股美妙的喜悅湧入我的感官，獨特而脫俗，不知從何而來。我突然感到人生的起伏無關緊要，生命中的災難顯得無害，生命之短暫也是虛幻——這種新感知的影響彷彿戀愛，讓我充斥一種珍貴的精華；這種精華也可能並不是在我之內，而是我本身[13]。

我們和風味的關係特別私密，因為味道、氣味不同於視覺、聽覺，無法複製。雖然我們常常分享食物，但吃東西的感官經驗在本質上仍是私密的。此外，新的研究也顯示，味覺人人不同——我們對風味的感覺差異，大於視覺、聽覺的差異。比方說，四分之一的人是「味覺大師」，他們的味蕾數目最多是「味盲」的十六倍；味盲的人也占四分之一。雖然味覺大師比其他人更能分辨風味，但他們的天賦也有缺點，因為他們覺得苦味（例如球芽甘藍惡名昭彰的苦味）討厭得令人難受。因為味覺大師的基因未必是遺傳而來，所以那樣的差異可能讓家人聚餐特別麻煩。

即使我們沒遺傳到父母的味蕾，我們母親還是能在我們出生前，影響我們的喜好。例如懷孕的女性如果愛吃咖哩，可能透過羊水把大蒜和辣椒之類的強烈風味傳給未來的後代，讓後代長大後對辛辣食物有種愛好。不過我們大部分的口味偏好都是出生後才養成；借助「火車進山洞」這招來餵小孩的家長，再清楚不過了。說到喜歡食物，熟悉最重要，有些食物可能得讓兒童嘗過十六次，才能接受。碧．威爾森（Bee Wilson）在《食物如何改變人》（*First Bite*）裡指出，想顛覆這個過程，靠著之後的「垃圾食物」收買兒童「吃光」他們的蔬菜，可能教他們「把喜悅和健康當成敵人」，永久扭曲他們的味覺[14]。童年也是關鍵——挑剔的三歲很可能延續一輩子。不過味覺的一些面向倒是會隨著年紀改變——像是我們對苦味的敏感度下降，所以年紀漸長之後，球芽甘藍之戰通常會不戰而和。

我們比我們意識到的更依賴味覺。永久失去味覺的人，據稱會有強烈的迷失感——不大對勁的感覺。二〇一三年，BBC的紀錄片中，美國廚師莫莉．伯恩邦（Molly Birnbaum）描述了她經歷一場車禍而失去味覺之後，陷入強烈的憂鬱。神奇的是，她的味覺開始恢復時，她發現味覺和她的情緒息息相關——她最先辨識出的風味是迷迭香、巧克力和葡萄酒，這些都和她童年的快樂記憶有關[15]。

我們的香味記憶非常私密而情緒化，可能深鎖幾十年，所以突然揭露時，才那麼出人意料。不過我們是怎麼儲存那麼多風味，居然知道三十年前我們的教室聞起來是怎樣呢？答案與數字有關：我們每人都有四千萬個嗅覺細胞，比狗少了五十倍，但仍然足以分辨大約一兆種不同的氣味[16]。這個氣味的檔案櫃擁有能勾動情緒的內容，感受風味因此是人體最複雜、最鮮為人知的一種功能。

今日，感知風味是迅速擴張的複合領域，廚師、心理學家和神經科學家攜手合作，試圖解開奧祕。英國牛津大學交叉模式研究實驗室（Crossmodal Research Lab）的查爾斯．史賓斯（Charles Spence）教授認為，那是生物學最令人興奮的新疆界。「一切都能改變我們感知的味覺。這是新的科學，而可能性近乎無限[17]。※3」史賓斯、大廚費朗．亞德里亞（Ferran Adrià，知名的西班牙「分子美食之父」）和英國同樣實驗性的赫斯頓．布魯門索（Heston Blumenthal）合作，探索了食物的形狀、顏色、口感和進食的情境，如何影響我們的味覺感受。一則和亞德里亞一同進行的研究顯示，用白盤子盛的草莓慕斯，比用黑盤子盛的甜了百分之十[18]。布魯門索的另一則實驗中，史賓斯發現，吃主廚招牌培根雞蛋冰淇淋的人，如果在吃的時候聽到豬或雞的錄音，會覺得培根味或蛋味比較強。既然食品工業開始明白這些可能性，我們的味蕾想必很快就會受到操控，觸及其他刺激物無法企及的心靈層面。

味覺是我們安樂的基礎，不過許多方面來說，味覺也是被我們遺忘的感官。所以我們為何要忽略那麼根本的能力呢。答案是和我們的演化有關。我們祖先靠近地面生活，他們的嗅覺塑造了他們的世界；狗至今仍是這樣。不過我們開始直立行走時，產生了掃視地平線的需求，表示視覺對我們更重要了。我們對味覺的注意力減弱，不過這種原始的感官仍然根深蒂固，在我們通常毫無所覺的狀況下影響我們。哈洛德．馬基寫道，腦皮質（人類大腦中與心智活動相關的部分）在我們古老的爬蟲腦與嗅神經結合的時候發生演化，因此可以說是「嗅覺促成了心智[19]。」

13 牠們吃什麼、我們像什麼

動物覓食，人類進食。

——尚・布里亞・安特爾姆・薩瓦蘭[20]

我們身為人類的特點是什麼？我們是何時開始思考的？雖然這類問題的答案很可能模稜兩可，但我們能確定的是，我們祖先是先長肚子再長腦子。三百五十萬年前，我們的祖宗是南方古猿——這種類似猿猴的生物有點像現代黑猩猩，雙足立、社會性，擅長爬樹。他們的生活很可能也像現代黑猩猩，以小群體移動，採集水果、狩獵時投機取巧，對於生命的意義毫無興趣。不過大約在那個時候，顯然有了靈光乍現，因為今日的衣索比亞高原散落著三百四十萬年前的古老動物骨骼，骨骼上有明顯的刻痕，此外也發現刻意削尖的燧石。我們有些祖先會製造工具來割肉——科技於焉產生了。

這些早期工具的本質很有意義。我們的祖宗身材嬌小，獵物卻高大靈活，鋒利的燧石（以及後來的矛頭、小刀）翻轉了雙方的平衡。南方古猿和現代的黑猩猩一樣，很可能是投機的獵人，捕捉他們能輕易制伏的小型動物（像是猴子）。他們沒辦法追捕、肢解大型動物。不過手

※3 原註：引用於和作者的一場訪談。

持武器和小刀，開啟了有機會肉食的世界大門，隨之而來的是供給頭腦營養的豐富新來源。

二百三十萬年前，南方古猿演化成巧人。巧人的腦容量是四百五十到六百一十二立方公分（我們的大約是一千四百cc）。巧人仍然睡在樹上，但飲食裡的肉類遠比他們的祖先多，很可能會把肉類搗爛，做成原始版的**韃靼生牛肉塔**。五十萬年後，出現了直立人，這是我們最早直立行走的祖先，而且終於看起來夠像人類了。我們不知道他們除了會走路之外，會不會說話，不過直立人的腦容量有八百七十立方公分，足以視作人類演化最重大的突破，達爾文稱頌直立人「很可能是人類除了語言之外，最厲害的成就」。大約一百八十萬到八十萬年前，我們的祖先想出了如何控制火[21]。

這改變了一切。我們的祖先掌握了火，因此能清除森林，吸引草食動物、得到光與溫暖、驅逐掠食者，安全地睡在地上。火也成為他們能聚集、社交的焦點（焦點的英文focus這個詞來自拉丁文*focus*，意思是火）。很重要的是，有了火，人也開始烹煮食物，理查・藍翰（Richard Wrangham）在《生火》（*Catching Fire*）中主張，這樣的發展造就了最大的差異，因為這改變了我們最貪婪的兩大器官——腸和頭腦之間的關係。

週日午餐後打起瞌睡的人都能證實，消化是很耗能的過程。其實，消化用掉了人體百分之十的靜止代謝率（resting metabolic rate，RMR），也就是讓我們身體在靜止狀態繼續運作所需的能量。而我們的腦部雖然最多只占體重的百分之二，卻消耗了五分之一的靜止代謝率[22]。不過如果想蹺掉健身房，改成經常玩填字遊戲，恐怕會失望——雖然辛苦的腦力活動很累人，卻只會增加一點點能量消耗，因為不論我們是否在有意識地思考，我們的頭腦為了讓我們活著，就必須一直全速運轉。雖然看不出來，不過我們的腦袋從不休息。

腦和腸子的能量需求加起來占了身體總產量的三分之一；腦和腸子其實是競爭關係。如果我們想要大一點的腦子，腸子就得小一點——這樣的演化邏輯，稱為高耗能組織假說（expensive tissue hypothesis）[23]。藍翰解釋道，所以烹煮才對我們的祖先造成那麼大的影響。因為熟食遠比生食好消化，直立人因此能省下消化的能量，用來思考。直立人不像現代的黑猩猩一天花六小時嚼食物，他們可以花更多時間打獵、社交。直立人的胃縮小、腦子變大，飲食也愈來愈大膽，加入一些新食物，像是魚。魚富含omega-3脂肪，這是腦子最愛的優質燃料。烹煮開啟了演化的良性循環，大約在二十萬年前，出現了我們自己這個種族——智人。

14 玩火：從操控火開始的進化史

如果生命可以解釋所有緩慢的改變，快速的改變就是火的關係了。

——法國哲學家加斯東·巴舍拉（Gaston Bachelard）[24]

古希臘人很清楚火對人類的意義。他們講述了普羅米修斯從眾神那裡盜火的故事，這樣的大罪使得普羅米修斯受到宙斯永恆的懲罰。從這角度來看，希臘人眼中的火，幾乎像《創世記》中亞當夏娃故事裡的知識。普羅米修斯（Prometheus）這名字在希臘文是深謀遠慮的意思，似乎應證了這樣的關聯。對古人來說，火與知識都是人類得到卻不夠格擁有的神聖標誌。古人有道理——火和知識確實是我們很難承受的資產。知識賦予我們創造力，火則讓我們把念頭付諸實行。知識和火結合，讓我們的生命豐富、舒適無數倍，卻也讓我們瀕臨自我毀滅。我們似乎一直努力平衡我們創造力和毀滅的力量。為什麼會這樣呢？

被稱為《人類進化圖》的著名圖像給了一個線索。這張圖最初發表於一九六五年時代生活（Time-Life）的書籍——《早期人類》（*Early Man*），以一系列從左到右的步行形像，表現了人類演化，從二千二百萬年像長臂猿的上新猿（Pliopithecus），經過一系列沒那麼像猿猴、比較直立的動物，到手持長矛的早期人類，最後是自信邁開腳步的智人。雖然有人批評這張圖把人類出現描繪成勝利的行進（創作者魯道夫・札林格〔Rudolph Zallinger〕亟力否認），不過《人類進化圖》確實融入了我們對演化這一概念的想像[25]。[※4]倒是有些漫畫家受到啟發，急著畫出下一個角色——熱門的選項包括在電腦前彎腰駝背的男人，或邋遢胖子吃著漢堡。漫畫家想表現的是，人類過度演化了。

其中有些真實之處。肥胖超越了吸菸，成為西方的頭號殺手，美國衛生署長最近警告，不良飲食習慣和靜態的生活模式，可能導致下一代美國人比父母短命；這可是有史以來第一遭[26]。後工業時代的生活方式不如我們期望中那麼好，我們對健康和長壽那麼執著，醫療知識與取得藥物的容易程度前所未有，卻得到這般的結果，委婉地說，也太令人失望了。

一部分的問題是《人類進化圖》沒表現出的事——其中角色身處的環境。上新猿在地球遊蕩以來的二千二百萬年間，二千萬年的時間轉眼飛逝，之後才出現人類。我們祖先不到二百萬年前才會操控火，在不到十萬年前才發展出語言。我們開始農業僅僅一萬二千年，六千年前才在建造城市。我們三百年前還沒有蒸氣動力，個人電腦才推出不到五十年，網際網路更是這二十五年的事。如果想畫出類人猿的科技能力演進，結果會是一飛沖天——一條長達數百萬年的直線，接著從操控火開始逐漸爬升，在新石器時代加速，達到今日近乎垂直的軌跡。

換句話說，我們的問題是我們用科技翻轉了演化邏輯。在成為人類的過程中，我們不再讓自己適應環境，而是改變環境來適應我們。這種「外演化」（exo-evolutionary）的方式一時很有效，不過近年迅速加速，讓我們的身體和世界脫節了。如果達爾文還活著，他可能說我們犯了一個基本的演化錯誤。達爾文說過，一個物種要能續存，重點是物種適合環境的程度，而不是那物種有多聰明。按達爾文的說法，我們發明過頭了。博物學家愛德華．威爾森（Edward

※4 原註：繪者魯道夫．札林格表示，他沒有那樣的意圖。

O. Wilson）說得好，我們有「石器時代的情緒，中世紀的直覺，和神一般的科技」[27]。難怪我們在現代世界活得很辛苦——我們彷彿來自異星。

15 生與死：雜食者的兩難

凡有血氣的盡都如草。

——《聖經》〈以賽亞書〉[28]。※5

我們吃東西的方式，最明顯地體現了這種時間錯亂的情形。過去兩世紀中，工業化農業消弭了已開發世界許多地區的飢餓之苦。然而這樣的成就實際上又是另一回事。我們也知道，工業化加速的食物生產背後，有著近乎數不清的生態與人類成本，此外還有雙重困境——導致人口爆炸，使得我們全球的食物需求大幅增加——算是某種顛倒的馬爾薩斯主義吧。此外還有食物本身的品質問題。領先全球的工業化國家人民，應當是世上營養最充足的人才對，然而，許多方面來說，我們卻是營養最差的人。

「吃得好」是什麼意思？對於思想溫和的希臘人來說，這是過猶不及（*meden agan*）的問題，而平衡和中庸當然是健康飲食的兩大關鍵。我們身體需要三大營養——脂肪、蛋白質和碳水化合物；即使不知道我們的食物裡有什麼，「吃得好」應該要能平衡供給這三種主要營養素。碳水化合物大部分來自植物，提供能量和纖維，幫助消化；脂肪和蛋白質則來自動、植物，提供我們身體自我建造、修復的材料。由於脂肪和蛋白質也提供能量，所以即使飲食中只有很少量的碳水化合物，也過得下去（因紐特人很成功，阿特金斯飲食法就沒那麼順利了）。不過少了蛋白質和脂肪，沒人活得下去。

食物通過身體的過程，是進行中的變性（metamorphosis），因為我們的消化系統把食物分解成組成單元，然後重組，成為我們身體能利用的形式。我們由碳水化合物中得到葡萄糖，也就是身體偏好的能量來源；蛋白質變成胺基酸，可以製造、修復細胞；脂肪分解成脂肪酸，對腦部、肝臟和神經系統的結構極為重要。我們需要的一些營養可以由身體合成，有些則不行——這些稱為「必需」營養素。我們身體需要的二十種胺基酸之中，有八種是必需胺基酸，此外還有兩種脂肪酸——omega-3 alpha-亞麻油酸和omega-6亞麻油酸。雖然沒有哪種碳水化合物是身體必需，不過缺乏碳水化合物可能讓肝臟負擔過重，因為肝臟必須超時工作，用脂肪和蛋白質製造葡萄糖，而缺乏纖維素可能導致消化問題。最後，任何上述過程產生過剩的能量，身體都可以儲存起來，大家應該都很清楚，就是變成脂肪組織，也就是肥肉。

除了三大主要營養素，我們身體還需要大約四十種必需礦物質。其中七種（鈣、鎂、磷、

※5 原註：〈以賽亞書〉40:6：「凡有血氣的盡都如草。他的美容都像草上的花。」

鉀、鈉、硫和氯）的需要量相對比較大，其他「微量」元素（包括鐵、鈷、銅、鉻、碘、錳和鋅）則只需要幾公克，甚至更少。雖然這些微量元素含量微乎其微，對身體功能卻和其他養分一樣不可或缺。維生素也一樣，這類有機化合物需要的量更小（有時只要幾百分之一公克就好），但少了維生素，可能導致生病或死亡；長期海上航行的水手付出代價，學到了教訓[29]。※6

早在類似的觀念存在之前，水手承受的苦難就突顯了飲食均衡的重要性。然而，不是所有健康的人類飲食都均衡，因紐特人和馬賽人（Masai）這樣的傳統民族證實了這一點—因紐特人吃海豹、海象、魚、鳥、蛋和一些塊莖、根類食物與莓果維生，馬賽人則主要以牛隻的血和牛奶為食。身為人類的一個優勢，是擁有適應性極強的消化系統—我們時代的人吃下大約八萬種不同的植物和動物，其中三千種廣為食用[30]。而且我們的身體適應了一些非常嚴酷的環境。例如因紐特人為了以他們的低碳飲食維生，發展出擴張的肝臟，幫他們把蛋白質和脂肪轉換成能量。北歐人也擁有其他人類大多缺乏的一種飲食優勢（馬賽人也有）——他們能耐受乳糖，也就是動物乳汁裡的那種碳水化合物[31]。※7據信最早大約五千年前發生在一群波蘭或土耳其牧人身上的一個基因突變，使得消化乳汁的酵素—乳糖酶直到成年仍然活躍（大部分人類斷奶後就停止製造了）。可以喝奶的好處，使這突變以某種乳品導向的達爾文主義迅速蔓延[32]。

發明烹煮之後，人類飲食最大的轉變是農業出現。我們祖先的飲食從肉、魚、堅果和莓果改成以穀物和豆類為主的飲食之後，人類的食物內容和食物的多樣性都劇烈改變。今日，全球四分之三的人口只以三種植物（小麥、稻米和玉米）為主食[33]。※8我們餵飽自己的那種方式不只缺乏彈性，那麼狹隘的飲食對我們好不好，也有待商榷。有些人認為，我們的身體不適合吃穀物，應該重拾所謂的穴居人飲食（又稱原始飲食法，Paleo diet）。其實，姑且不論沒了麥片我們要怎麼活，我們的腸胃很能變通，所以並沒有「自然」人類飲食那種東西，只有吃得比較好或比較差的無數方式[34]。

說到吃，我們面臨的主要問題是選擇；麥可．波倫在《雜食者的兩難》（*The Omnivore's Dilemma*）裡也曾指出這個問題。人類不會適應，就不叫人類了，所以我們的食物系統變得那麼單一，其實很諷刺。我們或許在超市的走道間會面臨五十種早餐穀片的決擇，不過追根究柢，那些都只是穀物——只是以不同的方式修飾、除去或強化過了。波倫指出，我們飲食的健

※6 原註：雖然柑橘類水果以療效聞名，但直到一七四七年，英國海軍軍醫詹姆斯．林德（James Lind）進行了臨床試驗，才證實了柑橘類水果能預防壞血病，導致那些水果成了英國船隻的標準配備，而他們的船員被戲稱為萊姆佬。

※7 原註：雖然世上愈來愈多人現在會喝牛奶（包括中國人），但大部分人都有乳糖不耐症。

※8 原註：貴湖大學（University of Guelph）的拉夫．C．馬丁（Ralph C. Martin）教授，二〇一一年十月二十日在多倫多食物政策議會（Toronto Food Policy Council）演講。

康程度，未必取決於我們得到的食物種類多寡，而是我們食物本身的豐富度。他提到，吃什麼像什麼的意思是，「你吃的東西吃什麼，你也會像什麼」[35]。

因紐特人健健康康，是因為他們吃的海豹和海象吃魚，魚吃海藻，而浮游植物富含omega-3脂肪和維生素C。他們的飲食看似單純，卻取自我們星球上最大的營養庫，也就是海洋。不論在什麼地方，當地的飲食文化總是知道該怎麼在那裡吃得好，而生理也會調整適應。一八四五年，英國水手命中注定迷航到恩紐特人的地盤，他們和因紐特人最大的差異是，當地人的食物來自大海深處，而外來者只是漂浮在海面上。對許多人來說，那是生與死的區別。

16 全世界的味覺都「工業化」了

> 以食為藥，以藥為食。
>
> ——希波克拉底（Hippocrates）

我們身為後工業時代的人類，確實**應該知道該怎麼吃**。傳統飲食含有我們所需的一切營養；否則的話，我們就活不到今天了。美國喜劇《生活大爆炸》（*The Big Bang Theory*）裡的超級宅男謝爾頓・庫柏（Sheldon Cooper）說得妙，除了一般健康飲食之外，再服用多種維生素，只是花錢「買那些成分，然後撒出一泡很昂貴的尿」而已[36]。

只要我們的飲食多樣又平衡，就沒問題。不過我們的工業化食物系統反倒讓這種事更難達成。拿紅蘿蔔來說好了。即使最熱烈支持工業化農業的人也承認，把胡蘿蔔從土裡拔起來當場吃，嚐起來遠好過把胡蘿蔔裝袋、充氣、漂白或冷凍，以承受現代食品物流千里迢迢送到我們家門口。吃加工、包裝食品，是我們住得遠離產地的一部分代價。不過，胡蘿蔔的成分問題更令人憂心。過去五十年，胡蘿蔔的成分發生了劇烈的改變，農民愈來愈常求助於化學肥料和殺蟲劑，使得從前肥沃富饒的土壤枯竭。英國醫學研究委員會（British Medical Research Council）從一九四〇到一九九一年的記錄顯示，在這期間，胡蘿蔔的銅和錳減少了百分之七十五，鈣減少了百分之四十八，鐵減少了百分之四十六[37]。

牛肉也有類似的狀況，英國人曾經非常喜愛牛肉，而被法國人戲稱為「烤牛肉佬」（*les Rosbifs*）。英國這個海洋國家擁有大量的牧草地，牛傳統以牧草為食，因此牛肉是富含礦物質、維生素和複雜omega-3脂肪酸的超級食物。牛是吃草的反芻動物，把（我們）不可食的纖維素變成營養的牛肉和牛奶，可以說和狗一樣，是人類數一數二的好朋友。牛擁有瘤胃，所以才能消化纖維素。瘤胃基本上是個大發酵槽，能分解複雜的分子，產生我們能消化的優質食物。然而現在大部分的牛都不再吃草，而是以穀物為食，所以這美好的協同作用已經不復存在。牛不適合吃穀物——吃穀物會使牛隻永遠消化不良，血液中流進毒素，只能用抗生素緩和。牛吃速食，所以不再產生富含omega-3的肌肉，而是富含omega-6的脂肪[38]。

這對牛、對我們都是壞消息，omega-3脂肪迅速從我們飲食中消失。omega-3這種超級食物大多存在於綠色植物和魚油裡，對腦部功能、視覺和抗發炎反應至關緊要。雖然我們也需要omega-6（在人體內扮演輔助性的角色），但omega-6在我們工業化飲食中已經過量了。這兩類的脂肪會競爭身體吸收，因此omega-6過多，會使得omega-3不足的情況加重。理想的情況下，omega-6和omega-3的攝取比例是一比一（和我們採集維生的祖先一樣），四比一仍然算可以接受，不過西方的比例常常高達十比一，足以威脅我們的身心健康。美國近期一則研究發現，百分之六十的人口omega-3不足，百分之二十的omega-3濃度低到無法偵測[39]。牛津大學生理學教授約翰・史坦（John Stein）指出，「我們的食物中缺乏omega-3，將導致人腦發生一些改變，嚴重程度和氣候變遷不相上下」[40]。

牛肉和胡蘿蔔只是工業化農業改變食物性質的兩例。不過是否含有新鮮食材（像你阿嬤會煮的那些東西），只是工業化食物冰山的一角。《公共衛生營養》（*Public Health Nutrition*）期刊二〇一八年在十九個歐洲國家做研究，發現英國超過半數買回家吃的食物中，含有「過度加工」的食品，用一般人家廚房裡沒聽過的工業化材料製成[41]。※9不出所料，英國位居榜首，購物籃裡平均有百分之五十・七含有過度加工的食物，相較於法國只有百分之十四・二，義大利只有百分之十三・四[42]。放棄從頭開始烹飪，改吃那種工業化的假食物，受害的不只是我們的錢包。二〇一八年一群巴黎索邦大學（Sorbonne）研究者主導的一則研究，發現吃那些過度加工食物和某些癌症之間，有直接的關係[43]。

我們食物的品質，在過去五十年已經面目全非，有些對我們造成實質的傷害。但我們沒有可攜式的化學測量儀器，也無法自己種自己吃，又該怎麼分辨我們吃的食物對我們好不好呢？在理想的世界裡，我們都用新鮮材料，從頭開始烹調，而且直接跟值得信賴的當地生產者和透明的供應鏈買食物，完全避開工業化系統。農民市集和有機食物箱的方案其實正是這麼做，而這樣的需求已經迫使一些英美的超市迎頭趕上。不過對我們大多人而言，說到食物，時間和成本仍然是優先考量。

慢食運動（Slow Food）的創始者卡羅・佩屈尼（Carlo Petrini）指出，好的食物未必昂貴——義大利平民美食（所謂的*cucina povera*，簡約料理）堪稱世界頂級的菜餚[44]。不過要那樣吃，確實需要知識、時間與手藝，而且要有信賴的市場可以取得所需的食材——換句話說，需要傳統的飲食文化。在那種傳統仍在的地方，要吃得好不難，不過沒有那種傳統的地方就難了；例如食物沙漠——買不到新鮮食物的貧窮都市鄰里[45]。※10 如果生活中的飲食文化枯竭，那

※9 原註：過度加工的食品，最初是巴西聖保羅大學（University of São Paulo）的卡洛斯・蒙泰羅（Carlos Monteiro）教練帶領的團隊定義的，被稱為Nova食品分類（Nova classification）。

※10 原註：定義為是否需要走超過五十公尺，才能找到新鮮食物來源。

麼飲食受到的阻礙就不只是時間、金錢或技術那麼簡單——還包括自己身體抗拒。英國大廚傑米・奧利佛（Jamie Oliver）帶一些弱勢的學童去摘新鮮草莓時，許多孩子嚐到陌生的草莓味，居然作嘔；他們從來沒吃過新鮮水果，所以抗拒水果的風味[46]。這種現象在英國已經不是新鮮事了。喬治・歐威爾在他一九三〇年的著作《通往威根碼頭之路》（*The Road to Wigan Pier*）中，注意到一直吃加工食品，全國的味覺都「工業化」了：「英國的味蕾（尤其是勞工階層），現在幾乎自動抗拒好食物。**喜歡**罐頭豆子和罐頭魚、**不愛**真正的豆子和真正的魚的人，想必逐年增長，而且很多人即使茶裡加得起真正的牛奶，也寧可加罐裝煉乳[47]。」

英國是全球第一個工業化國家，吃得差的歷史悠久。我們對罐裝醃牛肉、煉乳和桃子罐頭有維多利亞式的熱情，造就了銷售便宜加工食物給大眾的產業。現在泡麵、餅乾甜餡餅和起司玉米脆條占據了我們超市的大走道，有機食物是稀有的子類別，這習慣依舊根深蒂固，可見一斑。

17 肥胖國度：穿越工業化食物的地雷區

人不該只靠麵包而活……要有花生醬才行。

——美國總統詹姆斯・A・加菲爾德（James A. Garfield）

很少人具備足夠的能力，能穿越工業化食物的地雷區。我們大多人毫不清楚身體需要什麼才能健康；傳統飲食文化原本會教我們這些事。我一九六〇年代童年的烤、燉、肉排、炸魚薯條或許沒什麼異國風味，但至少我父母從頭開始烹煮，我們知道我們吃的是什麼。現在超市取代了父母，成了主要的食物提供者，所以就難說了。超市才不在乎我們吃得健不健康；超市的目標是盡量多賺一點我們的錢。在他們看來，我們想吃多少披薩和洋芋片都好——有機會的話，我們許多人都會做這種事。

這不是我們的錯。我們身體的設計是在時局好的時候大吃特吃——身體不知道我們沒再出外打獵、採集了。瑪麗安・內瑟爾（Marion Nestle）在她二〇〇二年的著作《飲食政治》（*Food Politics*）裡指出，「美國食品工業生產的食物，是美國人健康食用量的兩倍，這對生產者和消費者都是問題，公司必須強迫銷售他們的食物」。因此造成了超大包裝促銷和買一送一，並且花了數十億元遊說議會，贊助「友善」的研究，並且直接對兒童行銷[48]。目前利潤最高的是垃圾食物，所以大部分的預算都投入那裡。二〇一二年，美國速食工業花了四十六億元打那樣的廣告；相較之下，農業部只花了六百五十萬元推廣蔬果[49]。

難怪百分之七十的美國人過重，百分之四十肥胖[50]。也難怪其中弱勢者的數目高得不成比例。社會裡最窮的人很少吃得好，不過現代說來諷刺，四十七億美國人中有許多人依賴政府的食物券，他們住在食物沙漠，不得不把食物券花在垃圾食物上。最近的一個蓋洛普調查顯示，許多美國人覺得他們的食物選擇受限——雖然百分之七十六的受訪者說，他們認為速食「不大好」或「一點也不好」，卻有百分之四十七的人說他們一週至少吃一次[51]。

18 速食：新世界症候群

美國飲食文化像不可抵擋的潮流，襲捲全球，在所到之處大肆破壞。最早感受到影響的是馬紹爾人（Marshallese）。馬紹爾群島位於太平洋中，在第二次世界大戰時受美軍占領。戰前，馬紹爾人幾乎都是狩獵採集者，他們的飲食彷彿博物學家的夢想——魚和貝類、椰子、麵包樹、綠葉蔬菜和林投果，這種充滿纖維的水果富含類胡蘿蔔素（carotenoid，是強大的抗氧化劑）。美國開始用比基尼環礁（Bikini Atoll）做核子測試的時候，大部分的居民被遷至首都馬久羅（Majuro），被迫以進口的美國食物為食。馬紹爾人現在的飲食含有白米、罐裝醃牛肉、罐頭蔬菜和含糖飲料，很快就名列全球營養差的人。今日，將近百分之七十五的女性和百分之五十的男性過重或肥胖，三十五歲以上的成人之中，將近百分之五十罹患糖尿病，島上的手術之中，有半數是糖尿病相關的截肢。他們的飲食造成的影響太慘，甚至贏得自己的稱號——新世界症候群[52]。

馬紹爾人那樣是不得不然，其他人卻是選擇走上那條路。一九九一年，另一波速食乘著波斯灣戰爭入侵了中東。漢堡王、必勝客和塔可鐘（Taco Bell）等等連鎖店入駐中東，餵養美軍，卻受到當地人極為熱情的回應，因此為了和平而留下來，產生了一些混合體來滿足當地的需求，例如必勝客最熱賣的起司堡披薩。現在，百分之八十八的科威特人過重或肥胖，科威特因此成為全球第一個在脂肪檢測勝過美國的國家[53]。

雖然跡象那麼不容忽視，速食卻繼續吞沒襲捲過的一切，甚至在法國、義大利、印度和中國那些著名的料理國度。一開始有些阻力——一九八六年，麥當勞進駐羅馬，卡羅．佩屈尼（Carlo Petrini）大發雷霆，在對面設了一個攤子，發送「義大利慢食」（自製義大利麵）給路人；三年後，他發起了慢食運動。同樣的，一九九九年，當金拱門剛在庇里牛斯山的密佑市（Millau）冒出頭時，牧羊人約瑟．博維（Jose Bové）丟磚頭砸他們的窗戶，抗議「美食帝國主義」[54]。※11然而那樣的反抗最終徒勞無功。麥當勞仍是世上最大的漢堡連鎖店，在一百一十九個國家經營三萬六千家餐廳，甚至法國這個美食學的發源地，也有一千四百家[55]。法國人現在僅次於美國，成為大麥克的第二大消耗國。法國對「麥當當」充滿熱情，二〇一四年，北方城鎮泰努瓦斯河畔聖波勒（Saint-Pol-sur-Ternoise）的居民居然上街遊行，要求麥當勞

※11 原註：歐洲共同市場拒絕同意美國促進荷爾蒙分泌的牛肉進入歐洲，美國因此制裁洛克福乾酪，博維身為這種藍紋乾酪的生產者，挺身抗議。

到他們鎮上開店[56]。

為什麼會有人想把紅酒燉牛肉或義式千層麵換成大麥克呢？高鹽、高糖、高油脂顯然是吸引人的一個原因，文化威望也是。美國普普藝術先驅安迪・沃荷（Andy Warhol）指出，速食的一個吸引人之處，是商業化、通用的速食文化完美契合美國夢：

> 美國了不起的一個地方，是這國家開啟了一個傳統，讓最富和最窮的消費者其實買的是一樣的東西。看電視時，會看到可口可樂，知道總統喝可樂，伊莉莎白・泰勒（Liz Taylor）※12喝可樂，想想看，你也可以喝可樂呢。可樂就是可樂，再多的錢也不會讓你的可樂比街角流浪漢喝的可樂更美味。所有可樂都是平等的，所有可樂都很美味。伊莉莎白・泰勒知道，總統知道，流浪漢知道，你也知道[57]。

很少人比億萬富翁美國前總統翁唐納・川普（Donald Trump）更擅於運用這種潛意識的訊息，他習慣訂漢堡到白宮，讓他在粉絲眼中顯得「草根出身」，少有其他事能達到同樣的效果。對於印度、中國之類國家新一代即將成年的人來說，速食捕捉到美國原本的青少年天堂那種積極樂觀的精神——讓數位世代重溫一九五〇年代的《歡樂時光》（*Happy Days*）※13。印度小吃攤販甚至改變經營風格，仿照美式速食連鎖店，把菜餚美國化來因應。如果你想吃傳統的印度爆米花（Bhel puri）和馬鈴薯煎餅（Aloo tikki），別想在印度吃到。

速食讓我們的飲食跳脫規則與傳統，似乎提供了某種形式的自由。食物不受限制或責任約束，反映了中世紀安樂鄉的夢，可食的世界裡充斥各種食物，宛如伊甸園的翻版。多虧了工業化食物，我們許多人現在活在那樣的國度，想要的話可以整天吃個不停，不用太擔心我們的食物從哪來，或是表象背後是怎樣的風景。

19 我們全身上下只有前額葉皮質能抗拒誘惑

我什麼都抗拒得了，就是不敵誘惑。

——愛爾蘭作家奧斯卡・王爾德（Oscar Wilde）[58]

伊比鳩魯注意到，人類奉行享樂主義，滿足身體需求是讓人維持滿意的一個方式。伊比鳩魯也發現，我們過度沉溺的時候，喜悅很快就會變成痛苦。神經科學家現在開始明白為什麼了。一九五〇年代，美國科學家詹姆斯・奧茲（James Olds）和彼得・米納爾（Peter Milner）發現腦中不同區域與喜悅和痛苦有關，稱之為獎勵與懲罰中心。現在我們知道這些中心透過神

※12 譯注：伊莉莎白・泰勒（一九三二～二〇一一），好萊塢傳奇女星，曾演出埃及豔后，縱橫影壇數十年。

※13 譯注：一九七四至八四年的美國經典影集，描繪一九五〇～六〇年代的理想美國中西部家庭。

經傳導路徑，藉著神經傳導物質（例如多巴胺）和腦部其他區域相連。我們受到某些食物或藥物刺激的時候，多巴胺濃度躍增，啟動我們的獎勵系統；多虧了現代的腦部掃瞄，我們現在能即時目睹這一過程。

重點是，我們對那些刺激的反應不由自主。雖然我們的意識腦（前額葉皮質）會經驗到味覺，但卻是更為古老、潛意識的部分在驅動我們對食物的反應——也就是脊髓頂端的爬蟲腦和那上面的邊緣系統（limbic system）。這些區域一同掌管我們大部分的動機，促使我們尋找食物、尋求安全、滿足性欲（未必是這個先後次序）。我們受到威脅的時候，情緒中樞（杏仁核）促使我們的荷爾蒙中樞（下視丘）把皮質醇釋放到血液中，讓我們提高警覺。另一方面，我們受到愉悅的刺激時，我們的快樂中樞依核（nucleus accumbens）會釋放多巴胺到腦部的動機中樞紋狀體（striatum），使我們尋求更多剛剛得到的東西。同時，記憶銀行（海馬迴）忠實地記錄我們的反應，儲存起來，所以五十年後，我們可能突然因為瑪德蓮蛋糕而雙眼朦朧。

我們的爬蟲腦和邊緣系統忙著送出荷爾蒙，操弄我們的情緒，但我們的前額葉皮質卻不為所動。因為我們的自我意識存在於前額葉皮質，經歷到喜悅和痛苦時，這樣的配置使我們體驗到類似人格分裂的感覺。我們吃巧克力甜甜圈時，腦部亮起來的部分之中，只有前額葉皮質會問自己，再來一份是不是好主意。簡而言之，我們全身上下只有前額葉皮質能抗拒誘惑。

20 牽腸掛肚：腸道是我們的第二個腦子

幸虧我們人體中，不只腦子能調控我們怎麼吃；腸胃也扮演很重要的角色。我們腦部擴張，胃腸道或許因此縮小，卻還是不得了的器官——九公尺長，表面積四千五百平方公尺（相當於十七座雙網球場），不久前仍是最不受了解（而且最不受重視）的身體部位之一。但現在不同了——最近顯微鏡技術進步，發現腸道有一億個神經元，三十種神經傳導物質，使腸道成為名符其實的第二個腦子，大約和貓腦一樣大，與我們上面那個腦子協力運作[59]。這所謂的腦腸軸（gut–brain axis）不只形成了我們吃的核心，同時也是我們感覺、理解世界的核心。

我們的腸子和邊緣系統一樣，左右我們的動機迴路，釋放會促進或抑制腦部感受喜悅與痛苦的荷爾蒙。腸道開始變空的時候，就會釋出「飢餓」荷爾蒙，包括飢餓素（ghrelin）和PYY※14，刺激食欲，促使我們去覓食；我們吃過之後，腸道會釋放瘦素（leptin）和血清素（serotonin）反轉這個過程，降低多巴胺的接受度，進而降低吃東西的喜悅。結果是享樂循環，讓我們從痛苦到快樂再回到痛苦，這樣的永恆模式與我們的晝夜節律同步發生。我們的第二大腦藉著這樣控制我們的第一大腦，不只是何時吃東西，還有會強烈影響我們情緒的規律循環。這一切都解釋了，為何動人肺腑不只是比喻——以及如果想加薪的話，為何最好在午餐時

※14 譯注：酪氨酸酪氨酸肽（peptide tyrosine-tyrosine）。

間後跟老闆提起。

過去大部分時候，這一套都非常有效。我們採集維生的祖先總是在飢餓，身體多少持續在警醒狀態，驅策著他們覓食。吃讓他們感到強烈的喜悅，因為當時飲食過量很罕見，所以那喜悅應該能持續一整餐的時間。高糖的食物（例如蜂蜜）應該很稀少，而且很寶貴——現代的狩獵採集者要冒著被蜜蜂狠狠叮咬的風險，甚至冒著生命危險，爬到高高的樹上，取得珍貴的蜂蜜。

今日的人體雖然相似，生活方式卻截然不同，我們的獎勵系統只能勉強應付。我們現在要吃蜂蜜不用爬樹，只要把一罐蜂蜜丟進購物車就好——這樣的安排好是好，我們吃東西得到的滿足感卻被大大剝奪。我們這個過飽的世界裡，喜悅程度很快下跌，或許因為這樣，小份量料理（例如西班牙小菜、港式點心和壽司）才會那麼受歡迎——這些料理份量雖小，卻十分多樣，把我們的喜悅延續得比從前填滿我們勞工肚子的派和燉菜更長。

不過經常飲食過量可能導致更嚴重的後果，否決腦部對腸胃信號的反應，導致類似上癮的惡性循環[60]。神經心理學家保羅・J・肯尼（Paul J. Kenny）在一個以大鼠為對象的實驗中，發現得到「囓齒類自助餐」的大鼠，滿肚子香腸、巧克力和起司蛋糕之後，即使間歇受到電擊，仍舊會繼續吃。吃正常飲食的大鼠則會匆匆逃到安全的地方。看來吃起司蛋糕太愉悅，即使痛苦也值得——肯尼的「自助餐」大鼠對牠們的食物極為痴迷，甚至真的會吃到撐死。引用肯尼的文字：「牠們享樂的渴望壓制了牠們自保的基本認知[61]。」肯尼說，他的大鼠確實和類似實驗中大鼠的表現完全相同——那實驗裡的大鼠對古柯鹼上了癮。

我們不是囓齒類，不過看來理性的頭腦對於起司蛋糕這類食物的勾人誘惑一樣沒什麼抵抗力。為何會這樣呢？按肯尼的說法，這是因為自然界從不存在那類食物的組成。在自然界裡，雖然有不少糖分和油脂，卻從來不會同時高糖又高脂。只有我們人類（會煮食的動物）想出怎麼製作好吃得要死的食物（想想看海鹽焦糖冰淇淋）。經常吃那樣的美食，可能劫持我們頭腦的回饋系統，讓系統充斥大量的多巴胺，使我們的愉悅反應逐漸減退，得吃更多才能得到和以前相當的刺激。肯尼認為，這可能使得經常飲食過量的人（也就是肥胖者）陷入很像耐受性提高的狀態——「就像酒精和藥物上癮者，他們吃得愈多，就愈渴望[62]。」

21 法國悖論：為什麼法國人不會變胖

數百萬的人都身處於致胖的世界，那為什麼不是所有人都變胖呢？一部分是因為我們在安樂鄉的世界活得很好的能力，就像我們快樂的能力一樣，人人不同。我們有些人對食物就是比較有興趣。雖然有些人（老實說我就是）位在光譜的來者不拒那一頭，有些人卻對食物太沒興趣，甚至忘了吃東西。差異多少和遺傳有關。遺傳流行病學家提姆．斯佩克特（Tim Spector）在倫敦國王學院（King's College）針對雙胞胎做的一則長期研究，發現兒童的基因對他們成年是否肥胖，有百分之二十五的影響[63]。此外活躍程度也有關係——奧運游泳選手麥可．費爾普斯（Michael Phelps）據稱一天吞下一萬二千卡；不過他一離開游泳池，體重就節節高升。

因素太多——體型、個性、習慣、狀況、教育和遺傳，這些都影響了我們可能多肥胖。過去幾十年，社會弱勢一向是影響過重或肥胖可能性的一大因素。不過最近，社會地位似乎逐漸失去重要性。不論是什麼害我們變胖，致胖因子現在已廣泛分佈在全社會光譜之中[64]。在英國，只有兩群人（富有女性和貧窮男性）在抵擋趨勢。這發現打破了「肥胖的人只是沒意志力節食」這種想法。雖然那在某些階層或許沒錯，但許多人只是生活在致胖世界的受害者。

為什麼有些社會比較容易致胖？比方說，為什麼住在英國容易胖，住在法國（至少現在）卻不會？答案可以歸結於工業化破壞了傳統飲食文化。英國人胖的一個原因是，工業化使英國人比別人更早拋棄了本地的飲食傳統。而法國的飲食文化（雖然顯然受到麥當當威脅）相比之下仍較不受影響，而這不只影響了法國人的飲食，也影響了法國人的生活。

大部分的法國人很重視他們的食物，這事家喻戶曉——例如之所以會有米其林指南，就是因為人們堅持在旅行時也要吃得好。在法國，品質、產地和季節性仍然至關緊要，而高品質的獨立食品店仍然很常見。大部分的菜餚都有「正確」和「錯誤」的做法，必須*comme il faut*

（該怎麼做就怎麼做）。法國和英美不同，也花很多時間享受食物——週間中午漫步過巴黎，會發現餐廳裡滿是工人在享用美味的午餐，而不像英美比較常見手拿三明治[65]。[※15]雖然法國人比其他西方國家花更多時間在食物和吃東西上，卻不胖；他們的肥胖比例是歐洲最低。此外還有所謂的法國悖論——雖然大家都知道法國人大啖乾酪和鮮奶油，心臟病的比例卻低得令人嫉妒。

在法國吃過東西的人都知道，法國悖論根本不是那樣的事。餐廳裡嘎吱作響的乾酪盤推過來的時候，大部分法國人只會選二、三種，淺嚐輒止。他們慢調斯理地啜飲一杯葡萄酒，乾酪雖少但通常氣味強烈，可以吃很久。就像所有的傳統飲食文化，法國的飲食規則不只決定吃什麼，還決定要怎麼吃。

保羅・羅辛（Paul Rozin）、艾比蓋兒・K・雷米克（Abigail K. Remick）和克勞德・費席勒（Claude Fischler）在二〇一一年一項法國、美國飲食文化的研究中證明，那樣的態度遠遠蔓延到餐桌之外[66]。比方說，法國人享用食物時，沒有一點罪惡感，但是對美國人而言，如此享受被視為罪惡的喜悅。研究團隊認為，那樣的差異可能是因為兩個文化中天主教和新教的歷史角色。

※15 原註：法國人平均每天花二小時十三分鐘吃喝，比其他任何國家更長，而且是美國人的一倍以上；美國只花一小時一分鐘吃喝。

新教的傳統特點是更強調自律、控制身體與個體性。美國人比較容易混淆享樂和罪與過錯……（他們）相信個人有責任維持健康、身材、苗條，辦不到的人，可能被視為不負責任。由此可見，美國人讓健康、節食和肥胖附加了不少道德元素[67]。

這則研究發現，吃在法國也是遠比較社交性的活動。這反應在他們更接受犧牲個人選擇，以「正確」的方式吃：

法國的歷史比美國悠久，料理的定義更明確，對於食物在生活中扮演的角色更有概念。我們認為這導致了一個後果——法國在料理中追求的細微差異比較少；因為任何菜餚或食物，通常都有比較為人接受（理想）的形式。美國人預期可以選擇吃薯條、薯泥、烤馬鈴薯或炸馬鈴薯配牛排；法國人則認為牛排就是要配薯條[68]。

傳統食物習慣在法國仍然相對不受影響，這情況反應在語言上。比方說，安慰食物沒有對應的概念，相當於「食物」這樣一體適用的詞彙也闕如。費席勒指出，法文使用者不會說「*ma nourriture préférée*」（我最愛的食物），而是說些特定的東西——「*mon plat préféré*」（我最愛的菜餚）、「*ma cuisine préférée*」（我最愛的料理）、「*ma pâtisserie préférée*」（我最愛的糕點）等等[69]。

研究團隊發現，那些飲食文化的差異反映在生活的其他領域。比方說，買衣服的時候，法國人很樂意聽取專業的建議，美國人則想自己選擇。說到食物和衣服，法國人都是重質不重量，美國人卻相反——這樣的對比反應在法國餐點比美國昂貴，而份量較小。作者群也發現，他們對舒適的態度有天壤之別——旅行途中，美國人重視舒適的房間，有好床、有空調；法國人則比較在乎當地的樂趣（例如去劇院看戲），而不是旅館的便利設施。

22 舒適與喜悅：小心消費主義陷阱

少即是多。

——現代主義建築大師密斯・凡德羅（Mies van der Rohe）[70] ※16

這兩個截然不同的文化，告訴我們什麼呢？法國價值觀傳統，屬於舊世界；美國則是消費主義的價值觀，屬於新世界。法國文化比較關乎社會、環境，美國文化則比較個人主義、道德

※16 原註：凡德羅的個人座右銘。

主義。法國人追求品質、專業和享樂，美國人則重量不重質，重視選擇和舒適。所以哪一套價值觀比較適合快樂的生活呢？這問題很重要，因為普及全世界的，是美國消費資本主義的價值觀。

匈牙利裔美國經濟學家提勃爾・西托夫斯基（Tibor Scitovsky）在他一九七六年的著作，《無快樂的經濟》（*The Joyless Economy*）中指出，傳統社會和消費主義社會的一個關鍵差異，是他們管理享樂的方式。傳統文化會界定享樂、賦予脈絡，消費主義則打算每週七天、一天二十四小時地提供享樂。西托夫斯基說，雖然隨時提供享樂可能比較吸引我們的爬蟲腦，卻也會混淆我們身體的動機系統，降低我們享受的感覺——「我們感覺不適或感覺很好，感到痛苦或喜悅，那時候，我們感覺到的是警醒的程度。更重要的是，因為我們趨樂避苦，警醒的概念成為解釋行為的重點[71]。」

西托夫斯基說，只要別太久，那樣的警醒狀態其實可能是愉快的。我們的感官強化，所以渴望終於滿足時，會體驗到一股喜悅，而喜悅會緩緩消退為舒適和心滿意足。我們暫時滿足了——直到整個循環從頭來過。

我們的祖先應該更熟悉那樣的規律。按亞里斯多德式的說法，滿足（舒適）是人類享樂循環的目標——是渴望和過量的平均，我們的獎勵系統受校正，致力達成這樣的狀態。不過難的是：如果我們尋求的是喜悅而不是舒適，就得累積警醒程度，因為我們最強烈的愉悅只有在接近不悅時才會發生。這種現象最早在一八七四年，由德國實驗心理學家威廉．馮特（Wilhelm Wundt）提出，說明了我們現代的兩難，又稱為馮特曲線。為了好好享受生活，我們需要延遲滿足渴望，而不是立刻滿足——為了體驗巔峰的愉悅，我們必須為了愉悅而努力、滿心期盼。然而，西托夫斯基指出，消費主義文化準備提供的，和那樣的延遲恰恰相反。我們太輕易就滿足需求，以致於錯失了喜悅。

原來舒適和喜悅，某程度來說是互斥的。如果想要體驗喜悅，就必須準備犧牲一些舒適，然而我們想像中的美好生活正是要提升舒適；這也體現在進步的概念中。西托夫斯基說，在消費主義的社會裡，我們不斷被迫在舒適和喜悅之間做出選擇，但我們自己並沒有意識，因為我們舒適的收穫（例如吃零食）常常立即而直接，而造成的損失（晚餐沒胃口）之後才會顯現[72]。我們直覺接受不斷提升的舒適程度，卻沒意識到我們把喜悅推得愈來愈遠。

23 追求理想飲食：現代營養學的救贖

一國之衰退，始於講究美食。

——約翰．哈維．家樂（John Harvey Kellogg）醫師[73]

資本主義飲食文化中，消費者得到無數的選擇，而且假設很清楚該怎麼選擇，結果卻深深困惑，不知道該吃什麼、怎麼吃。人們茫茫無措，卻又無法像過去一樣從家庭傳承的知識得到引導，結果無可避免地導致追逐流行。

十九世紀的美國是世上最大的文化熔爐，卻也成為那種盲從主義的天然鍊丹坊，數百萬移民急於在新國家學習怎麼吃，於是各式各樣的冒牌醫生和怪人在移民之中都找到積極的追隨者。當時對營養的了解微乎其微，所以大師的任務更簡單了。營養學這門科學極為重要，起步卻晚得不可思議——直到一八二五年，英國化學家威廉・普勞特（William Prout）才確認了脂質、碳水化合物、蛋白質這些關鍵的主要營養素。最先假設這些營養是如何運作的，正是化學家尤斯圖斯・馮・李比希（Justus von Liebig），一八四二年他暫時把重心從肥料轉換到營養，提出人體會用蛋白質形成組織和肌肉，而脂質與碳水化合物則是燃燒作能量。李比希的假定雖然某些方面不正確，卻首度提出了營養的聯合理論。

不過在美國，追求理想飲食和另一項美國人典型的追求——救贖結合在一起。長老教會牧師席維斯特・葛拉罕（Sylvester Graham）開啟了這個趨勢，基於磨穀物是罪惡，「把上帝合在一起的拆開」，而推崇全穀物是道德、健康飲食的基礎[74]。一八二九年，葛拉罕推出了全球首創的量身訂作素食飲食，包含全穀物、蔬果，輔以少量的新鮮牛奶、乾酪和蛋。大部分的現代營養學家會認同葛拉罕的飲食，不過牧師的動機並不是保健，而是道德——他反對吃肉，是因為肉會導致「不純潔的思想」。雖然葛拉罕因為這樣的偏執而受到嘲弄，但仍然成為風靡一時的人物。一八六三年，一位名叫詹姆斯．C．傑克森（James C. Jackson）的崇拜者想到把他的葛拉罕麵包磨成小塊，重新烘焙，作成烤穀片（granula），這種難以入口的調製品要在牛奶裡泡軟了吃。這種穀物脆片後來更名為葡萄堅果穀片（Grape Nuts），是世上最早的早餐穀片。

雖然葛拉罕很有名，我們今日的早餐桌上最常出現的名字卻是家樂氏。約翰．哈維．家樂也虔誠無比（屬於基督復臨安息日教會），他和葛拉罕一樣相信美國盛行的飲食有礙健康與道德，而腐化人性的最大邪惡是貪婪；他在《老少需知的事實真相》（*Plain Facts for Old and Young*）這本浩浩蕩蕩的手冊中概要說明：「生理學告訴我們，我們的思想出自於我們吃的東西。如果以豬肉、精緻麵粉做的麵包、豐盛的餡餅、蛋糕和佐料為食，喝茶和咖啡、抽菸草，要思想純潔，比登天還難[75]。」

家樂在飲食這方面比葛拉罕還要嚴苛——除了全穀類、堅果和蔬果之外，幾乎所有食物都不行，唯一的例外是「一種保加利亞的乳製品，也就是優格」[76]。※17家樂相信，他的飲食法是上帝親賜，他以基督復臨安息日教會的巴特克里市療養院（Battle Creek Sanitarium）院長身分講道時，會宣揚這樣的教義。療養院的病人會得到個人化的嚴格飲食，接受呼吸訓練、在用餐時間散步，促進消化，並且鼓勵多咀嚼食物，直到食物自己滑下喉嚨。誰也逃不掉家樂最愛的

※17 原註：家樂在一八六三年透過與教會領袖懷愛倫（Ellen White）通信，相信飲食直接來自上帝。

治療——在每日儀式中淨化腸道，消除「有害細菌」，一個步驟是由消化道上下端導入「保加利亞乳製品」。

家樂雖然缺乏科學資格，卻成為他當代首屈一指的營養專家，他的客戶包括石油大亨約翰．D．洛克斐勒（John D. Rockefeller）和美國總統西奧多．羅斯福（老羅斯福）。不過要不是家樂的弟弟威爾在一八九五年想到一個主意，在烘烤時翻動稍稍煮過的小麥仁，烤到又褐又脆，再加上麥芽調味，製成世上最著名的早餐穀片——穀物脆片，家樂的名字大概不會至今家喻戶曉[77]。※18

24 國王的新衣：新營養主義時代

營養之國的皇帝穿著無形的新衣。

——麥可．波倫[78]

家樂和葛拉罕擁有狂熱的追隨者，缺乏科學知識，將食物貼上善惡的標籤，其實建立了現代的飲食盲從主義。雖然今日的飲食大師通常是愛用Instagram的年輕女性，而不是粗獷的教士，但現象本身依然不變。傳統飲食文化愈來愈支離破碎，不論是誰想把飲食訊息推銷給容易上當的大眾，都有機會成功。

麥可・波倫稱之為營養主義時代（Age of Nutritionism），接下來的演變，是食品工業意識到利用營養科學賣自己的產品，有多大的潛力[79]。※19一九二〇、三〇年代，家政學家、生化學家和記者把注意轉向這個莫名受忽略的領域時，美國人面臨一團混亂的新資訊，學到他們一份肉、兩份菜的晚餐其實是蛋白質、碳水化合物和脂肪，得知他們不該享受蘋果派和鮮奶油，而是該計算熱量。

飲食不再是為了克制欲望、服事上帝，而是為了健康、長壽和葛拉罕與家樂一心設法消滅的東西——性吸引力。每發現一種新營養，就受到奇蹟神藥似的推崇，迅速納入最新的加工食品中。維生素最早是在一九一〇年由日本科學家鈴木梅太郎分離出來，引起幾乎失控的歇斯底里反應，產生許多針對維生素的誇張保健說法，例如治療胃潰瘍、蛀牙，或提振精力和腦力。一九二〇年代，輕佻女郎傳達了女性之美的新苗條理想，數百萬美國女性開始斤斤計較自己的尺寸，一九四二年大都會人壽（Metropolitan Life）發表了一張有問題的「理想」體重表（根據的是二十五歲的資料），完全無助於消除這樣的執著，使得半數的美國人被貼上過

※18 原註：其實，你麥片包裝上的名字指的是約翰的弟弟威爾，威爾一次和兄長產生分歧之後，成立了巴特克里烤玉米片公司（Battle Creek Toasted Corn Flake Company），也就是今日我們所知的家樂氏。

※19 原註：波倫指出，這名詞的出處是澳洲社會學家吉爾吉・斯克里尼斯（Gyorgy Scrinis）。

重的標籤[80]。一九四七年，迪奧的細腰新風貌登場時，美國健康食品產業已經準備大肆擴張。

Metrecal於一九五九年面市，這種減肥飲料的熱量只有二二五卡，是最早利用渴望與現實之間鴻溝的食品。Metrecal以香草調味，含有脫脂牛奶、大豆粉和玉米油，並添加維生素與礦物質，被宣傳為新的性感生活方式，《富比士》雜誌贊許地指出，這使Metrecal「脫離藥櫃，進入廚房、露臺和游泳池畔」。一九六〇年，Metrecal掀起轟動，希臘和沙烏地阿拉伯的王室都是愛好者，《時代》雜誌記載：「上一週，全國的藥房和超市大聲疾呼要補貨，滿足一群又一群肥墩墩的上癮者，他們堅持狂飲到底[81]。」

Metrecal很快就被一群競爭者超越了，不過Metrecal已經證實，以黏稠的飲料會讓人苗條、成功為前提，把這些飲料小份小份賣給人，確實可以賺大錢。大約同時，美國健康食品產業得到了美國病理學家安賽・基斯（Ancel Keys）的另一劑強心針。一九五〇年代，基斯進行了一個國際研究，宣稱研究顯示飽和脂肪會導致膽固醇和心臟病罹患率升高。雖然證據有瑕疵（基斯的實驗對象都是男性，大多吸菸），但他說服美國心臟協會（American Heart Association，AHA）接受了他的想法。一九六一年，美國心臟協會建議美國人減少攝取飽和脂肪[82]。

官方的飲食建議很少對一國的健康有更大的影響。隨著奶油讓位給了低脂抹醬，柳橙汁與麥片取代了培根和蛋，美國飲食發生了幾件可怕的事。首先，變得遠遠沒那麼好吃了；第二，碳水化合物的成分大增（大部分披著特製「低脂」產品的外衣）；最後，很重要的是，反式脂肪激增（反式脂肪是將脂肪人工氫化，使之在室溫下穩定）。這些個別發生已經夠糟了；聯合起來，就形成了完美的風暴。

最早察覺新一波脂肪恐懼症的是英國營養學家約翰・尤德金（John Yudkin）。尤德金早在一九五〇年代就曾經警告，吃過多的碳水化合物（尤其是精緻糖）可能導致胰島素激增和肥胖。基斯像發狂的比特犬一樣攻擊尤德金，在科學媒體上抨擊他，把他的想法斥為「無識之談」。基斯贏得了爭論，卻害了數百萬人——接下來半世紀，脂肪對大部分美國人（和英國人等等採取美式飲食的人）成了禁忌。接下來是神經質而暗淡的飲食年代，所有含有一丁點脂肪的食物（雞皮、蛋黃、全脂牛奶）都被倒進垃圾筒。在此同時，食品工業馬力全開，努力想辦法讓無脂的食物可以入口，最明顯的做法是添加更多鹽和糖[83]。※20

我們現在知道，這段無樂趣可言的無脂飲食時期，卻是史上肥胖和飲食相關疾病增加最迅速的時候——而且看來毫無意義。二〇一〇年，營養學家羅納德・M・克勞斯（Ronald M. Krauss）發表了一份為期十年的統合分析結果，整理所有把飽和脂肪和心臟病連結的證據，而他的結論是，沒有證據[84]。二〇一四年，一群科學家由英國心臟基金會（British Heart Foundation）贊助，回顧了七十二項不同的研究，得到同樣的結論。飽和脂肪正式宣布無害，

※20 原註：糖本身逐漸被更甜、更便宜、更難消化的高果糖玉米糖漿（digest high-fructose corn syrup，HFCS）取代。高果糖玉米糖漿是在一九七一年，由日本科學家發明。

只要攝取節制就好，而篡位者——糖，則一如尤德金早在一九七二年出版的書，《純淨、潔白而致命》（*Pure, White and Deadly*）[85]。※21

25 節食上癮症：名人文化和同儕壓力

食物再美味，都不如苗條美好。

——英國名模凱特·摩斯（Kate Moss）[86]

節食在今日的美國和英國成了一種生活方式。每一波新風尚都被視為神奇的解藥，減重成功的名人被捧為打擊肥胖的偶像，在他們光鮮亮麗的形像背後，贏得了豐厚的電視通告和出書協議。這一切只有一個問題：節食沒用。是啊，起初或許**看起來**有用——我們嘗試某個新奇的新飲食法，頭一兩星期站上磅秤發現掉了幾公斤的時候，誰不曾開心地蹦蹦跳跳呢？問題是，那些體重通常不久之後又回來了；而且常常增加得比我們當初減少的更多。依據肥胖專家朱爾斯·赫許（Jules Hirsch）教授的說法，這是因為不論我們開始節食時多胖，我們身體對節食的反應，都是當作我們被餓到了。身體把我們起始的體重當成設定值，想方設法調節代謝，恢復失去的體重[87]。明尼蘇達心理學教授崔西·曼恩（Traci Mann）進行了一個為期二十年的節食者研究（是有史以來最大型的研究），發現二到五年期間，平均減輕的體重不到一公斤。此外，超過三分之一的節食者，最後增加的體重都超過減掉的體重。曼恩的結論呢？她認為我們最好完全別節食。

如果節食沒效，我們為何還要繼續節食？有可能是我們在頭幾個星期經歷到的最初「成功」讓我們太愉快，想要再度體驗；節食因此帶有一種上癮的特質。這可能有助於解釋為什麼節食的人會不斷節食——最近的一則研究發現，平均四十五歲的英國女性至少試過六十一次節食[88]。英國這方面的惡果在青少女之中特別嚴重，對她們來說，名人文化和同儕壓力（加上社交媒體推波助瀾）根本害人不淺。最近一則研究發現，十四、五歲的英國女孩之中，只有百分之三十三覺得自在，其中三分之二的人舉出的原因不包括外表（尤其是覺得「太胖」）[89]。受訪者之中，有百分之十四的女孩說她們那天沒吃早餐。自尊那麼低的悲劇結果也在節節上升——二〇一〇到二〇一八年，英國醫院的住院原因中，嚴重飲食失調從七二六〇人成長到一六〇二三人，增加了超過一倍，而打到Beat（英國最大的飲食失調慈善機構）諮詢專線的電話，從二〇一七至一八年的一萬七千通，增長到二〇一八至一九年的三萬通[90]。

那樣的失調隨著社交媒體崛起而增加，並非偶然。別忘了，臉書一開始是遊戲，大學宅宅

※21 原註：這是尤德金那本書的書名，出版於一九七二年。

（男性）可以依據他們的同學（女性）「有多辣」來評分。今日多虧了臉書和模仿者，被同儕公然打分數已經成了現代年輕人無法逃脫的現實了。也難怪對許多年輕人來說，吃這件事根本談不上喜悅、逍遙自在，而是充滿不安全感。最近對「乾淨飲食」的狂熱中，深具影響力的名人（許多曾為飲食失調所苦）把營養成分很可疑的飲食推銷給青少年，這只是靠著食物和性之間的潛意識連結來利用脆弱的人、賺他們錢的最近例子[91]。※22

雖然我們的社會並不是最早和食物發生反常關係的社會（時髦飲食一向是一種社交武器），但飲食文化以前從不曾和社會期望有那麼大的牴觸。許多青少年不再覺得食物能給他們滋養，而是必須抵抗食物，才能得到社會認同。對許多人來說，食物成了敵人。

如果不靠萵苣而活、不跑半馬，怎麼能在一個致胖的世界好好活下去？除了胃繞道手術這種極端的辦法，許多人唯一的選擇似乎只有完全放棄節食，乾脆接受自己有點胖呼呼。一個為期三十年的研究——〈美國飲食模式〉（Eating Patterns in America）最近發現，美國在節食的人口首度下滑。一九九一年，受訪的成年人中，百分之三十一說他們正在節食；二〇一三年，這數字下降到百分之二十。下降的幅度以女性最多，從百分之三十四降到二十三[92]。一場公眾反叛即將發生，美的概念本身正重新受到評價。一九八五年，問美國人是否認為「沒過重的人遠比較迷人」，百分之五十五的人同意；到了二〇一二年，只有百分之二十三同意。看來美國人受夠了打擊啤酒肚、自殘形穢，現在開始，「胖才棒」這想法得到認證了。

26

「我如何停止吃食物？」科學怪咖的實驗

數位時代還為食物那麼簡單的東西而煩惱，真奇怪。

——羅勃・萊因哈特（Rob Rhinehart）

富裕是喜悅的敵人嗎？伊比鳩魯顯然那麼認為，而他的解決辦法是在非物質的事物中尋求快樂。他不是用佐料來增添餐點的風味，而是談話；現代神經科學似乎支持這種辦法。多虧了現代的掃瞄技術，我們知道聊天、玩遊戲和看書，都和吃杯子蛋糕一樣準確地讓我們的腦子亮起來。要把多巴胺送到各種該去的地方，體能活動是可靠的辦法——快步走路可以改善心情，馬拉松跑者跑了大約三十二公里，遇到「撞牆期」之後，會經歷自然的興奮感。這和喜悅與痛苦之間的複雜關係，都是很好的例子。

從那些事物中尋求快樂，優點是幾乎不受任何限制。吃東西一下就吃飽，但只要我們想，大可日以繼夜地跑、跳、唱歌、跳舞、思考和解謎。吃得好是美好生活的基礎，但懂得適可而止，也很重要。世界各地的傳統飲食文化，以齋戒期來反映這個需求。在工業化食物的國家，

※22 原註：有些節食者太過執著於遵循那類「健康」飲食法（時常要排除一整類食物，例如麩質或乳製品），結果不只營養不良，甚至罹患健康飲食痴迷症（orthorexia nervosa），是類似強迫症的狀況。

只能由我們自己決定什麼時候別吃，但很少人有能力做出這種選擇。

不過不是所有人都需要努力抗拒誘惑；數位時代出生的一些人，覺得相較於更令人興奮的事物，吃東西只是浪費時間的附屬品。二〇一二年，一名二十四歲的工程師羅勃・萊因哈特在舊金山一間新創公司設計電話杆。萊因哈特吃速食吃到不舒服，受不了花在那上面的時間和金錢，因此決定用他工程師的腦袋思考該怎麼吃的問題。萊因哈特的部落格名字取得幽默，叫「大部無害」（Mostly Harmless）。他在部落格上寫道：「一切都是由單元構成；一切都能拆解。我假定身體需要的不是食物本身，而是組成食物的化學物質和元素。所以，我決定投入一場實驗。如果我只吃身體用作能量的成分呢[93]？※23」

二〇一三年一月，萊因哈特把維持健康身體功能必需的營養縮小到大約三十五種成分，接著他上網訂購。他清單上的頭幾項是碳水化合物（來源是燕麥粉和麥芽糊精）、脂質（來源是芥籽油和魚油）以及蛋白質（來源是米飯），加上各式的礦物質和維生素。萊因哈特把他的原料丟進攪拌機，加水打成米黃色的糊狀物（是減肥飲料Metrecal不會讓人瘦的後代），萊因哈特覺得嚐起來還不錯，有點像鬆餅糊。他稱他的創作為Soylent，靈感取自哈利・哈里森（Harry Harrison）一九六六年的科幻小說《讓讓！讓讓！》（*Make Room! Make Room!*），其中末日後的紐約市依賴政府配給的「黃扁豆餅」（Soylent）維生，原料是黃豆（soy）和小扁豆（lentil），一九七三年的電影《超世紀諜殺案》（*Soylent Green*）中揭露，其實是人類遺體做成的。

依據萊因哈特在一本日誌裡記載的經驗，他開始完全靠Soylent為食。起先，他的如意算盤不大成功——第三天，萊因哈特發現他心跳加速，意識到他的混合物裡忘記加鐵；之後他又因為缺硫而關節痛。他刻意調整攝取的鉀和鎂，看看會發生什麼事，結果心律不整，出現灼熱感。萊因哈特在他二〇一三年的一場訪談中解釋道：「我想要Soylent可能出的任何問題，都先發生在我身上[94]。」一個月後，萊因哈特覺得他準備好把自己的經驗和大家分享，於是在部落格寫了一篇文章，名為〈我如何停止吃食物〉（How I Stopped Eating Food）：「我這三十天完全沒吃一點食物，我的人生改變了……我覺得自己好像無敵金剛（the six million dollar man）※24。我的體能明顯進步，皮膚更乾淨，牙齒更白，頭髮變茂密，頭皮屑也沒了……我睡得更好，睡醒時覺得比較煥然一新、精神好，白天再也不愛睏。我偶爾還是會喝咖啡，但我不再需要咖啡，這樣很好。」

結果這篇文章爆紅。不過幾天，萊因哈特就發現他的未來不在電話杆，而是食物。他帶點搞笑的科學加科幻的配方立刻吸引了科學怪咖，對他們來說，生活智慧（為了專注在「好玩」

※23 原註：文章於二〇一三年發佈於他的部落格「大部無害」，部落格現已停用。（《大部無害》是道格拉斯·亞當斯《銀河便車指南》系列作的第五集，引用的是地球指南的一個條目。）

※24 譯注：典故出自一九七三年的科幻影集，男主角受重傷之後被改造成仿生人。

的事情上，而在做俗務時走捷徑）是一種生活方式。萊因哈特願意分享他的配方，很快就形成一個動手做的社群，大家興沖沖地破解出自己的食譜、匯整結果。到了二〇一四年，Soylent的網站上有高達五十一國的食譜，取了像是「餓鬼，吃東西要嚼啦——真不敢相信這不是食物！」和「灰糊」這類的名字。不出所料，那些生活智慧王把他們的食譜個人化，加入風味，像是香草、巧克力，製成布朗尼巧克力蛋糕、粥和冰淇淋。換句話說，他們把Soylent又變回食物了。

萊因哈特擁抱他剛得來的名人地位，用他的部落格來擴張他的人生哲學。他寫道：「世界變了。我們的生活方式和祖先不同。我們工作的情況不同，講話方式不同，思考方式不同，旅行的方式不同，打鬥的方式也不同。那我們究竟為何還要吃得和他們一樣呢？……從前，食物關乎生存。現在我們可以試試發展出理想的東西[95]。」二〇一五年，Soylent市值估計達一億美元，美國太空總署和美軍都找上了萊因哈特；二〇一七年，Soylent在7-Eleven便利商店上架販售[96]。Soylent對粉絲大軍來說，確實顯得像美食的賢者之石。是生活智慧的巔峰，似乎達成了萊因哈特的發明家英雄理察．巴克敏斯特．富勒（Richard Buckminster Fuller）口中的「以簡御繁」（ephemeralization）——科技進展，表示人類將能「用愈來愈少的東西，達成愈來愈多事，直到最後不用任何東西就能做到一切」[97]。然而糾纏不休的問題還沒解決——我們真的想要告別食物嗎？那可是最多人的衣食父母、最可靠的喜悅來源呢！

真令人納悶，伊比鳩魯會如何看待Soylent。他會早早奉行此道，開心地改良他的個人配方，貼到網上嗎？看來不大可能，不過許多方面來看，伊比鳩魯和萊因哈特的哲學相像得不可思議。兩人都追求簡單的生活；兩人都是原子論者，相信一切都能分解成組成部分；兩人都推崇自律，都訴諸理性來消除不理性的恐懼——萊因哈特致力於超脫他基本教義派的基督徒出身。兩人的關鍵差異，恰恰是他們關聯最大的事物，也就是食物。對萊因哈特而言，吃和煮食是乏味的俗事，他很樂於拋諸腦後；不過對伊比鳩魯而言，那是美好生活的核心。

伊比鳩魯和萊因哈特來自截然不同的時代，卻擁有超越時代的觀點。要是伊比鳩魯活在現代，或許會花少一點時間吃，花更多時間在推特，不過他大概總是有興趣好好閒聊，還是會自己烤麵包。美好的生活有許多形式——對我們每個人來說，重點是找出什麼事最令我們喜悅。從這方面來看，伊比鳩魯和萊因哈特代表了兩個極端，而且不只是他們對吃的看法，還有他們看待生活本身的方式。萊因哈特設法擺脫需求，伊比鳩魯卻設法在滿足需求時得到快樂。不論你對這兩種做法有什麼看法，哪種比較直接，倒是無庸置疑。

·第三章·

家

27 芬蘭農場，那曾稱之為「家」的地方

我在一間低矮陰暗的農舍裡，坐在一張長木桌旁。農舍主人是我的芬蘭阿姨，赫蕾。她年近六十，但曬黑的臉上佈滿皺紋，掛著疲倦的微笑，我覺得比實際年齡老。她的農場靈琵拉（Rimpilä）位在芬蘭湖區中心，大約在芬蘭首都赫爾辛基北方二百公里的地方。我母親戰時的童年幾乎都待在這裡，她跟我們說了無數農場生活的故事——她以前很愛擠牛奶、騎在豬背上（豬一下就把她掀下來），傍晚會騎著高大的農場馬匹去湖邊游泳。現在，她第一次帶著她的英國家人來芬蘭見她的親戚。當時我八歲，長途奔波累壞了我，我手足無措。這是我第一次出國，一切都新奇又陌生。除了赫蕾的女兒海蓮娜，其他人完全不會說英語，我母親在廚房忙得不可開交，沒什麼空幫忙翻譯。

我和弟弟、父親默默坐在桌旁，桌上鋪著亞麻餐巾，還有一盤盤美味的麵包和奶油，漂亮極了；芬蘭語劈哩啪啦地來來去去。我母親跟我們解釋過，在芬蘭很重視款待客人，我們意識到不論出現什麼食物，我們都必須盡量吃。因此我們有點惶恐地等著午餐。最後，赫蕾阿姨從廚房冒出來，端了圓圓的陶碗，碗裡是某種褐色的布丁，她一一舀給我們。布丁和我嚐過的任何東西都不同——紮實、滑潤，濃郁無比，有肉味、甜味和金屬味，我無法確定我喜不喜歡這樣的組合。後來我們才知道，那叫砂鍋肝（*maksalaatikko*），是用小牛肝、糖漿、蛋、米粉、

葡萄乾和牛奶做的布丁，芬蘭傳統中是在耶誕節或有特別客人時供應。

我盡責地吃下我那一份，很慶幸我第一場磨難結束了。可惜我父親沒那麼容易脫身。拿了一大坨，發出適當的享受聲解決掉之後，我母親告訴他，赫蕾覺得他其實不喜歡那個布丁，只是出於禮貌；我知道她觀察得一點也沒錯。赫蕾把布丁推到一旁，不一會兒就從廚房拿了全新的另一個布丁出來，再度舀給我父親。父親以令人敬佩的堅韌接受了另一大份布丁，繼續吃，但我從他臉上看出他開始動搖了。但這根本就像薛西弗斯※1的任務，每次父親清空他的盤子，他盤裡又會有布丁出現，就像有某種恐怖的魔法。吃了至少五份之後，我父親看起來明顯無精打采，投降了；但他的努力並非徒勞無功，赫蕾很高興，終於透過我母親承認，他其實應該很愛布丁，顯然是貨真價實的英國紳士。所有人的尊嚴都滿足之後，大家終於放鬆下來。

這個儀式是五十年前的事了，那樣的世界現在已經消失無蹤。雖然現代芬蘭人仍然極度好客，但很少人會像赫蕾一樣親身為客人下廚；更少人會為了客人而殺一頭小牛（我們後來才發現赫蕾做了這種事）。現在大部分的芬蘭人都會說英文，所以那曾將我們家庭分隔為兩邊的語言鴻溝已經不復存在。不過一九六〇年代，缺乏共通語言，我父親和赫蕾只能靠更古老的方式溝通——施予和接受食物。他們透過好客的儀式，打造了比語言更強大的連結。

※1 譯注：希臘神話中的人物，因為欺騙冥神而受懲罰，必須把大石頭推上山，而石頭會不斷滾落山下。

我對那趟芬蘭之旅的記憶充滿鮮活的印象。身為倫敦小孩，我從來沒去過農場，所以我們造訪各個表親（大多是農民），讓我初嚐了農村生活。我愛極了。我喜歡餵雞、幫忙把牛趕回來擠奶、探索森林、爬上森林裡長滿青苔的古老巨石。我愛我們晚上在林子裡的桑拿浴，吸進松樹深色木心的濃烈松香蒸氣，然後在銀湖裡涼快涼快，一群野生駝鹿離我們近得嚇人。我愛豐盛早餐裡有燉菜和柔滑馬鈴薯，我和幾個曬傷的農場工人共享；後來才知道，那是他們的午餐。

當時我從沒想過，我表親的生活方式不尋常。我只以為鄉村生活就是那樣，不過即使那時，西歐那種「唐老先生」式的農場也已經幾乎絕跡了。一九六〇年代，芬蘭農業仍然大多保持在戰前狀態——大部分土地都是家族經營的繁雜事業，仍然依賴馬匹的獸力。而且由於他們相對孤立，大多幾乎都自給自足。最近，我問我表姊海蓮娜，在那樣的農場長大是什麼情況，她跟我說了她一九四〇年代在靈琵拉的童年：

> 我們農場大概有十個人。五個是家人，加上三個女人在家裡和乳品間幫忙，另外兩個是農場工人。我們有五匹馬，養在農場上，大概十五頭母牛在產奶。小公牛宰了就有上好的肉，我們也養綿羊、豬和雞。我們種裸麥、燕麥、大麥、小麥和亞麻——用亞麻在紡織機上紡紗，做自己的床單。我們也用自己的羊毛織毛衣。一年春、秋兩次會有個女裁縫來替大家做衣服；也有製鞋匠來替大家做靴子。

我們有一大片菜園，種馬鈴薯、胡蘿蔔、甜菜、甘藍菜、花椰菜、蕪菁、豌豆、洋蔥、菠菜、香芹、蒔蘿、萵苣、番茄和小黃瓜。我們也有一座果園，種蘋果、醋栗、大黃、黑莓、李子和櫻桃。我們的園丁非常聰明——他知道怎麼讓李子生長，即使在那麼北邊也行！我們會去湖裡釣魚，採集蕁麻、菇類、莓果和酸模。我媽以前會摘野覆盆子葉來泡茶。夏天，我們可以吃的東西好多！工作很辛苦，不過我們的工人夠多，所以沒問題。我們做了很多果醬和醃漬物，在另外一間建築物裡也有儲藏室，存放肉、奶油和麵粉。我們當然自己做麵包。我們把穀物帶去當地的磨坊（水磨坊），大約在五公里外。

我們要買的東西不多，會賣牛奶給當地的乳品店，在市場賣綿羊和羊毛換錢。我們也賣我們的木材——我們在許多方面都靠森林而活。我母親以前有辦法的話，會買燈油、火柴、茶、鹽、糖和咖啡；如果有客人上門，不請客人喝咖啡，很不禮貌。我想我媽如果想做麵包捲（*pulla*，一種芬蘭的甜麵包），也會買小麥麵粉。戰爭導致進口困難，所以直到一九五〇年代早期都是這種情況，但之後很快就開始變了。我們開始進口米，所以戰後的耶誕節有粥吃。那之前，我們是用大麥做粥，其實比較好吃，不過要煮比較久。

聽著海蓮娜說話，她的童年（只比我早了二十年）居然與我截然不同，很令我訝異。她和她家人那樣生活，展現的韌性和技能令我敬佩。芬蘭人有個字叫*sisu*，意思是面對逆境的力量、勇氣與頑強。他們有半年活在寒冷黑暗中，隔壁村在二十哩外，要在那樣的地方生存，*sisu*可說是必須的一種特質。芬蘭人可以保持沉默好幾個小時，惡名昭彰，這和前面說的那種堅韌顯然有關係。地理和人密不可分——我們出生的地方都塑造了我們。

很容易把那樣的生活方式想得很理想，所以我問海蓮娜，她喜不喜歡她的童年。她說，喜歡，靈琵拉的日子很美好——雖然辛勞，但也感覺親切，充滿明確的目標。她想了想，補充說，因為她不知道別的生活方式，所以她當然接受她自己的生活。她說，雖然有戰爭，但她的童年很快樂。

靈琵拉現在由海蓮娜的姪子卡雷經營。卡雷借助現代機械，幾乎一切自己來，需要的時候再僱用臨時工。卡雷種植商業作物（小麥、大麥、燕麥和油菜），也賣木材。卡雷也把一些土地留作牧草地，為農場保留一些天然的多樣性。今日的農舍乾淨得像度假小屋——沒有雞在院子裡跑來跑去，只有汽車。我母親曾在老舊的木頭穀倉裡，睡在牛隻的上方，穀倉現在空了。海蓮娜曾在路前頭的村政大廳和當地年輕農夫起舞，那裡現在關閉了。這一區的芬蘭鄉村曾經聚集著人畜、生命與愛，現在已經機械化，人口銳減，生活仰賴以地理、科技和良知允許的最高效率來種植經濟作物。

靈琵拉的故事稀鬆平常，反映出世界各地現代化的進展——是長達一世紀的史詩裡最新的一章，故事中，人們逐漸離開故土，住到城市裡。這故事敘述了我們和科技的關係逐漸展開，以及我們利用科技，減輕餵養自己的負擔。從鄉村到都會生活的變遷改變了我們的生命，很多人覺得是改善了。不過我們的自由有什麼代價呢？我們吃東西的需求曾經決定了我們的定位——讓我們知道我們屬於哪裡。既然那種連結不再了，我們該怎麼找到自己在這世上的定位？特別是，我們該怎麼找到我們稱之為「家」的那個特別地方？

28 屬於自己的地方，共享食物的地方

……我們的屋子是我們在這世上擁有的一隅。

——加斯東·巴舍拉

家是什麼？家又在何處？最簡單明瞭的答案，是我們住的建築或地方——我們在房屋、公寓、小屋或露營車裡存放東西，每晚都會回去睡覺。然而「家」這個字也有其他含意——可能指我們出生的地方，我們長大的地區或鄉里，或我們不曾見過的遠方祖先故土。不論家在哪，最深刻的意義都會是我們最有歸屬感的地方。

以大尺度來看，我們所有人的家就是地球。對於軌道上繞行的太空人來說，他們的家不是太空船，而是他們窗外的那顆星球。許多人說看到這一景象時感到對家的渴望，永遠改變了他們。甚至對我們還留在地上的人來說，太空中看地球的影像令人深深共鳴（這影像因為一九七二年阿波羅十七號組員拍攝的攝影「藍色彈珠」〔Blue Marble〕而永垂不朽），甚至據說改變了我們人類對我們星球的理解。

那樣強烈的反應也顯示了家既是一個地方，也是一種**概念**。為了感到踏實，我們在這世界上必須能確定自己的定位。從這角度來看，家有如我們的錨，我們或許會離開那裡去遊歷，情感生活卻總是以那裡為中心。不過家並不是一成不變——可能變動也可能靜止，可能以任何尺度存在，可能是棚屋、船或房屋、村子、城市、地景、國家或星球。家唯一**不可能**的意義，是我們不能吃東西的地方。家必須能維繫生命。

以這層意義來說，我們的第一個家是我們母親。我們出生前和剛出生時，母親既給我們食物，也給我們愛和保護——這是未來家庭生活的三大基礎。兒時的感受因此刻劃在我們的心靈中——來自我們學到自在是什麼意思的時期。不論我們兒時的家是什麼樣子，都會對我們有最重大的影響。加斯東．巴舍拉寫得對，「我們出生的房子，實際刻劃在我們身上[2]」。我們第一個家也是我們學習表現得像社會生物的地方，特別是在家裡餐桌上。

我們學習如何吃的時候，也必須學習如何分享，因此家人聚餐成了最重要的早期訓練，讓我們表現得像禮貌的政治動物。我們或許沒意識到，不過共享餐食仍然是我們慣常行為之中最原始的儀式。身為成年人，和我們一同吃東西的人不會偷我們的食物（頂多偷拿幾根薯條），我們卻視之為理所當然。看其他雜食動物分享食物的情況，才會意識到這樣的假設有多珍貴——比方說，打獵之後，雄性的黑猩猩開始為了獵物而瘋狂打鬥，撕扯肉塊，尖聲大叫，叫聲一公里外都聽得到[3]。比較弱的雄性和雌性通常只能吃素。

所有物種中，只有我們演化出分享食物而不受暴力威脅的方法。並不是說我們一同進食的時候，沒有那個可能性；相反的，餐桌禮儀仍然是重要而受低估的生存技巧。如果有人好像過度在意怎麼折餐巾或拿湯匙，其實那是因為更深層的行為規範在我們腦中根深蒂固，無法察覺。不過那樣的規範就像吃東西這行為本身，其實不是天生的——例如幼兒在茶會分食蛋糕，就可能很像那些發狂的黑猩猩。學習好好分享食物，是我們教養的一大關鍵，不只是教我們別偷走所有的蛋糕，也教了我們自制和互相信任；文明動物要生存，自制與互信不可或缺[4]。※2

分享食物的重要性，反映在我們的語言中——比方說，同伴（companion）既是我們共享食物（break bread，來自拉丁文，com 一起 + pane 麵包）的人，也是我們信任到足以為伴的人

※2 原註：一九六〇、七〇年代在史丹佛大學進行的一個著名實驗中，心理學教授沃爾特・米歇爾（Walter Mischel）讓一些四歲兒童選擇立刻得到點心（例如棉花糖或奧利歐餅乾），或是抵抗吃的誘惑十五分鐘，就能得到更多的點心（兩片餅乾）。米歇爾發現，兒童身為縮小版的成年人，能抵抗誘惑的兒童，人生成就遠比不能抵抗的好。

（form a company）。瑪格麗特·維薩（Margaret Visser）在她一九九一年的著作《餐桌禮儀》（*The Rituals of Dinner*）裡寫道，好客（hospitality）讓我們聚在一起，把「主」（host）和「客」（guest）以及潛在抱著「敵意」（hostile）的外來者變成朋友（這些英文的字源都是印歐語系的ghostis，陌生人）[5]。吃就是一種社會活動。我們覺得自己一個人用餐實在不自然；我們在公開場合獨自用餐時感到的焦慮，確實源於古老的直覺——我們未開化的祖先在吃東西時最脆弱。相反的，和親近的人分享食物，會感到快樂、安全、放鬆。那樣的一餐強化了我們對一個群體的歸屬感，少有其他儀式有這樣的效果。

食物聯結人們的力量，一向受到認可、廣受利用。尚·布里亞·安特爾姆·薩瓦蘭觀察到，「沒有哪一件盛事不是在一餐中構思、規畫、組織的，即使謀反也不例外」[6]。然而直到最近，我們才開始了解親切友善和生物學如何融合。英國人類學家羅賓·鄧巴（Robin Dunbar）解釋道，一同進食的行為會促進腦內啡分泌——這是一種鴉片類物質，會讓我們自然產生飄飄然的感覺，化學上和嗎啡有關；而嗎啡正是我們腦部的疼痛管理系統的一部分。共享一餐因此和親暱行為（例如撫摸和摟抱）有類似的效果，幫助我們和靈長類表親一樣，在社會群體中產生連結[7]。

美國神經科學家保羅·J·札克（Paul J. Zak）發現，共享餐食也會激發催產素（oxytocin），這種荷爾蒙和餵乳與其他形式的情緒連結有關。札克努力思考為什麼在「經濟信任」實驗中的受試者（實驗中要和其他參與者交換現金），表現得比模式所預估得更為慷慨，結果意外中發現這種效應。札克發現，參與者對他們同伴表現得寬大時，同伴的催產素會大增，促使他們做出友善的反應[8]。※3札克稱催產素為「道德分子」，促使我們遵守黃金定律——「己所欲，施於人」。換句話說，催產素幫助我們相信，如果我們忍著別吃一大塊派，其他人也會麼做，於是大家都能再吃一塊。

29 那些食物讓我們想到家

歡樂影響人類生命的所有層面。

——尚・布里亞・安特爾姆・薩瓦蘭[9]

食物讓我們感到自在，因為食物會讓我們（在社會與實際層面）在這世上立足。從前，那樣的立足名符其實，因為我們的祖先幾乎完全靠自己種植或在當地採集的食物維生。不過現在，我們大多住在都市，遠離餵養我們的土地。那對家的概念有什麼影響呢？

※3 原註：催產素高漲，也會觸發血清素和多巴胺。

答案是，不論我們住在哪，食物都是我們認同感和歸屬感的中心。一大頓英式早餐可能包括丹麥培根、荷蘭香腸和法式煎蛋，不過想到傳統美味的煎鍋早餐，許多英國人依然感到熟悉而安慰。我們認同的食物在某些方面被視為虛幻的，那真的重要嗎？我們在冒牌的西雅圖星巴克啜飲星冰樂時，會危及自身的存在嗎？不論答案是什麼，我們無疑天生會對感覺正統的食物有反應，因為那些食物讓我們想到家，即使我們離家很遠。

在香港，每個星期天都有數以千計的菲律賓傭人聚集野餐，她們聚在市中心的商業區——「中環」，占據香港和上海銀行地下室之類意想不到的地方。女人在這些耀眼的企業門面下攤開毯子，拿出特百惠保鮮盒裡裝的香料食物分享，一邊聊八卦、唱歌，唸家人朋友的來信，像在家鄉一樣用手抓食物吃。不同地區的女人聚在特定的地點，把中環變成菲律賓的味覺地圖，格格不入的氣味可能惹惱鄰居，卻讓那些女人比一週之中其他時候都更自在[10]。※4

移民和流亡者一向是人類經驗的一部分，因此失去或拋下的家園（伊甸園也是一例）成為重要的神祕主題。這個藉喻顯示的是我們人生中一種深深的緊張——既需要在這世間追求財富，又渴望我們不得不拋下的事物。移民的鄉愁可能很強烈，因此在新的家園設法複製家鄉，這樣的習慣造成了意外的後果。例如早期去北美的瑞典移民，就在林子裡建造小木屋，複製家鄉的農場和村莊。那樣的房舍現在頂替了美國原住民的攜帶式圓椎型帳篷和草搭的棚屋，被視為美國的原型[11]。對美國原住民來說，家從來不是建築，而是小心照料的領域，卻因為看不到農場、田地和柵欄，所以不受歐洲人認可。

家是對地景的一種反應，這反應源於該怎麼生活的概念。這種概念總是受到食物影響——比方說，如果是靠著採集莓果、獵野牛維生，那樣的家就會和農耕者的家大不相同。我們按承襲的文化在這世界而居，那是我們世代祖先努力在某種地域中生存而累積的結果。隨著時間推移，人們定居到了叢林、沙漠、草原、森林、海洋、山區和冰川，那些地方雖然差異很大，卻都能產生足夠的食物，讓我們活下來。我們讓那樣的荒野變得適合居住——在找到地點、生火、圍阻野獸、引水、收集燃料、找東西吃的過程中，讓我們自己有了家的感覺。我們烹煮食物、建造棲身處，產生了營地、農場、村落，以至於城市。我們想出如何餵養自己，也發現了我們在這世界的立足之地。

30 食品儲藏室裡的人生

從前，我們是透過象徵性的奠基儀式，來體認到食物和家的直接連結。例如在印度，會在

※4 原註：有些當地人反對「週日晚上空氣中的惡臭」。

gharbha（一種祭祀器皿）中盛滿大地的寶藏——寶石、土壤、植物的根和藥草，放進即將興建的神廟或城市地基中[12]。羅馬人的城市也建在祭祀坑（mundus）上，其中放了獻給冥界眾神的食物，希望眾神吃飽喝足後，能祝福土壤，使大地肥沃，城市繁榮昌盛[13]。

工業革命前世界的農人和都市居民，對於餵養他們的土地有種強烈的連結感，不過我們狩獵採集的祖先連結感更強。對他們來說，家是名符其實的食品儲藏室。英國人類學家柯林．騰布爾（Colin Turnbull）一九五〇年代在東剛果和木布提（Mbuti）的侏儒族人待了三年之後，發現了這個情形。騰布爾在他的經典之作《森林人》（*The Forest People*）裡，描述一種幾乎千年不變的生活方式。木布提人住在森林深處，依賴亙古的知識和技術而生存，和他們的棲地完全合一。

其他部族相對之下較晚到達，木布提人卻已經在森林裡待了好幾千年。那是他們的世界，而那世界提供了他們所需的一切，回報他們的喜愛和信任。他們用不著砍伐森林來建種植園，因為他們知道怎麼獵捕那地區的獵物、收集那裡盛產的野生水果，只是外人找不到而已。他們知道怎麼分辨看似無害的伊塔巴藤和其他許多極為相似的植物，也知道怎麼隨著藤蔓，找到一堆營養豐富的甜美根部。他們可以由細小的聲音，得知蜜蜂把蜜藏在哪裡。他們認出某種天氣會讓大量的各種菇類冒出頭；也知道哪些種類的木頭和葉子下常常藏著這種食物。除了森林居民，對任何人來說，白蟻大軍出沒的確切時刻都是個謎（白蟻是重要的珍饈，要抓來吃）。他們知道所有外人都無從得知的祕密語言，若不是這樣，不可能在森林中生存[14]。

騰布爾發現，木布提人對他們的棲地瞭若指掌，因此完全無懼，輕鬆自在。他們把森林稱為「母親」或「父親」，一位長老解釋，這是因為「森林對我們就像父母，像父母一樣給我們需要的一切——食物、衣服、棲身處、溫暖和愛」[15]。騰布爾寫道，木布提人似乎過得很滿足，常微笑或大笑。他寫道：「這些人在森林中找到讓他們的人生值得活的美好事物……充滿喜悅、快樂，無憂無慮（雖然也艱困、有各種問題和悲劇）[16]。」

狩獵採集者普遍與他們領域有深刻連結的那種感覺。另一個同樣知名的是一九六二年對澳洲瓦爾比里人（Walbiri，沙漠居民）的研究，澳洲人類學家莫文．瑪格特（Mervyn Meggitt）提及瓦爾比里人如何把地貌視為他們祖先的體現，他們相信祖先（夢人，the Dreaming）從前創造了那裡。準備邁入成年的少年，會由一名監護人和一名年長親戚帶著巡視周圍地景，為期二、三個月，在那期間帶他們認識當地的動植物，學習動植物的實際與象徵意義。地景中的一切形象，都有生成的故事——例如裸露的岩石可能神似沉睡的祖先；一個水坑可能是另一個祖先跳出來的地方[17]。

英國社會人類學家提姆・英格德（Tim Ingold）認為，這種「展示與講述」的教導方式，對新人灌輸了一種獨特的知識——不是只在他腦中塞滿訊息，而是讓他有種祖源認同與歸屬感。那樣的「關注訓練」中，男孩子不只得到資訊，也增強了意識——「身處特定情境下，指示新人感受這個、嚐嚐那個，或是注意其他事。藉著微調這種感受能力，使環境中的意義無所不在……不是建構出來，而是發掘出來」[18]。英格德認為，狩獵採集者因此產生對他們環境的那種感覺，有點類似製陶匠對黏土的感覺，或木匠對木頭的感覺。對他們來說，實質的連結感無所不在，可以觸及——「一種主動、覺知的參與模式，和世界真正『接軌』的方式」[19]。對我們狩獵採集的祖先來說，家不只是居住的地方；而是一個領域，所有特性都熟悉而鮮活，充滿目標、連結和意義。

31 烹煮：爐火即家園

所有社會之中，最古老而且唯一自然的社會，就是家庭社會。

——尚・雅克・盧梭[20]。

荒野是我們祖先的家，不過那個家的核心是火或火爐；那之後的所有家都一樣[21]。※5 我們最早會煮食的祖先——直立人是三十到六十人成群而居，沒有正式的領袖，所以爐火是生活的焦點與重心。大部分的男人每天會離開營地去打獵或採集，女人則留下來顧火、照顧兒童，找塊莖來煮，準備可以餵飽整群人的晚餐，以免獵人空手而歸。理查．藍翰主張，煮那樣的預備餐食，是那一群人是否成功的關鍵，因為那樣能讓一些成員成為專精的獵人，使得所有人都受益[22]。

「你打獵，我來煮」，恐怕是最古老的社會契約形式。交換不同類的食物（例如用肉或蜂蜜交換煮過的根類食物）仍然是人類獨有的行為。實際上，這種分工產生了一種小型經濟、一種信任的連結，形成一種新社會制度的核心——家戶[23]。一開始，這種安排就是按性別來劃分——既然男人比女人強壯、跑得快，他們打獵而女人留下來在營地處理家務，也合情合理。這安排反應在食物分享的方式——就像今日的狩獵採集者，回來的獵人幾乎一定會把他們最好的獵物和妻兒分享，然後把其餘食物交給群體的其他成員。就這樣，家庭成為大團體中的初級社會單元，這樣的配置證實極為穩固。

愛德華．威爾森在他二〇一二年的著作，《群的征服》（*The Social Conquest of Earth*）中觀察到，與火共存需要遠超過以往的社交技巧。為了要讓新的分工與報酬分配能奏效，溝通、

※5　原註：這樣的關係常見於語言，例如盎格魯－薩克遜的*heorp*也有整間房子的意思。

合作、信任和同理心不可或缺。其中同理的能力至關緊要，因為必須解讀其他人的意圖、結盟，才能在營地的競爭環境下生存[24]。石器時代的催產素想必高得不得了。

複雜的營地生活逐漸促成了人類最偉大的發明——語言。有了語言，才能進行更複雜的社會互動，包括共同撫養兒童，以及做出慷慨到欺騙的各種行為。由於個人的成功有賴於他們在營地的地位，以及群體整體的地位，所以自私和利他之間有一股張力。威爾森說，結果可能是「非常有彈性的結盟關係，不只在家庭成員之間，也在家庭、性別、階級和部族之間」[25]。要在那樣的激烈情境中成功，需要極為豐富的社交技巧，其中有些未必正直。威爾森說，「這遊戲的策略，被視為複雜而精細校正的利他、合作、競爭、支配、互惠、背叛和欺騙」[26]。

看來我們的祖先在西敏宮的國會應該頗為自在。確實，許多學者現在相信，營地生活的激烈政治促成了大約七萬到三萬年前的「認知革命」，當時智人進入創造力一飛沖天的階段，發展出船、油燈、弓箭，甚至文明社會不可或缺的配備——藝術[27]。

32 文化與培育：農業改變了人類歷史

鐵與玉米讓人類變得文明，也毀了人類。

——尚・雅克・盧梭[28]

我們祖先不只用火煮食。大約四萬五千年前，他們開始用火燒森林和灌木叢，促進新植物生長、方便捕捉獵物（今日的澳洲原住民仍會這麼做）[29]。也就是說，人類開始塑造地景、馴化動物——這些做法在大約一萬二千年前，演進成一種餵養自己的全新方式——農業。

農業對人類歷史的影響不可小覷。農業幾乎改變了我們祖先的所有事——他們吃的東西、生活的方式，以及看待世界的方式。雖然人類吃種子已經吃了數千年，栽培種子卻是革命性的做法——不只是種到土裡，還要留下來收成、選出最好的種子，等待來年種下。穀物富含能量，可以大量儲存，這是一小片土地（田）第一次能產生足夠的食物，全年餵飽在那片土地上工作的人。從這時起，不再需要遷徙了；人們可以定居下來，花更多時間來做打獵和採集之外的事情——接著出現了詩、陶藝和計數，然後是建築、制度，最後是城市[30]。※6

我們祖先也明白農業和文明之間的連結。像是羅馬文*cultus*，既有栽培之意，也有文化之

※6 原註：其實有些群體已經開始定居，尤其是接近理想食物來源（例如河流）的群體。

意。美索不達米亞人、墨西哥人、希臘人和中國人都認為，人類因為吃穀類而變得文明，他們的創世神話以不同的方式頌揚玉米、小麥或稻米發現的過程。不過不是所有人都樂於那樣的變化。〈《創世記》〉根本不是唯一把農業描繪成神罰的古代文字。早期農業遠比狩獵和採集辛苦；其實是直到人類開始務農，才有工作的概念[32]。※7現代的狩獵採集者，一週可能只花二十小時主動打獵或採集，對他們來說，那樣的事情深植在日常的社交與儀式中。他們完全不知道工作的概念[33]。對那些人而言，工作就是生活。

相反的，對早期農人來說，想必感覺生活只剩下工作。首先，他們得整地、犁地，然後播種、灌溉作物，保護作物不被害蟲、害獸破壞，同時擔憂地望著天，生怕陽光和雨水過猶不及。穀物必須在恰當的時機收成，把可以吃的種子和外殼分離，這工作很辛苦，可能需要把穀類烤過，在石頭間磨過，製成粗製的穀粉。穀粉加上水，製成沙沙的麵團或粥；直到大約西元五千年前，才有人想出聰明的主意，把麵團烤成至今仍餵養三分之一人類的主食——麵包。

農業雖然操勞，卻不會讓人更健康；相反的，早期農民比狩獵採集同胞更瘦小，壽命更短。例如希臘、土耳其發現大約上一次冰河期結束時狩獵採集者的化石遺骸，平均身高是男性一七五公分，女性一六五公分。到了西元前三千年，這數字跌到只有一六五和一五二公分[34]。伊利諾河谷的記錄也顯示，人類開始務農之後，平均壽命從二十六歲降到了十九歲[35]。早年農人因為受限的新飲食，也罹患了一些前所未知的疾病，例如壞血病和貧血[36]。

33 新石器時代的家庭主婦

如果務農好處那麼少，人們幹麼還要費心去做呢？簡單來說，他們沒選擇。冰河時期終於結束，氣候開始回暖時，現實伊甸園（肥沃月彎的蒼翠森林）的快樂獵場北移，只留下草地和遠比較小型的獵物。氣候變暖、變乾，人口因而成長，不適應就只能死亡。

不論農業受不受歡迎，確實都迅速普及了。農業在西元前一萬年左右發源於肥沃月彎，到了西元前五千年，已經流傳到澳洲之外的所有大陸，到了西元前兩千年，大部分的人類都是農人了[37]。當時，我們今日仍賴以為生的大部分動、植物（小麥、玉米、稻米、大麥、裸麥、牛、豬、雞、鴨和山羊）都已經馴化了。雖然都市生活同時興起，絕大部分的人類仍活在鄉村地區——直到二十一世紀初。一八〇〇年，全球只有百分之三的人住在至少有五千居民的聚落；一九五〇年，這數字仍不到三分之一[38]。雖然現在我們大多住在城市，不過歷史上大多人的家都是農場。

農民最重大的影響，可說是改變了我們和自然的關係。荒野曾是所有人類的家園，現在卻

※7 原註：喀拉哈里（Kalahari）@的孔-布希曼人（!Kung bushmen）一週花十九小時收集食物，還有許多時間從事其他活動。

成了敵人。農業神話描述的不是善良的祖先在大地沉睡，而是復仇心切的神祇可能扣留必要的陽光、雨或繁殖力[39]。[※8]家也變了——不在是自然界裡的庇護所，而是從自然中奪來的領域，靠著辛勤工作而改造。隨著人們開始住在建築裡，家也從室外變成了室內，溫暖而非寒冷，私密而不公開。簡而言之，家成了與世界有區隔的一個場域——貨真價實的家戶。

不過家庭生活有一個層面在轉型過程中留存下來——男人和女人的分工。新石器時代的男人耕田、砍樹、建造柵欄，女人留在離家近的地方，照料、收成作物、磨穀物製作穀粉、照顧兒童與動物，當然還有煮食。一九七〇年的家庭主婦，抱怨家務安排還停留在石器時代，其實和事實相去不遠。狩獵和煮食的古老協議延續至今——這約定中，待在室內的人雖然對我們種族成功也至關緊要，卻一直受到輕視。

34 家庭經濟，自給自足的基礎

男人得到最棒的事物是好太太，最糟的是壞太太[40]。

——希斯亞德（Hesiod）

古雅典的住宅反映了這種父權協議。大部分的住宅都圍繞著家庭居住、煮食的開放式庭院，有一片比較正式、比較公共的區域面向街道。其中最重要的空間稱為*andron*（男人的房間），這間餐廳用來舉辦酒宴，款待重要客人；雅典城裡的社交和政治生活就以這種社交晚宴為中心。從命名法可以清楚看出，雅典人的公眾生活是純粹男性的活動，而女性、兒童和奴隸的私領域是*idion*，正是idiot（白痴）的字源。

對亞里斯多德來說，家戶（*oikos*）是城市（*polis*）的基礎。亞里斯多德在他的《政治學》（*Politics*）中解釋，家戶是男女為了繁衍而相遇時自然形成[41]。一同建立一個家之後，夫妻的下一步是想辦法餵飽自己和家庭，這過程對人類和對動物一樣自然。那樣的家戶管理——也就是*oikonomia*（字源是*ikoso* 家戶＋*nemein* 管理）鞏固了國家，因為那是自立的基礎，而自立而對亞里斯多德而言是「目標與完美狀態」[42]。

你猜得沒錯，*Oikonomia*正是economy（經濟）的字根——而這正巧讓「家庭經濟」這個詞成了恆真句。不過對希臘人而言，*oikonomia*遠不只烤蛋糕，而是美好生活的基礎；詩人希斯亞德在他西元前十八世紀之作《工作與時日》（*Works and Days*）向他弟弟解釋：

> 男人得到最棒的事物是好太太，最糟的是壞太太[40]。——希斯亞德（Hesiod）建

※8 原註：人類學家努里特．伯德．大衛（Nurit Bird-David）@指出，森林居民一般認為森林有如父母，無償地給予恩賜，而農民認為土地是實體，互惠地產生恩賜，報答人類給予的好處。

議你認真考慮清償債物、避免飢餓。首先，要有家戶、一個女人、一隻公的耕牛——一個私有（chattel）的女人，未婚，可以趕牲畜。家裡的用具必須都準備好，以免你跟另一人借，他拒絕了，你沒得用，而恰當時間機過去，害得農作糟殃。別把事情拖過一天又一天。拖延者——做事無能的人，填不滿他的穀倉[43]。

希斯亞德的說教繼續了一陣子；這其實是世上最早的農學論文，描述了農人如何像經營生意一樣經營家戶，而妻子則應該表現得像受教的雜役（不難看出「chattel」和「cattle」〔牛隻〕有相同的字根），妻子不是丈夫（husband）的平等伴侶，而丈夫自然負責了動物「畜牧」（husbandry）的工作。

希臘居家生活的細節描述，見於西元前十四世紀希臘文史學家色諾芬（Xenophon）的《經濟論》（*Oeconomicus*），顯示民主的雅典仍然固守於那樣的安排。《經濟論》循著色諾芬的老師蘇格拉底的路子，盤問楷模公民——農民伊斯考瑪克斯（Ischomachus）他如何管理他的家。伊斯考瑪克斯是當時典型的富有雅典人，在城裡有一大間房子，鄉間有差不多的寬廣農場，而且有不少奴隸打理那兩個地方。伊斯考瑪克斯首先告訴蘇格拉底，他如何在妻子十四歲時，因為她高度自我控制、自律而選中她，如何指示她管理他的家：「妳的責任是待在家，調度負責出去出作的奴隸，收取收進來的，發配需要花用的，看管存下來的，避免一個月就花完存著要用一年的[44]。」

伊斯考瑪克斯告訴他妻子，她就像「蜂巢裡的蜂后」，而他每天早上騎馬去莊園，監督各種工作，「可能是種植、整地、播種或採收」。讓馬跑過之後，伊斯考瑪克斯會把馬交給奴隸，載家裡需要的必需品回家。伊斯考瑪克斯自己走回家或跑回家吃午餐，下午則在城裡辦事。他告訴蘇格拉底：「我絕對不會待在家裡，因為我太太非常有能力管家，即使一個人也沒問題[45]。」至於伊斯考瑪克斯太太的健康，他建議她多做家事來保健：「我也說過，混麵粉、揉麵團是絕佳的運動；甩開、收折衣服和亞麻布巾也一樣；那樣的運動會讓她胃口更好，改善健康，臉色自然紅潤[46]。」

蘇格拉底表明他很高興看到這些安排，很符合希臘對美好生活的理想。家庭經濟的重要性不只是在經濟上自給自足，也是因為那和理財學（*chrematistike*）有牴觸，也就是為了財富本身而追求財富。家庭經濟自然有限制，相較之下，追求財富永遠無法滿足，因此永遠不會帶來快樂。亞里斯多德主張，追求理財的人是「渴望生活，不過並不是美善的生活」[47]。

35 家族財富的積累：女人的工作永遠做不完

我選擇稱之為我們失去的世界，但那並不是天堂。

——英國歷史學家彼得・拉斯萊特（Peter Laslett）[48]

色諾芬描述的那種複雜的大型家戶仍然存在於南歐和東歐，在中東也依舊很常見，不過北歐大約從一五〇〇年起，出現了另一類的家戶，當時女性開始延後結婚到將近三十歲，成年的早年都離家工作[49]。

這樣的改變一部分是因為黑死病後許多農奴可以自由在自己的土地上成為佃農，於是有了土地租賃的新模式[50]。※9由於田地不大，子女常常被迫離家去別處找工作，有時等到可以繼承父母的農場才回家，有時是結了婚，自己買了座農場[51]。

晚婚使得男女的地位遠比以前更接近了。妻子不再以少女新娘的身分進入夫家，而是和丈夫建立自己獨立的家戶，時常以對等生意夥伴的身分經營家裡[52]。女性愈來愈受重視，而且不是因為她們折床單很勤勞，而是因為她們賺錢的能力——許多女性守寡不到一年就重婚，恰恰反映了這樣的改變[53]。※10除了育兒和下廚，鄉村的家庭主婦還會做奶油、乾酪、麵包、啤酒和醃漬物、飼養家禽、代人洗衣、紡紗或縫紉、記帳，以及和商人與供應商交易。歷史學家朱迪絲．弗蘭德斯（Judith Flanders）提出，用不著疑惑「女人的工作永遠做不完」這個諺語的由來[54]。不過雖然辛苦，北歐妻子生育的數量卻少於她們地中海的同胞，所以壽命較長，而且長壽的人較多。

都市勞動家庭勞動家庭也差不多辛苦。一六一九年的一家倫敦麵包店大概有十二、三人——一名麵包師傅、他妻子和二、三個小孩，四名熟手，兩名學徒和兩名女僕[55]。一樓有個工坊，後面有倉庫存放穀物、煤粉和鹽的庫存，樓上是住處。熟手是熟練的工人，周遊在不同師傅手下工作，所以有一定程度的獨立性。除了熟手之外，大家都一起吃，睡在同個屋簷下——家戶的成員可說是一個大家庭。

在那樣工業革命前家戶的童年很艱辛。因為許多兒童活不到成年，又需要他們的勞動力，所以沒什麼動機讓人投注太多情感在他們身上。學徒的年紀最小十歲，立下契約，待在選中的師傅那裡，最七年，而師傅的子女很小就開始工作——一六九七年，英國哲學家約翰・洛克（John Locke）宣告所有兒童應該從三歲就開始工作[56]。許多年僅十歲就被送去當僕役，有時候和其他父母的孩子交換，可能是因為別人的小孩比自己小孩聽話的關係。一八〇〇年，百分之四十的北歐人一生中曾經做過僕人；女性的這個數字高達百分之九十[57]。歷史學家彼得・拉斯萊特評論過，「不能說工業化帶來了經濟壓迫和剝削。這些情形當時已經存在」[58]。

※9　原註：黑死病大約消滅了歐洲大約三分之一的人口，是削弱封建勢力的一大因素：能用的工人減少，地主只好更善待他們的農民。

※10　原註：相較之下，早婚社會的妻子通常不准**再婚**。

36 農場與工廠：餵飽迅速擴張的城市

耶路撒冷是否建在此地／在黑暗邪惡的工廠中？

——英國詩人威廉・布萊克（William Blake）[59]

從上一節的描述可以看出，我們今日家庭生活的概念，和工業革命前的概念有天壤之別。一八〇〇年前，一個「家庭」只是恰好在一個屋簷下居住、工作的一群人。家戶都不是一個休息的處所，而是城市和鄉間的經濟支住，主要的功能不是懷抱慰藉和愛，而是務實的生產力。以現代的標準來看，那樣的家一點也不舒適——尤其鄉村的家常常黑暗溼冷，通常沒什麼家具，只有工作所需的工具和材料。雖然社會上最富有的人遠比較舒適，但大部分人的生活絕對很艱苦。那麼我們為何堅持對蒸汽時代之前的生活感到懷舊呢？

答案多少是因為，接下來（至少一開始）比那糟糕多了。棉花廠最早在一七二〇年代出現於蘭開夏（Lancashire），宣告了傳統英國鄉村生活的終結。鄉村生活雖然艱苦，卻培養了人和土地的強烈連結。村中生活經常需要合作，尤其是季節性的工作，例如把收成載回家。從這方面來看，村莊是家戶的延伸，在這集體空間中，提水、去磨坊或收成作物之類的活動，複製了一些部族的古老社會性。

隨著工業革命從一七七〇年代興起，這一切都被抹滅，英國國會強迫圈地，提高農業生產，餵飽迅速擴張的城市。一七六一到一八四四年間，有四百萬英畝的鄉村條型敞田（open strip field）變更成了今日圍著俐落籬笆的私人長方形土地。在同一時期，兩百萬英畝的公有地和荒地（所有人都能使用的公有林、沼澤和高沼）改作了種植之用[60]。那樣圈地不只奪走農民務農的土地，而且搶走他們的公有地；公有地早已成為鄉村經濟的關鍵部分。一六八八年，公有地占英格蘭和威爾斯總面積的三分之一，被用於放牧牲畜、獵鳥或兔子做燉菜、收集木柴、泥炭之類的材料做家具和燃料，收集蘚苔和蕨葉鋪床，以及燈心草、蠟、蜂蜜、野生植物、莓果和草藥[61]。簡而言之，公有地是共享的資源，支持了家庭經濟。少了公有地，鄉間生活就像失了根。貧窮蔓延，而且因為拿破崙戰爭後的農業蕭條而變本加厲，使得人民窮途潦倒[62]。※11對許多人而言，除了去工廠工作，沒別的辦法。

許多評論者悲嘆鄉村秩序淪喪，詩人奧利佛·戈德史密斯（Oliver Goldsmith）正是其中一員。戈德史密斯在他一七七〇年的詩作〈廢棄的村莊〉（The Deserted Village）中，喚起對消逝中世界的鄉愁：

大地正病弱，獵物亦受害，

※11 原註：物價因為戰爭的人為因素而高漲。

財富雖累積，人類卻破敗。
王公貴族輩，顯貴或衰微。
成敗於細故，自古皆無誤；
農民固武勇，鄉村以為豪，
一朝不能保，從此不復回。

回憶及往昔，英國未悲淒，
四分英畝地，能養地上人。
勞務不甚重，收穫滿庫存。
生活所必需，付出即無虞。
最適之良伴，純真與康健。
尤其最可貴，無視財與錢。

不過不是所有人都悲嘆農民的時代過去了。喬治・克雷布（George Crabbe）以他一七八三年的詩作〈農村〉（The Village），反駁了戈德史密斯和像他那樣把鄉村生活艱苦現實給浪漫化的人：

繆斯唱起鄉村快樂青年，

卻從不知他們痛苦可憐。
雖以農人菸斗為傲，卻就
擱下菸斗苦行於耕犁後；
鄉下人少有閒閒沒事做，
有空算音節、把押韻酌斟。[63]

社會動盪伴隨著工業革命而來，接著工業革命究竟好不好的爭議帶來了緊張，導致了一場辯論，至今在世界各地仍然和十八世紀的英國一樣切身。不論對工業化有什麼看法，工業化無疑終結了傳統的生活方式。工業革命前的勞動家庭雖然有種種缺陷，卻有工廠勞動永遠無法取代的優點——合作、陪伴、技藝、知識與技術，以及至少有機會經濟獨立[64]。※12 工廠無法提供這些好處。工廠要的是便宜、低技術性的勞動力，可以隨易僱用、解僱。相較於師徒關係密切（糟的可能有壓迫的情形，但好的非常理想），工廠絕對會匿名剝削。

一八四二年，名為弗里德里希・恩格斯（Friedrich Engels）的二十歲德國人來到英國的工業重鎮，曼徹斯特（Manchester）。恩格斯看到的情況令他震驚，尤其是舊城惡名昭彰的稠密排屋，那裡住了許多工廠工人，恩格斯震撼得出了小冊揭露，小冊名為《英國工人階級之狀況》

※12 原註：十七世紀的「廠外代工」做法（棉花商直接把原料帶到農家紡紗、織布，之後回來拿取布料成品），進一步促進了鄉村人家的經濟。

（*The Condition of the Working Class in England*）：

傳達骯髒、破敗和不適人居的真正印象一點也不壞心，那裡有違任何乾淨、通風、健康的考量，這一區都是這樣……如果有人想見識人類活動的空間可以多狹小、呼吸的空氣可以多稀薄（空氣**實在很糟！**），體驗、享有的文明可以多麼薄弱還能活下去，只要來這裡就行了[65]。

極度貧困並不是工廠工作的唯一結果；另一個結果是性別之間的權力轉移。動力織布機引入工廠之後，需要體力或編織技術的工作（這是男性的傳統領域）大減。女人和兒童既便宜，手指也靈活，更適合處理新機器。一八三四年，只有四分之一的工廠工人是成年男性，其餘勞動力都是女人和兒童[66]。恩格斯寫道，角色反轉嚴重破壞了家庭生活，男人不得不待在家，做「女人的工作」：

許多時候，家庭並不會因為妻子受僱而解散，而是整個顛倒過來。妻子養家，丈夫待在家裡照顧子女，掃地、下廚……不難想像家庭裡所有關係翻轉，其他社會條件卻不變，男性工人心中怒氣難平[67]。

「還有比這更瘋狂的情況嗎？」恩格斯質問。他的憤慨很快就用來寫作了《共產主義宣言》（*Communist Manifesto*），他和卡爾・馬克思（Karl Marx）在書中剖析一種新的經濟秩序——肯定人類的價值，不依據技術、能力或特性，而是一種貨幣——勞力。

37 我的家庭真可愛？

家……是和平之所在。

——英國藝評家約翰・羅斯金（John Ruskin）[68]

農業曾改變家的本質，這下子工業化又改變了一次。家戶曾是工業革命前經濟的生產引擎——從那角度看來，古希臘以來的變化不大。不過工廠出現之後，工作（重新定義為勞動得到薪水）從家裡分割出來。人們不再自己生產食物、家具和衣服，而是開始賺錢買現成品。家從生產的中心，變成消費的地方，這樣的角色對工業計畫十分重要。

十九世紀中，工業化開始產生效益了。一八三三年和一八四七年的工廠法案，限制了女性和兒童的工時，男性渴望得到企業、管理和足以讓家人**不用**工作的專業中大量的新工作——這是新興中產階級的定義；一八五一年，英國人口的大約有百分之十五是中產階級[69]。看待兒童的態度開始不同了——雖然最窮家庭的兒童收入仍然占全家的一半，但中產階級兒童卻成了小寶貝，受到教育、溺愛寵愛。社會歷史學家西奧多・澤爾丁（Theodore Zeldin）寫道，「兒童的角色變成花用父母的錢，而不是賺錢」[70]。而女性扮演起全職母親與妻子的角色，複製了古老的*idion*領域。

家務被視為「家事」，這種形式的勞動和所得流分割（好像經濟上的牛軛湖），因此不再受到重視。工業化經濟中，唯有得到報酬的勞動才被視為工作。家事曾是家中生產力不可或缺的一部分，卻被降級為不受感激、孤單的雜務，直到現今。祖母輩曾經做麵包放上桌，當時的女性卻要等著她們養家的丈夫賺到足夠的錢去買麵包。

鐵路出現，只讓那樣的鴻溝更無情。維多利亞時代的中產階級工人是最早通勤的人，促成了奇妙的新住宅區，既不是城市、也不是鄉間，而是那之間的某個地方。郊區受到時事評論者熱烈接納（從此在英國很受歡迎），似乎集這兩個世界的優點於一身；J・E・潘頓（J. E. Panton）在她一八八八年的著作《從廚房到閣樓》（*From Kitchen to Garrett*）中熱切地寫道：

> 我強烈建議稍微在倫敦市外一小段距離房子。租金比較便宜；明顯少了煤灰和黑煙；有一小座園子、甚至一間迷你溫室都有可能；即使「艾德溫」得花錢買季票，但什麼也比不上睡在清新的空氣中，夏天可以組個網球隊，或冬天不費分毫就享受一個欣賞音樂、下棋或遊戲的融洽夜晚[71]。

從艾德溫的例行公事可以看出，鐵路重新定義了工作和玩樂之間的差異；這差異也拉遠了夫妻之間的距離。每天早上，數以千計的普特先生離家去城裡的時候，他們的配偶則留下來照顧小孩、選擇窗簾布料、訂購牛肉或羊肉做晚餐[72]。※13既然中產階級的「夫人」不該工作，那家中有至少一名僕人就被視為基本[73]。就連家庭經濟這種娛樂也沒能讓她們保持忙碌，富裕的家庭主婦停滯了下來。工業的安適成就——閒暇，現在看起來既是恩賜，又是詛咒。

不過對於絕大部分的英國人而言，閒暇仍然是遙不可及的夢想。到了一八五一年，有百分之五十四的人住在城市，勞動家庭擠進一、兩間骯髒的房間。大部分以每天打臨時工為生（男人是勞動，女人是打掃或縫紉）。窮人完全沒因為鐵路而自由，反倒是被鐵路困住了——他們無法負擔住在郊區的費用，郊區的租金比較低，工作卻比較少，因此被迫住在都市的貧民區，至少有工作可做、有熱心的鄰居，也有市場可買便宜的食物——在十九世紀末，食物要花費他們二分之一到四分之三的收入[74]。維多利亞時代的貧民區是貧民窟的原型。貧民窟包圍了印度德里、奈及利亞的拉哥斯和巴西里約等等現代城市——那是轉型和離鄉背景之地，鄉村的移民住在那裡，夢想著更好的生活。

※13 原註：查爾斯・普特（Charles Pooter）是喬治・葛羅史密斯一八九二年的郊區喜劇，《小人物日記》（*Diary of a Nobody*）裡虛構的銀行行員。

38 英雄的家：戰後家庭危機助長食品工業

社會改革者努力顛覆僵化的社會秩序，他們的努力卻被第一次世界大戰蓋過了。戰爭大大削減男性工作人口，同時改善了女性受僱的機會，消除了上流社會仰賴的傭人階層。戰爭爆發時，只有百分之二十四的女性出門工作，但是到了一九一八年，這數字提高到百分之三十七到四十七了[75]。※14 重要的是，那場戰爭也給了英國大眾一種社會意識，關心起之前一直被刻意忽視的工人階層生活品質。勞合．喬治（Lloyd George）政府的一名成員指出，「讓他們（我們的英雄）從淹水的恐怖戰壕回家，卻要回到幾乎像豬圈的地方，真是罪過……[76]」。

結果是英國有史以來最大的房屋建設計畫。由社會改革者B．西博姆．朗特里（B. Seebohm Rowntree）和花園市建築師雷蒙．安溫（Raymond Unwin）監督，這計畫讓英國的勞工階層轉型，建造成數千間工人小屋（最早、最耀眼的一類社會住宅），在大城市外圍擁有慷慨的空間標準。勞工階層的郊區來了，隨之而來的是現代家庭生活的兩難。

二十世紀的家庭主婦不同於維多利亞時代，沒有僕人，卻仍背負期待，要為丈夫打理家裡——一九三六年，百分之六十的英國男性還是回家吃午餐[77]。勞工階層的女性習慣達成工人和家庭主婦的雙重角色。對她們來說，住在郊區其實更辛苦了，因為她們需要的功能（工作、市場和友善的鄰居）不再唾手可得。中產階級的妻子受到的衝擊更大——她們和勞工階層的妻子不同，從來不曾要求她們替丈夫煮食；其實在廚房要做什麼，很少人有概念。

戰後大西洋兩岸的家庭危機，對食品工業很有利，食品工業立刻採取行動，生產即食食品，讓家庭主婦可以假裝成自己的傑作。美國食品公司領頭製造各式各樣的產品，從貝蒂妙廚（Betty Crocker's）的蛋糕預拌粉（自從一九四〇年代，就在你家附近包裝販售），到預煮的火雞晚餐，方便加熱食用。那樣的花招促成了廣告廠的夢幻客戶和好夥伴——「家務女神」不只能能變出一桌排餐，包括各式配菜，還能光鮮亮麗又香噴噴地現身，招待她丈夫的客人[78]。※15 十九世紀初以來，美國比較少傭人，其實使得女人的家庭角色成了問題，使得女權運動先驅凱瑟琳・皮契爾（Catherine Beecher）在她一八四二年的《家政專論》（*Treatise on Domestic Economy*）中，要求廚房設計更有效率，更尊重家事。皮契爾寫道：「社會逐漸脫離未開化的殘跡時，對女性的職責以及要履行這些職責所需的智力，形成了更確實的評價[79]。」

皮契爾的抨擊宣告了美國女性運動之始，而且開始意識到，在沒有傭人世界裡，廚房的設計至關緊要。一八六九年，皮契爾在《美國女性的家》（*American Women's Home*）中發表了嵌入式設備和收納單元的激進設計，揭開了一場改革的序幕，最後在一九二六年奧地利建築師格蕾特・利霍茨基（Grete Lihotsky）的法蘭克福廚房（Frankfurt Kitchen）告終。那間一字型廚房

※14 原註：總數不確定，因為許多家務勞動者沒算進官方數字，而她們在戰時改做其他工作。

※15 原註：《美國家庭》的一則廣告寫道：「希特勒威脅歐洲，不過貝蒂哈芬的老闆要來晚餐，那**非常**重要。」

的雛型可能影響了你今早做早餐的那間廚房，因為那之後的每一間廚房其實都受到影響[80]。然而再多的優美設計或巧妙的收納系統，要搞定女性在家庭內外的雙重角色也是難如登天。

到了一九四五年，超過三分之一的英美女性出門工作，許多是做「男人的工作」——和第一次世界大戰一樣，代替海外參戰的軍人。女性不只必須證明自己完全有能力做好那樣的工作，卻還背負著期望，等戰爭結束，要回去做她們的家務[81]。表面平靜，水面下波濤洶湧，一九五〇年代的家庭主婦體現了現代家庭生活的張力——理想的核心家庭裡時常不甘願的關鍵人物，不情願地為核心家庭最標誌性的儀式——家人聚餐準備食物。

39 數位之家：獨居與即食的文化

整天做討厭的工作，只為了購買不需要的東西。

——泰勒・德頓（Tyler Durdon），《鬥陣俱樂部》（*Fight Club*）

很少習俗像家人聚餐那麼強烈地表現出我們對家的夢想，以及通常不完美的現實之間的差距。一九六〇年代百事圖（Bisto）肉汁粉廣告裡，笑盈盈的父母和迷人的孩子共享他們週日的燒烤，但這多少永遠是假象。家人聚餐即使在二十世紀中葉的全盛時期，時常也蘊釀著張力。

不過家人聚餐的主角再不甘願、再無能，分享家常餐點的過程，總是有些不可或缺的成分，其他食物都無法取代。準備、分享食物對我們的歸屬感，就像對我們遠祖一樣不可或缺。對於父母常常下廚的幸運兒來說，家的記憶主要就是家人聚餐時間——以及我們被愛的感覺。

今日，雖然家人聚餐還沒絕跡，但盎格魯撒克遜世界的家庭生活仍然嚴重地支離破碎。二〇一七年，百分之三十有子女的美國家庭是單親家庭，英國則有百分之二十八是獨居[82]。二〇一六年，美國雙親家庭中，有百分之六十一的雙親都出外工作。二〇一七年英國的這個數字是百分之七十二[83]。二〇一〇年，美國達到了一個性別的轉捩點，勞動力的組成頭一次以女性居多[84]。從那類的數據不難看出，為什麼沒人覺得自己有時間下廚。忙碌的不只是家長；二〇一八年的一個美國民調發現，青少年一天平均花九個小時上網，這數字高到即使孩子都會擔心，有百分之六十的兒童承認那是「大問題」[85]。難怪愈來愈多人會買即食餐點——我們英國人太愛即食餐點，二〇一七年，吃掉了歐洲總銷耗量的一半[86]。

我們該為我們不再常常一起用餐，或是我們的家庭生活分崩離析而氣惱嗎？家在我們數位時代，究竟扮演怎樣的角色？家帶給我們的歸屬感，還像以往一樣至關緊要嗎，或者家的功能已經被我們在臉書上找到的「家族」給篡奪了？不論答案是什麼，家的本質無疑都在改變。家曾經是一家人一起住、一起工作的生產中心，現在成了個人化消費的主要所在。我們坐在舒適的沙發上，可以購物、訂食物、社交、娛樂——對我們大多人而言，家只是全球供應鏈的一個接點，讓資本主義的鬧劇繼續進行下去。對許多人而言，在家放鬆是我們做討厭工作的獎勵——這交易沒人願意投入，卻也是現代社會運作的基礎。

我們務農的祖先當然也不想工作；我們已經知道，工作的概念始於農業[87]。※16拿十七世紀農民的工作來比較，大部分現代工作最大的差異是缺乏深度和多樣性。一週之間，那樣的鄉下人可能生火、犁地、騎馬、搭柵欄、捕魚、編籃子或烤些麵包，相較之下，大部分的現代工作無技術可言，而且主題單一。這年頭，典型的非專業工作可能是做客服，負責補貨或送披薩；甚至白領的工作時常也需要單調的管理，就像BBC的電視影集《辦公室風雲》（*The Office*）裡諷刺的對象。那樣的工作在數位時代爆增，美國社會學家大衛·格雷伯（David Graeber）稱之為「狗屁工作」[88]。二〇一五年，YouGov的一個調查詢問英國勞工，是否認為他們的工作對世界的貢獻有意義，百分之三十七說沒有，而百分之十三不確定[89]。那樣的工作或許勉強可以溫飽，但絕不可能讓我們滿足。

工業革命前家戶的生活艱辛，卻具有現代生活時常欠缺的特質——明確的目的性和歸屬感。我們達成了物質財富的進步，代價是乏味、孤立，因為工作場所的技術要求已經愈來愈低落，也愈來愈喪失人性。對許多人而言，現在的家是從陪伴、娛樂和消費品中得到慰藉的地方，而這些都能透過螢幕取得。但不論我們在Instagram有多少朋友，他們都無法取代共處一室的真實朋友。羅賓·鄧巴說過，和他人實際接觸，對我們的健康不可或缺——這發現對我們未來的生活有深遠的意義[90]。※17比方說，二〇一八年牛津經濟研究院（Oxford Economics）的一則研究發現，我們愈常一起吃，通常就愈快樂，而經常獨自用餐，和不快樂之間的關聯，比心理疾病之外的其他因素都要強[91]。

陪伴對我們來說很重要，但亞里斯多德和馬斯洛認知的沒錯，我們也需要自我實現。提勃爾·西托夫斯基觀察到，在這方面，物質安慰帶來的喜悅很短暫，所以消費主義文化也對我們不利。我們對小玩意兒的熱愛，是資本主義計畫的關鍵，不過也是我們不滿的一個根源，因為這阻礙了我們吃和社交之外最可靠的喜悅——製作東西。

40 生活在數位的鏡廳之中

五十年前，絕大部分的工作仍然和製作東西有關，像是衣物、汽車、船、家具或食物。雖然那樣的工作是工業化的，但許多保存了工業革命前工作場所的特質，需要一定程度的團隊合作、知識和技術。半個世紀前的家事也比較靠手藝——大部分的家庭主婦會做糕點、烘焙、縫

※16 原註：當然永遠有少部分人喜愛他們的工作；讓這樣的人愈來愈多，是經久不衰的烏托邦夢想。

※17 原註：見第二章，P.95。

紉，而汽車仍然夠機械化，愛亂搞的人都能鑽到引擎蓋下。相較之下，今日很少人知道怎麼製造或修理任何東西了。大多人直接購買需要的東西，幾乎所有日常用品都內建了淘汰機制。正如馬修．克勞福（Mathew Crawford）在他二〇〇九年的著作《用雙手工作》（*The Case for Working with Your Hands*）中指出，即使我們想修理，很多東西刻意設計得不容親近——例如超流線型iPhone有著星狀的迷你螺絲頭，一般螺絲起子派不上用場，而BMW電腦化的「黑盒子」引擎不讓我們「檢視內臟」[92]。

我們大多受到消費主義不間斷的壓力，習慣了早在舊裝置不堪使用之前，就用新裝置取而代之。不過我們的拋棄式文化不只危害我們的星球，更威脅了人類更本質的東西。克勞福寫道，修理東西需要的創意，涉及極複雜的認知心力，會得到自己獨特的獎勵。我們的頭腦天生會從動手做的事情之中得到快樂，其實一點也不意外；畢竟我們和工具共演化了大概三百五十萬年。我們祖先不只靠著頭腦、也靠雙手來理解，這反映在「掌握」答案或「捉摸」概念這類的說法[93]。用雙手工作，對我們就像用腦思考一樣與生俱來，克勞福指出，這兩種功能形成了我們物質意識密不可分的兩個相等部分。

我們製造東西會快樂，是因為身心合一——少有活動能讓我們全情投入。而且因為很有用，所以令人滿足。製造讓我們在這世界立足，讓我們有東西可以指著說，「那是我做的」。中世紀工匠在製作中扮演很重要的角色，那樣的感覺想必讓他們很有歸屬感。現代農人巡視過去歷代祖先打造的地盤，對他們的土地也有同樣的感覺。我們對家的概念，本身就是發自那樣的工藝與賣力工作——和幫忙創造的地方有那種連結感。現在，我們少有機會建造自己的家，不過大多人很可能記得在學校做東西（歪歪倒倒的陶壺，或毛氈做的節慶倒數日曆），而且能證實把成品帶回家給家長看有種滿足感，而做出有用、漂亮的好東西會產生一種內在光芒。

今日，很少人會在正職中體驗到那樣的喜悅；創意和技藝大多從我們的工作場所刪除掉了。但是家裡呢？我們應當有權任意支配我們的閒暇時間吧？對希臘人來說，欣欣向榮的意義就是主動參與世界，不是逃離世界。運動很重要，運動能讓人準備行動，讓頭腦敏銳；他們無法想像讓腦子分神、忽略身體（例如上網的時候）。今日，我們大多的工作都由機器執行，演算法預期我們所有的渴望，已經少有物質現實可以互動了。不難看出，現在的兒童為什麼覺得虛擬世界比現實更真實——他們更常體驗虛擬世界，而且那些體驗更觸知而直接。結果不只是對自然一無所知、失去了社交技巧，而且體能退化得嚴重——近期研究顯示，現在兒童比數位時代前的兒童近視增加，平衡感也退步[94]。

後工業社會和我們演化而來的荒野有如天壤之別，從前荒野中有種種阻礙能刺激我們祖先參與、發揮才智，後工業社會卻不會提供那些阻礙，而是用網路cookies和會員卡騷擾我們，預期我們的各種需求。學習在荒野生存，我們這個種族才成為人類；現在生活在數位的鏡廳之中，只助長我們的自戀。我們能在這樣的世界裡欣欣向榮嗎，或者現在該來重新思考美好生活的概念了？

41 失樂園？在這世上何以為家

希臘人認為，美好的生活需要掙扎；他們認為少了掙扎，身為人類就沒什麼意義。他們崇尚辛勤工作與節儉，要成為好公民，這些不可或缺。看到英美的現代政治辭令，會認為我們有同樣的想法——「辛勤工作的家庭」常被引述為理想——然而我們這年頭夢想的是財富，而不是家庭經濟。古雅典恐怕也是這樣——亞里斯多德如果不認為理財是威脅，也不會提起。想要過輕鬆的生活，是人之常情。不過我們的休閒選擇洩露了我們當代都市人渴望某種行動或挑戰。我們度假經常去冒險，或拋下舒適的家，在星辰下露營、生火、捕魚或只是在雨中烤香腸，提醒自己活著的意義。

雖然我們永遠不會體驗到狩獵採集的生活，但我們的身體、心智、生理和心理需求仍然和祖先相同——而且一樣依賴自然。因此，在我們採集維生的表親完全從地球絕跡之前，我們能跟他們學到如何在這世界上為家的事嗎？柯林・騰布爾敘述的木布提人，顯然顯示了一個和環境和諧共存的族群，那種生活方式現在因為所屬的剛果人口過盛、森林砍伐、內戰和對野味的需求大增，而受到嚴重威脅。

如果我們眼中的自己相較於木布提人那樣的人，有點弱化了，那也不奇怪。一六七二年，約翰・德萊頓（John Dryden）創了「高貴的野蠻人」這個詞，概括了至少羅馬時代以來，住在都市裡的人對住在鄉野的人敬畏、佩服交雜的情緒（加上降貴紆尊的傾向）[95]。※18打從人類開始務農以來，我們既把所有新的科技進展視為恩賜，也是詛咒——說恩賜，是因為我們不用再辛苦工作；說詛咒，也是同樣的道理。

我們在轉變成都市文明的漫長過程中，最大的犧牲可說是失去和世界的連繫，也因此而喪失了某些能力。我們賴以為生的一切都外包出去，把一套技術換成另一套——例如把解讀地景、製作箭矢、追蹤獵物的能力，變成了寫電腦程式、打簡訊和網路搜尋的能力。雖然這兩套技術在各自的情境下都十分珍貴，本質卻有根本的不同——解讀、製箭、追蹤的能力和生存有直接關係，寫程式、打簡訊和搜尋卻隔了好幾層。狩獵採集者要直接為自己的生命負責，我們則必須依賴好些陌生人才能生存。雖然科技能力會讓我們的採集祖先驚訝不已，但我們的生活是否能維持正軌，卻完全在我們的掌控之外；每次我們的電腦否決我們，我們就挫敗地意識到這個情形。

※18 原註：出現在德萊頓一六七二年的劇作，《征服格納達》（*The Conquest of Granada*）。

勞力和知識分工讓我們擁有都市文明，使我們團結的力量遠超過個人的力量，不過就像進步的許多面向一樣，也有代價。和一般狩獵採集者比起來，我們和周遭沒那麼和諧，對變化沒那麼敏感，比較無法餵飽、保護自己，而且一般而言遠沒那麼自力更生。雖然我們生活中有許多次級的刺激，但我們缺乏和世界的初級接觸。

42 需求的美德：食物技藝與美食的復興

需求是發明之母。

——英國俗諺

還有一件事仍然讓我們和這世界直接連結在一起——當然就是食物。食物驅動了我們的演化。數千年來，我們尋找各種填飽肚子的新辦法，我們視為家的地方也變得面目全非，不過我們吃的東西幾乎還是一樣，程度超乎想像。雖然美食場景出現了Soylent和Krispy Kreme甜甜圈這些新成員，不過我們幾乎仍是靠著我們祖先吃的那些動物、穀物、豆類、根塊莖、堅果和蔬菜維生（雖然改良到不能再改了）。

也難怪，我們的數位時代中，英美等工業化國家對食物相關技藝的興趣同時高漲。不論是屠宰課、醃漬物、釀造或製作酸麵團，想上場髒了手弄食物的渴望，前所未有地強烈。英國租地種菜的候補名單比第二次世界大戰以來的任何時候都要長，而蔬果種子的銷售量超越了花朵種子。獨立麵包師、乾酪製造者、釀酒師和咖啡館也在大西洋兩岸捲土重來，多少復興了因工業化而絕跡的勞動家庭。

雖然這種美食復興多少是因為工業化食物乏味消極而發生的反撲，卻也是某種遠比較深刻的徵兆。處理食物是我們活在這個虛擬、非實體世界的完美解藥。食物中含有來自自然的生命體，我們賴以為生，所以毫無疑問是真實的。食物因此讓我們想起我們現代生活刻意模糊的重點——需求的美德。我們可以製作食物，食物讓我們聚在一起，讓我們清楚自己的地位。種植、烹煮、保存食物，都是我們可以上手的操作技能，過程中讓我們交到不少朋友。簡而言之，我們能透過食物，從社交和實際層面在這世界扎根。

我們能藉著對食物重燃的熱情而重新思考家的概念嗎？有些人已經這麼做了。BedZED位在倫敦薩頓區，是個開創性的混合功能永續社區，二〇〇二年完工，原本的主計畫中有大片園子、陽臺和田地，既為了減少住戶的碳足跡（BedZED，意思是Beddington Zero Carbon Energy Development，貝丁頓零碳能源發展），也是為了培養社區意識[96]。[※19]這兩種策略似乎都見效了——二〇〇九年，一則研究發現，BedZED住戶的平均生態足跡比周圍地區的人低了百分之

※19 原註：BedZED是由建築師比爾・鄧斯特和生態慈善組織「生態區域」合作設計的。

十九，和二十名鄰居關係友好，相較之下，附近居民友好的鄰居只有八人[97]。詢問BedZED住戶他們住在那裡最喜歡的是什麼，他們表示，是社群意識——他們說，感覺像住在村莊裡。

BedZED集約、低衝擊、混合用途的做法，展示了我們在零碳經濟下如何能繁榮興旺。生態區域（Bioregional）這間慈善機構和建築師比爾・鄧斯特（Bill Dunster）合作，開發出這計畫，他們稱之為「一個地球的生活模式」（One Planet Living）。重點是結合優質的生態設計，有充足的公共、私人空間讓人生活、成長、工作、遊戲，我們可望讓社群意識再現。社群意識曾經使得農村和都市鄰里生氣勃勃，創造出一種令人心神嚮往的生活方式。BedZED富有生產力、自立更生、合作的精神，再創勞動家庭許多最正向的層面。所有住戶都能在家或在附近工作，因此誰來做晚餐或照顧小孩的問題沒那麼令人憂心，而經常配送蔬菜箱，也稍微減輕了採買的壓力。那樣類似村莊的生活也說明了，反思「家」的概念，如何有助於拋開消費主義的習慣，給我們遠比較好的選擇——活躍、有生產力、群居而自然的生活。拓展到城市尺度，那樣的思考可能帶來轉變。希臘人理解得沒錯，幸福和堅韌發根於家。

不論未來我們的家會是什麼模樣，核心都會是食物。對我們這樣的社會性動物而言，分享食物永遠都是和其他人連結的重點——也是我們自在的核心。從我們第一餐到最後一餐，食物和愛在我們腦中都密不可分。我們一生中，透過食物表達愛意的機會存在於我們種植、烹煮、吃下的每一餐。食物不只是美好生活的基礎，也是身為人類的基礎。

· 第四章 ·

社會

Society

43

雙市集記：城市之胃

你怎麼治理有二百四十六種乾酪的國家？

——夏爾・戴高樂（Charles de Gaulle）[1]

現在時間清晨五點，天色微明，我開車穿過巴黎南部的一大片工業區。龐大的棚屋立在昏暗中，鋪著柏油的前院擠滿聯結車，或許是等著卸貨，回到燈光閃爍、喇叭噗噗響的裝卸貨區，或排隊等著加入車流，朝出口去。浩大的場面和那種急迫感讓我想起機場，不過這裡載運的不是乘客，而是食物——精確來說，是每天二萬四千公噸的食物。歡迎來到杭吉斯（Rungis），這裡是全球最大的鮮食批發市場。

杭吉斯的一切都很大。占地二三四公頃，遠大於摩納哥侯國。二〇一八年，杭吉斯僱用了一萬二千人，另外在法國各地提供了十萬零二千個工作，每年創造九十億歐元的營業收入——是法國總國內生產毛額的百分之〇・三三[2]。八個蔬果區提供三・七公里的線形銷售空間，每年賣出一百二十萬公噸的蔬果——是巴黎人每日五蔬果的半量。為了運送這些農產品，每週要跑一百五十萬趟次。早晨尖鋒時間，數百名搬運工、街頭小販和叉式起重機駕駛，在一疊疊的棧板間穿梭，彷彿《孤雛淚》（*Oliver!*）音樂劇開場的瘋狂放大版。

乳品區沒那麼忙亂，但差不多驚人，而你期待預料得沒錯，裡面有著全球最大的乾酪市場。杭吉斯一年賣出六萬五千公噸的乾酪，從重達百磅的鞏德乾酪輪（Comté），到精緻的火山狀山羊奶乾酪，山羊奶乾酪蒙著炭灰，小心地裝在填了麥桿的箱子裡。我問主管，他總共賣多少種乾酪，他只微微笑，向我做出法國人獨有的聳肩，意思是：「誰知道呢？」「幾千！」他雀躍地說著，用手比畫出乳製品的各種尺寸和形狀。

硬質乾酪會在杭吉斯的熟成室潛藏好幾個月，但再過去一點，市場二萬四千平方公尺海鮮區（*Marée*）的作業，卻是快快快。每晚有一千五百公噸的鮭魚、比目魚、龍蝦、牡蠣和海膽送達，在幾小時內運走。魚裝在冰裡，由白衣搬運工高速送過市場，彷彿某種醫療緊急狀況，一時讓海鮮區化為大海閃亮亮的幻影，到黎明時分就消失無蹤，曾經存在的一絲跡象只剩冰冷的空氣中飄過金屬與碼頭般的氣味。

肉品區遠比海鮮區更樸實，牛、豬、羊的紅、白、紫色肉塊吊在幾英畝的金屬橫杆上。二〇一七年，這裡賣出大約二十七萬公噸的羊腿、菲力和肋眼牛排，總共價值十五億歐元。這裡是法國，所以甚至專門賣牛肚的一區，同年也賣出超過二萬公噸。雖然麥當勞持續進軍，法國美食的某些層面仍然毫髮無損，至少目前是這樣。

有些公共機構在西方愈來愈罕見，杭吉斯是頭號例子——一座市場在餵養大城市時扮演了關鍵的角色。雖然杭吉斯影響力遍及國際，但這裡大部分的食物都要送到巴黎和周邊地區的市場、商店和餐廳。市場或許不在市中心，卻代表了城市的胃腸。漫步穿過鐵路建立前就存在的任何城鎮，都會發現市場和城市之間強烈的連結顯而易見——城鎮中央絕對有座市集。今日，大多市集裡比較可能擠滿了遊客，而不是商人，不過那樣的地方令人想起食物在塑造都市生活時扮演的重大角色[3]。

從雅典的廣場、羅馬的集會廣場所到倫敦的史密斯菲爾德區（Smith Field）和阿姆斯特丹的水壩廣場（Dam Square），市場塑造了歷史。其中誕生了民主，建立了帝國，點燃革命之火，國王受加冕或遭到廢黜。數世紀來，市場都是所有公眾生活的背景。不過市場的力量終究不是來自國家的隆重場面，而是市場的日常角色——那裡是人們來買食物、交流消息的地方。最重要的是，市場是分享和巧遇之地，城市的內部運作呈現在眼前。附近教堂或清真寺俯望市集廣場上的市政廳，是世界各地普遍的都市原型——貿易在市政控制下、神的監督下進行。市場比其他空間更是社會的權力線交匯之地。

五十年前，巴黎的菜市場仍在市中心運作，在巴黎大堂（Les Halles）著名的玻璃與鋼鐵廳堂中[4]。※1法國自然主義文學作家埃米爾．左拉（Émile Zola）稱之為巴黎之胃（*Le Ventre de Paris*），不只供應巴黎人能吃的所有蔬果、奶油、乾酪、魚、貝類、肉類和野味，還有巴黎人能消化的所有新聞、八卦和趣事，左拉敘述在那裡的清晨可見一斑：

> 走道上成堆的蔬菜開始蔓延到路上。商人在菜堆之間留下狹窄的空隙，讓人通

過。寬大的走道從頭到尾堆滿黑麻麻的東西。提燈晃過，只見茂盛飽滿的一束束朝鮮薊，萵苣翠綠、胡蘿蔔珊瑚粉紅，以及蕪菁平滑的象牙色……現在走道人滿為患——一整群人在展示的貨物周圍來來往往，聊天叫嚷。遠方有個聲音高聲喊道：「苦苣！苦苣！」人們碰撞、咒罵，道路和市場之間的往來愈來愈熱絡，到處都是為了一點錢吵半天而啞了嗓子的喧鬧聲。弗洛杭在這一切吵雜之中，驚訝地看見一些曬黑了臉龐、戴著鮮艷頭巾的農家女性[5]。

巴黎大堂建造於十二世紀，鄰近巴黎在塞納河的主要港口格列夫（Grève）和羅浮宮，有地利之便，很快就成為巴黎熱鬧的食品貿易中心。到了十八世紀，巴黎大堂擴展成宛如要塞的堡壘，有自己的規則、時程和黑幫一般的貿易王朝。倫敦的市場散布城市各處，巴黎的食品貿易則集中在一地，受到一位「穀物警察」控管（至少理論上），而穀物警察則要向國王負責。這多少是基於地理因素——泰晤士河上有遠洋船隻航行，因此倫敦可以從世上任何地方進口食物；塞納河則不行，因此法國首都被迫從周圍鄉間取得食物（必要的話用滑膛槍威脅）[6]。一七八〇年代，這種體制的危險曝露了出來，收成接連不利，導致食物短缺與暴動。暴動一部

※1 原註：玻璃與鋼鐵的廳堂，是一八五〇年代依據維克多．巴爾塔（Victor Baltard）設計，建於歷史悠久的市場位置。

分是起於巴黎大堂的搬運工把飢荒怪罪到國王頭上[7]。※2路易十六付出慘痛的代價，才知道被迫為了餵飽人民（尤其糧食供應不穩定時）而負責，是很危險的責任。也難怪，世界各地的領袖會盡可能逃避這個責任——其實英國君王很樂意讓倫敦餵飽自己。十八世紀的巴黎，食物和政治之間的激盪引發了革命，但僅僅半世紀之後，鐵路出現，又將永遠改變食物與政治的關係。

有了鐵路，就能迅速把食物運過很長的距離，消除了地理限制，因此減少了城市成長的阻礙。城市隨即開始擴張，在此同時，市場的傳統角色開始支離破碎。包著頭巾、長了節瘤的鄉下女人不再把一車車甘藍菜推向市場；從那時起，城市將以完全不同的方式被餵養。商店、食品生產商和經銷商取代了市場，而他們的焦點將愈來愈全球化。巴黎大堂和許多大市場一樣，存在得遠遠超過應當的時限，最後在一九七一年毀於拆除的鐵球之下，同一年，倫敦柯芬園（Covent Garden）差點沒逃過類似的命運。今日，大堂廣場（Forum des Halles）占據老市場的位置，那是一間沒生氣的嵌入式購物中心，它波浪起伏的米色屋頂，對於改善此一曾經蓬勃跳動的都市之心，沒有什麼幫助。隨著巴黎的蕓薹和布里乳酪改送到杭吉斯，文明的主要動力——城市和鄉間不可或缺的連結變得不可見，愈來愈難以理解[8]。※3

44

虛擬市場：當食物成為期貨

今日，巴黎大部分的商業不是在城裡進行，而是在拉德芳斯（La Défense）鋼鐵玻璃的金融群島——也就是發生在網路空間。轉變很迅速——僅僅一代前，未來的交易員仍然身穿條紋夾克，在汗流浹背的交易中心「場中」彼此推擠吼叫，冒著生命或斷腿斷喉的危險來交易。不過現在，不論是金融、食物或其他商品的最大生意，都是在有空調的掩體，由大型電腦進行，那些電腦處理數兆的演算法計算時，頂多發出嗡嗡聲，眨眼間可能賺進或損失數百萬元。

兩世紀之間，買賣方式發生了一連串的變化，而從人類到數位高頻交易（high-frequency trading，HFT）的演變，只是那一系列改變的最新版本。在巴黎，鐵道始於圓胖的證券交易所（Bourse de Commerce）。那裡原本是座玉米交易所，在一七六三年建造於巴黎大堂隔壁，取代格列夫的泥濘市場。引領風潮的設計令英國的農學家亞瑟．楊格（Arthur Young）欣喜若狂：

> 這是座龐大的圓形建築，屋頂完全是木構造……輕得好像有仙子吊著一樣。在這

※2 原註：市場的搬運工（法文稱*fort*）對於掀起騷動而導致革命，扮演了重要的角色。

※3 原註：杭吉斯在一九六九年開張。

壯觀的地方，會儲存、販賣小麥、豌豆、豆類、小扁豆等等。周圍各部門的中央，木檯上擱著麵粉。你經過一組交纏的螺旋梯，來到裸麥、大麥、燕麥等等的寬敞房間。整個規畫妥善、執行得令人佩服，據我所知法國或英國沒有類似的公共建築能超越[9]。

證券交易所交易滿一世紀不久，就在一八八五年轉型成商品交易所。從當時起，食物不再在現場存放、販售，而是透過一種新型的契約——期貨，進行遠端交易。一八六四年，芝加哥交易所成了這些契約的先驅。當時美國中西部的鐵路剛開通，穀物因為豐收而供過於求，加上南北戰爭使得需求大漲，造成了市場大混亂，而這些契約正是為了當作農民和買主的緩衝，防止極端的價格波動[10]。※4在收成之前對價格有共識，讓人人都能分散風險，確保農民的作物能公平交易，又讓買方可以預測市場。

期貨契約現在不只是食物交易的主流，而是幾乎任何東西的主流。期貨之所以稱為衍生性金融商品，是因為期貨衍生自標的資產。期貨建立了一個原則——買下商品不是為了使用商品，而是可以單純賭賭商品未來的價格，因此產生了一個純粹根據臆測的元市場（meta-market）。今日大約百分之八十參與食品期貨交易的商人，既不打算生產食物，也無意收取食物[11]。那樣的非食物投資者可以追溯到二〇〇〇年美國期貨交易鬆綁，當時免除了店頭市場衍生性金融商品（雙方直接談生意，而不是透過交易）受到的監督[12]。※5結果使得商品指數基金

（commodity index funds，CIF）的投機交易和收益激增。商品指數基金是未受管制的投資，根據選定的原物料（例如穀物或家畜）指數。二〇〇三到二〇〇八年，商品指數基金的持股從一百三十億美元爆增到三千一百七十億美元，讓二〇〇八年股市崩盤前的市場更加不穩定。那段時期小麥、稻米的價格分別上升了百分之一二九和一七〇，玉米價格漲到將近原本的三倍，導致大約三十個國家為糧食暴動[13]。結果期貨市場一點也沒穩定食物價格，反而使食物價格更不穩定。

泛歐交易所（Euronext）是歐洲最大的商品交易所。二〇一六年，我去見泛歐交易所的前商品主任奧利佛・拉威爾（Oliver Raevel）時，他解釋道，管理那樣的不穩定是他最主要的任務。拉威爾的辦公室位在拉德芳斯，俯望中央廣場。他給我看聯合國糧農組織最新的圖表，圖中預測了接下來數十年全球每人可耕作土地將會下滑。他告訴我：「接下來三、四十年間，全球面臨了雙重的挑戰。因為多出來要餵養的二十億張嘴，都是都市人。」拉威爾說，因此作物產量必須提高百分之八十；在他看來，他的工作是幫助農民達到那個目標。

拉威爾解釋道，食物是獨特的商品，一般的供需規則並不適用。天氣變幻莫測，每年的收

※4 原註：一八五八到一八六七年間，芝加哥的小麥價格從一蒲式耳（約36.37公升）五十五分，攀升到一蒲式耳二・八八元，之後又跌回七十七分。

※5 原註：之前由美國期貨交易委員會（Commodity Futures Trading Commission）執行。

成變動很大，但需求多少維持一定。因此，如果完全交由市場決定，價格就會大幅波動，在作物欠收、食物短缺使得價格水漲船高時，農民卻反倒過得**更好**。除此之外，農民每年都必須做出重大的決定，判斷要種哪些作物、種多少。如果市場不穩定，農民可能不會冒險種得像價格穩定時一樣多，因此減少生產的食物總量。拉威爾說，期貨契約對這一切都有幫助，能給農民「價格揭露」。不過那樣的契約其實挺老派的，因為標的資產可以實際被交付。黃金可以隨時買賣，但穀物卻是活生生的東西，必須等成熟之後收成，最後有人吃下肚[14]。※6

和物理現實的連結，使得食品期貨必須持續調整，反應現實狀況。比方說，如果收成的時候下著豪雨，作物中的蛋白質含量會降低，因此作物的價值會比契約上約定的低。為了讓各方的風險降到最低，契約就必須經常「調整保證金」（最高占契約價值的百分之二十），反映目前市場狀況。此外，各方也能隨時同意，透過現貨轉期貨交易（exchange for physical，EFP）來中止他們的契約，那時庫存以實際的「即期」市場匯率賣出，讓買家確保供應，或許價格高於原本的契約，但能保證出貨。那樣的交易是運作方式的關鍵——只有百分之一的期貨契約真正撐到到期日。

聽著拉威爾在他的玻璃鷹巢談論穀物、降雨、太陽和土壤，是宛如靈魂出竅的體驗。一切感覺離食物的現實很遙遠——要不是他桌上一只花瓶裡插了幾枝小麥，我們即使在談汽車保險也不奇怪。在那棟建築頂樓，才得以瞥見這地方真正的模樣——全鑲玻璃的雙層樓高空間，大約二十人坐在那裡盯著顯示器，上面有個皮卡地利圓形廣場（Piccadilly-Circus）般的圓形螢幕顯示世界各地的市場價格。交易所就是在這裡運作，監控市場，將即時的資料轉達給眾多客戶。相較於宏偉的證券交易所，這地方沒什麼驚豔之處，但透過這裡進行的交易量比那座老交易所曾處理過的多了數百萬倍。

每年大約有十五億美元的食物（全球供應的四分之一）在那樣的市場裡交易[15]。我們該不該擔心，我們最不可或缺的商品是透過相當於巨大全球賭場的機構來分配？人權律師奧利維・德・舒特（Olivier De Schutter）曾在二〇〇八至二〇一四年擔任聯合國「食物權特別報告員」，他確實這麼擔心。舒特在二〇一〇年的一則簡報資料中，指責投機是二〇〇八年糧食價格高峰的關鍵因素，他的結論是，「為了防止糧食價格危機再度發生，全球金融部門亟需從根本改革」[16]。不過在金融化愈來愈被視為萬靈丹的世界裡，近期不大可能有那樣的改革。

自從千禧年來，解除管制和自動化改變了全球金融運作的方式。隨著數位金融興起，從前商業、政府和公民社會之間的分野變得模糊。財富與權力曾經展現在城市的實體結構上，現在卻看不見了。就像泛歐交易所的虛擬交易，金融機構和企業真正的影響力變得無形而幾乎無遠弗屆。從前的市集裡，商人在市政當局的監督下販售貨物，我們數位時代的交易模式則如白駒

※6 原註：Libor是倫敦同業拆放款利率（London Interbank Offered Rate）的縮寫。

過隙、隱密而難以捉摸。

那樣的經濟結構對我們追求自由、機會和正義的可能性有什麼影響呢？在現代世界，我們該怎麼理解那些支配我們的權力結構，又該怎麼加以挑戰？工業化造成空間轉型，數位虛擬化又加以強化；數位虛擬化使得權力與影響變得幾乎不可見。這個轉型極為迅速而劇烈，我們才剛開始理解那背後的意義。

公共領域的真正本質正在變動，社會核心的想法與商品交流也隨之變遷。公共空間曾是人人都能活動的實體地點，對民主的演進不可或缺。公民在雅典廣場聚集投票、辯論，十七世紀倫敦的咖啡館成為輿論和現代媒體演化之地；那些空間裡的討論塑造了自由社會[17]。然而現在，交易的空間愈來愈移向線上、數位平臺，而正如二〇一六年脫歐投票時臉書使用者受到違法攻擊顯示的，一點也不公開、不民主[18]。※7如果我們要在這個新現實中茁壯，得想辦法讓我們的關係再度變得明確，也就是要檢視分享的意義究竟為何。

45 美好的社會：如何公正地分享食物

亞里斯多德說過，人類是政治的動物。我們自然過起了群體生活；我們屬於社會。我們一同工作，發揮更大的力量，而為了合作，也不得不發展出分享的策略，這過程讓我們擁有了語言和經濟（與其他種種能力）。

分享是所有社會的基礎，不過我們究竟分享的是什麼？從星球的尺度來看，我們顯然會分享自然資源，而且不只和人類同胞分享，也和其他物種分享——《創世記》的作者努力強調，這也帶來了責任。我們更切身的是分享地盤、概念、價值觀、語言、知識和技術——這些都是我們當地文化的基石。在我們的小圈圈裡，運氣好的話，我們也會共享愛，這種美德一如基督的命令——「愛鄰如己」顯示的，是我們**該怎麼**和其他所有人分享。

我們所有人共有的物質資源之中，最重要的當然是食物——以及生產食物所需的土地、海洋、水等等。如何公正地分享食物，總是要建立美好社會的根本問題。對早期的人類來說，這問題相對簡單。找到食物、保暖、抵抗掠食者，是最重要的工作——沒什麼模糊空間。公平分享對群體存亡不可或缺，那是他們團結與信任感的關鍵。不過發展更進一步的社會裡，這問題就更複雜。一旦可能為了我們的想法或分配的食物而爭執，甚至殺人，人類社會就可以算成熟了。

以色列歷史學家尤瓦爾・諾瓦・哈拉瑞（Yuval Noah Harari）主張，想法對我們很重要。我們能不能合作，取決於我們說故事的能力，因為我們是透過分享神話，才有共同點。哈拉瑞

※7 原註：鄧巴發現，靈長類的腦容量和所屬團體的個體數量呈現直接相關。

在《人類大歷史》（*Sapiens*）中寫道：「任何大規模的人類合作（不論是在現代國家、中世紀教會、古老城市或古代部族），都根植於共通的神話，那些神話只存在於人們的集體想像之中[19]。」那樣的共通想像十分根本，我們幾乎不會注意，卻是律師質疑訴訟案件或會計師處理資產負債表等等事情的基礎。即使我們同意晚上七點見朋友吃晚餐，也是在運用一天分成二十四等份（稱為小時）的習俗。

由於那樣的概念對社會極其重要，或許可以說，理想的世界裡所有人的想法都一樣。然而稍加思索，就知道如果我們都想要同樣的工作、同樣的屋子、假期和伴侶，會是多可怕的事——簡直是反烏托邦的噩夢。多樣性對美好社會至關緊要，不過這又造成了另一個兩難——如果我們都朝不同方向拉扯，要怎麼達成共識？為了讓社會能夠運作，必須有某種共同目標，所有人理論上都朝著那個目標努力。那麼那目標會是什麼呢？我們都**想要什麼？**

對亞里斯多德來說，這答案當然是幸福，不過他本人也承認，幸福的意義很可能因人而異。但他仍堅持，創造出人人都能茁壯的環境，是政府的終極目標。社會是在妥協下形成，無數的談判努力達成共同利益，塑造出了社會的規則和界限。在家裡，我們總是在訂那樣的規則——我睡右邊，你睡左邊，別搶走羽絨被。不過在公共場域，我們依循的主要是延襲的規則。要吃什麼、何時吃、怎麼吃，如何打扮、表現、說話，好與壞，合法與禁止，公與私，禮貌與無禮，何時要上學，如何禮拜，誰能投票，車子要開在道路的哪一邊——這些都是由我們出生的社會延襲下來。我們成長時，可能挑戰那些規則，但那時那些規則已經塑造了我們。社會和地理一樣，都深深刻劃在我們心中。

蘇格拉底好不容易才發現，接受既定的常態和無盡地挑戰之間，必須達到一個平衡。蘇格拉底最早體認到，活在一個社會中，表示要遵守社會的規範，即使不喜歡也一樣。尚・雅克・盧梭也同意，他在一七六二年的著作《社會契約論》（*The Social Contract*）中指出，自由其實有代價。盧梭說，為了加入社會，我們必須放棄個人的權力，但由於其他所有人也會這麼做，所以我們會重拾身為公民的自由——「人人都把自己獻給所有人，等於沒把自己獻給任何人」[20]。所有人都遵從體制，體制才有效，所以盧梭得到有點驚人的結論：「**只要有人拒絕遵守共同意志，群體就會強迫那人遵守；這正表示，那人應該被迫自由**（由作者標示斜體）[21]。」

盧梭意識到，個人的自由和社會團結之間總是存在著張力。所以我們這些想當善良政治動物的人，該何去何從？我們前面看過，自私與利他都是我們的天性，可以追溯到部落生活的細緻手腕。學習平衡自私與利他，會是幸福的關鍵嗎？美國心理學家夏隆・H・史瓦茲（Shalom H. Schwarz）顯然這麼認為。二〇〇六年一則遍及六十七個國家的研究中，史瓦茲和他的團隊問大家人生中最重視的是什麼，其中包括各式各樣的特質，如權力、安全感、傳統、成就、刺激等等。史瓦茲發現了驚人的一致性——人們的價值觀一般以兩組極端為中心——一方面是自私與利他，另一方面是新奇和保守主義[22]。

提姆．傑克森（Tim Jackson）在《誰說經濟一定要成長？》（*Prosperity Without Growth*）中指出，史瓦茲的發現顯示了為什麼追求經濟成長（理財學）不可能讓我們幸福。傑克森認為，現代民主制度中，國家管理經濟，設法確保穩定與繁榮，作法正是平衡史瓦茲辨識出的那些張力。但政府的目標換作單純的經濟成長時，自私和新奇就會贏過傳統與利他，使得社會陷入弄巧成拙的衝突。傑克森主張，為了富強，我們必須讓經濟重拾利他與穩定。那麼一來，我們的經濟才有希望達成大多人內心深處真正的願望——所在的社會能平衡創新和傳統，既興盛又公平。

人類從非洲散布出去至今七萬年，我們的窘境幾乎沒變。我們創造了極為多樣化的社會形式——民主與專制，世俗國家與先知繼承人領導的哈里發國，以及那之間的各種版本。那樣的社會共存了數千年，有時候與世隔絕，時常互相交易，經常戰爭。不過在我們愈來愈互相連結的世界裡，共存有了新的意義，為了因應全球的威脅，我們必須比以前更進一步合作。這任務令人挫折，不過我們住在火堆周圍時，都曾是天生的合作者，所以過去有些線索可能有幫助。

46 分享餐食是最古老的經濟型態

政府就像衣物，是失去天真的象徵。

——十八世紀思想家、政治活動家湯瑪斯・潘恩（Thomas Paine）[23]。

遙遠的過去，我們的祖先曾經意識到只要共同合作，大家都能過更好的日子。發明語言是合作的關鍵，分工也是。前面已經談過，男人去打獵、女人留下來煮食，是社會契約的原型，跨越到抽象的領域；至今沒有其他動物有意識地做過這樣的事。那樣的契約形成早期社會的基礎，令人思考如何分享大家辛勞的成果。這問題激發了公平和價值的議題，可以歸結到政治的核心。比方說，抓一隻魚、花一整天的時間追逐一隻羚羊，最後可能一無所獲，這要怎麼和挑莓果、提水或煮一餐食物等等工作比較？

團體露營過的人絕對都體認到，是否公平分擔那樣的勞務，可能是露營開不開心的關鍵。不過要極為世故才能定義不同任務的價值，尤其有些任務涉及不同程度的努力、技術或風險。對我們的祖先而言，那樣的判斷反應在努力的回報——晚餐是如何分享。例如現代坦尚尼亞的哈德薩族（Hadza），特別美味、營養或取得過程危險的食物（例如肉類和蜂蜜）非常珍貴，而食用的儀式反應了那些食物的價值。比方說，成功的獵人頌揚他們技術的方式，是在團體面前烹煮獵物，然後割下肉，把最大的一份交給家人，剩下的傳給其他同伴[24]。哈德薩人或許沒出錢買食物，但人人都能看出食物的固有價值。

分享餐食既是我們最古老的經濟型態，也堪稱最複雜的經濟形態。分配的方式直接、透明而有彈性，依賴的不是價格或市場，而是直覺的共通價值。如果生活在大約二十人的團體，這樣很理想。不過如果社會擴大了呢？狩獵採集者的群體大致靠著共識來運作。雖然可能有個「強人」單純透過個人魅力來領導，卻沒有正式的領袖。羅賓・鄧巴（Robin Dunbar）曾經指出，那樣的安排需要所有團體成員和其他所有人都維持個人關係，所以需要高度的社會智慧。鄧巴發現，大部分人能管理的那類關係數量有自然的限制，平均大約一百五十人，這數字現在稱為「鄧巴數」[25]。

人類社會的承載量，因此限制了非正式社會成長的規模。超過這個數字，群體通常會指派正式的男性領袖（非常偶爾也有女性），有適當的官僚制度支持。群體因此成為酋邦或部落，這時一切都變了。權威取代了共識；上面會頒佈規則；強化了共通的身分認同，但靠的不是共享餐食，而是法律、口號和象徵。那種酋邦的證據見於西元前五五〇〇年左右，當時農業進步，更容易餵養不事生產的統治階級[26]。這樣的階級因此和定居的農業社會同時形成，這些社會的新社會分化（領袖和被領導者，提供和接受食物的人）為了城市的一大特徵——組織階級制度而鋪路。

我們的社會變革顯示，不平等惡化是我們必須為文明付出的代價，但必然是那樣嗎？確實很難忽視從古希臘和羅馬、中世紀中國、奧圖曼帝國到英國、美國，所有偉大的文明都曾以奴隸為基礎。拿全球最早的民主政體——雅典來說，三分之一的雅典人是奴隸[27]。柏拉圖認為這樣非常自然，因為他理想的共和國是由哲學家階層統治，顯然需要許多奴隸為他們務農、煮食、洗滌。亞里斯多德似乎沒那麼相信，他在他的《政治學》中一個反常混亂的段落裡，主張有些人天生注定被統治，因此是「生來的奴隸」[28]。

柏拉圖和亞里斯多德那麼偉大的思想家，居然能接受奴隸制度是「自然」的，由此可見文化對我們思想有多麼深遠的影響。這兩位哲學家都是雅典的傑出公民，認為其他人不像他們那麼夠格。其實，雅典大部分的奴隸**確實**是他者，因為他們是戰爭中俘虜的異邦人。今日，全球移民日益繁多，民族的傲慢與偏見中潛在的張力也曝露了出來。民粹主義和民族主義都愈演愈烈，資本主義的承諾無法兌現時，人們的反應是責怪移民讓他們落到這樣的命運。諷刺的是，低薪的移工本身是資本主義的產物，填補了從前奴隸的角色。如果我們要建立一個和二十一世紀相稱的社會（以合作而不是剝削為基礎的社會），就需要更理想的分享機制。要探索這個新機制，首先需要了解我們目前的機制——也就是研究它背後的政治思想，是如何演變成為今日民主的樣貌。

47 自然的法則：私有與共享的界定

其他時而嘗試的政府形式都很糟，民主只是沒那麼糟而已。

——溫斯頓·邱吉爾[29][※8]

民主可說是西方文明最耀眼的成就。民主的英文*democracy*源自希臘文*demokratia*（*demos*人民＋*kratia*統治），背離從前盛行的*aristokratia*，也就是菁英統治。雖然雅典大約在西元前六世紀宣告自己是民主政體，但我們今日很難把雅典視作民主；雅典其實是個父權社會，奴隸和女性無法參與任何公共角色。不過多少是因為雅典的成就，所以過了二千年，才有人認真試圖再度檢視民主的原則。

那人是荷蘭法學家，雨果·格勞秀斯（Hugo Grotius），他在一六二五年的著作《論戰爭與和平的法律》（*De Jure Belli ac Pacis*）中，主張所有人類都生來自由平等，自然有權自衛。格勞秀斯的自然權利概念在現在看起來顯而易見（至少活在現代民主國家的人會這麼覺得），但在那年頭被視為非常有煽動性，尤其是自然權利挑戰了國王神授的權力。格勞秀斯暗示人們為了加入社會，會犧牲個人主權（我們也看到，之後盧梭接收了這概念），提出權利最終並不屬於君王、甚至是神，而是屬於人民自己。這概念除了讓格勞秀斯遭到流放，也造成新的難解之謎：如果權利屬於人們，他們怎麼聚在一起，形成社會呢？

英國政治學家湯瑪斯・霍布斯（Thomas Hobbes）是最早試圖回答這問題的人。霍布斯的父親是酗酒的神職人員，他幼時遭父親拋棄，經歷了英國內戰，眼中的人類同胞有點刻薄，也情有可原。霍布斯一六五一年的著作《利維坦》（*Leviathan*）頭一段等於無情地批評了他自己的種族。霍布斯寫道：「人類的天性如此，因此不論他們多麼認可其他人更風趣，或是更能言擅道、更博學，他們都很難相信有很多和他們自己一樣有智慧的人[30]。」霍布斯繼續寫道，人類**能夠**理智，但他們容易激動而矇蔽判斷，誤入歧途。他們容易誤認想像為真實，尤其因為他們會依賴沿襲的見解，很少願意透過基本原則來仔細思考。」霍布斯警告，「因為信任作者而接受作者結論的人……會徒勞無功，一無所知，只剩信仰」[31]。簡而言之，人類情緒化而且容易上當，因此會遇到各種形態的**荒謬事**（霍布斯在這裡用大寫強調）。

霍布斯繼續想像這可悲的命運（他稱之為「自然狀態」），結果不出所料，難看極了[32]。※9霍布斯說，大家都想要同樣的東西（權力、財富和榮耀），所以應當的拼命爭奪，既然大家不能都擁有一切，就會「設法摧毀或征服彼此」[33]。結果是永無止境的戰爭，人們活在

※8 原註：完整的引用是：「沒人敢妄稱民主完美或無所不知。其實有人說，其他時而嘗試的政府形式都很糟，民主只是沒那麼糟而已。」

※9 原註：「自然的狀態」這個名詞似乎是霍布斯發明的，但其實是來自格勞秀斯的作品，他率先提到人性的「自然法則和權利」。

「對暴力死亡的持續恐懼與危機下」[34]。霍布斯在他著名的陰鬱結論中指出，生命將會「孤獨、貧困、惡劣、殘酷而短暫」。

霍布斯的結論是，那樣的動物要和平共存，唯一的辦法是創造某種絕對主權（也就是書名中的利維坦），有絕對的權威能征服臣民，必要的話刀劍相向。霍布斯主張，人們會欣然屈服於那樣的政權下，因為另一個選擇糟糕多了[35]。※10《利維坦》誇張的卷首插圖是一個龐大的人形，頭戴寶冠，手持劍與牧杖，逼近迷你的家園地景，概括了霍布斯的概念。那人形乍看之下似乎穿著鏈甲，不過仔細一看，他原來是由數以千計的小人構成——換句話說，利維坦是名符其實的「政治團體」，力量在於人民，但他們的權威卻讓利維坦近乎於「凡間神祇」[36]。※11

尤其是這樣的褻瀆，使得《利維坦》引發了不久前格勞秀斯的論文才遇過的怒火，而作者差點就因為異端邪說而受審。約翰．洛克一六九〇年的《政府論》（*Second Treatise of Government*）許多方面都可說是《利維坦》的自然版本，但遠遠沒那麼有爭議。洛克的作品寫於《利維坦》的四十年後，就在新舊教之爭的光榮革命（Glorious Revolution）的和平餘波後，比前輩《利維坦》樂觀了一點[37]。其實，洛克走上霍布斯的路子，想像人類處於自然的狀態時，結果已經截然不同——「自然的狀態」受到「自然法則」支配，而這對所有人都有益：而**理性**（正是那**法則**）教導了所有**人類**（而他們絕對會參照），要一律平等、獨立，不應傷害他人的**生命**、**健康**、**自由**或**財產**[38]。

洛克和他之前的亞里斯多德一樣，相信人類有理性，因此絕對能自制。在洛克看來，上帝顯然希望讓所有人享有大地的恩賜，人類的任務是想出如何公平分享：「**人間**，以及其間的一切，是為讓**人類**受**支持**、得到**安適**而給予他們的。雖然**人間**自然產生的所有**水果**、餵養的所有**獸類**都屬於所有**人類**……但沒有人生來就擁有私人的**領土**，能排除其餘**人類**[39]。」

洛克說，**人間**屬於所有人，因此引起一個疑問——怎麼有人有權聲稱一個東西屬於自己。洛克推論，答案是既然上帝顯然不希望任何人挨餓，所以人們必須有權餵養自己，因此擁有他們所需的食物，例如直接由野地得到：「**水果**，或野蠻**印地安人**賴以為生的鹿肉（他們沒有**圍籬**的概念，仍然是共同財產**所有者**），必須是他的，也就是他的一部分，其他人不再有權力擁有[40]。」

吃的需求是奉上帝之命，因此人類才有權擁有事物。人一讓食物脫離自然狀態，食物就成為他們的，例如摘下樹上的水果，或打死一頭鹿。洛克說，我們一旦付出勞力取得食物，食物就屬於我們個人。此外，我們有道德責任，對土地付出那樣的勞力，因為那樣就能提高土地的產量，有更多食物能分享。洛克說，上帝把我們放在人間，不是為了讓我們遊手好閒；而是為

※10 原註：霍布斯很可能很驚訝，美國主導入侵伊拉克的十年之後，許多伊拉克人厭倦了暴動和混亂，渴望回歸專橫的薩達姆・海珊（Saddam Hussein）統治下安定的生活。

※11 原註：不過洛克的《政府論》其實明確是為了駁斥羅伯特・菲爾默（Robert Filmer）一六八〇年的論文，《君權論》（*Patriarcha*，又稱*The Natural Power of Kings*）。

了「發揮**勤奮**、**理智**」，「以免誤認為祂要讓大地為人所共有卻無人耕作[41]。」

洛克判斷，我們耕作大地，其實對我們的人類同胞有益，因為我們減少了餵養我們所需的土地，讓其他人可以擁有更多。唯一（但滿嚴重）的警告是，我們只有權擁有**夠滿足我們需求**的土地；洛克說，如果我們占據更多，等於是搶了其他人，就像浪費食物一樣，我們冒犯了「**自然**的共通**法則**」[42]。

48 貪婪是對民主的最大威脅

……「造成一切事物價值差異的，確實是**勞動**。」

——約翰・洛克[43]

不難看出洛克為何在大西洋對岸那麼吃得開。他想像中的平靜農業社會，是由敬畏神的勤奮傢伙構成，這想像看起來像目擊者在描述新教徒移民社群。洛克相信人有責任耕作，這樣的信念不但符合移民的價值，也助長了他們對美國原住民的矛盾心態；那些原住民似乎不覺得有那樣的道德義務。即使洛克這樣溫和的人，看到美洲原住民看似缺乏動力，也難掩輕蔑：「試問，美洲野地裡的林子和未耕作的荒野放任自然處置，沒有任何改良、耕種或畜牧，一千英畝的土地生產給惡劣居民的食物，會和得文夏（Devonshire）十英畝同樣肥沃而用心耕作的土地相當嗎？[44]」

洛克的觀點會回頭糾纏採用那些觀點的人，尤其是似乎由他的觀點看到政治自由新視野的人：「人類據說**天生**都是自由、平等而獨立，除非自己**同意**，否則無人會被排除在此一狀態外，而被迫臣服於其他的政治權利之下[45]。」

如果覺得耳熟，是因為這些話啟發了未來《美國獨立宣言》的作者，湯瑪斯·傑佛遜（Thomas Jefferson）。傑佛遜在維吉尼亞蒙蒂塞洛（Monticello）的一座莊園出生、成長，終其一生熱愛農學，在他自己的花園進行土壤保育、輪作和培育植物的實驗。他寫道：「沒有哪個職業像栽培大地那麼愉快，也沒有栽培比得上在園子裡栽種[46]。」傑佛遜在洛克身上，看到了完美符合他政治想像的哲學家。這個社會藍圖根據的不是臣民和君主之間的契約，而是獨立和農業平等之間的契約。傑佛遜起草名留青史的獨立宣言時，是以洛克的精神為導引：「我們認為這些真理不證自明——所有人類生而平等，**造物者**賦與他們某些不可剝奪的**權力**，其中包括**生命**、**自由**和追求**幸福**[47]。※12」

雖然孕育這些文字的社會最終不大像傑佛遜希望的那樣，但這些文字仍然能感動我們。其

※12 原註：美國獨立宣言，由湯瑪斯·傑佛遜起草，約翰·亞當斯（John Adams）和班傑明·富蘭克林修改，在一七七六年七月四日由國會正式通過。

實，美國是已開發國家之中僅次於新加坡的第二不平等國家，讓我們見識到浮誇言詞和現實之間可能有多大的鴻溝。這個國家比其他任何國家都更徹底擁抱了洛克的平等主義，但前百分之〇・一的人現在擁有的財富相當於後百分之九十的總合，大約有四千七百萬人生活於貧困中[48]。對於在「自由國度」無法脫貧的人來說，追求幸福想必顯得有點空洞。

所以出了什麼錯呢？其實，這計畫一開始就有瑕疵。殖民地的人即使要求從英國獨立的時候，也忙著跟美洲原住民搶土地，這樣的偷竊行為雖然令傑佛遜不安，但他仍忍不住用洛克的角度看待。其他對「他人」駭人聽聞的不公義——奴役制度，他也一樣視而不見。他身為奴隸主，確實在一八〇八年著手終結了國際奴隸貿易，但卻沒能完全禁止這種做法，甚至從蒙蒂塞洛買下他最愛的家奴送到白宮。看來所有人都生來平等，只是有些人比別人更平等而已。

這個系統有另一個可能很嚴重的瑕疵。一如亞里斯多德的警告，洛克本人認為人類的貪婪可能是民主最大的威脅：「每個人應該盡量多擁有他能利用的……但不壓迫別人，因為要不是**發明了金錢**，在默認的共識下，判定土地的價值，（經過同意）推行占有更多土地，以及行使對土地的權力，世上的土地足以滿足兩倍的居民[49]。」

早在消費者時代之前，亞里斯多德和洛克就擔心追求個人財富可能意味著社會崩毀。不過他們都沒預見到，最後金錢不只塑造了社會，甚至成了我們美善概念的象徵。

49 禮物的交換創造了社會連結

想要交易，首要的條件是放下長矛。

——馬塞爾・莫斯（Marcel Mauss）[50]

金錢對我們今日的生活太不可或缺，很難想像沒有金錢的世界。少了金錢，日常行為會有種荒誕的特質（我給你一千隻雞換那輛本田），不過讓我們世界運轉的那種東西變化多端，遠遠沒我們想像的那麼可靠（也沒那麼古老）。人類歷史大部分的時間都沒有金錢。就像馬塞爾・莫斯在他一九五〇年的著作《禮物》（*The Gift*）裡描述的，社會的基礎是禮物交換。例如巴布亞紐幾內亞的特羅布里恩群島，島民會航行數百哩，在*Kula*這種儀式中交換貝殼手鍊和項鍊[51]。雖然也可能連帶交換食物和工具，但Kula主要並不是那樣的交易網路，而是交換十分貴重的物品，能賦予贈與者和接受者榮耀和地位。

Kula投資的大量時間和努力，以現代的感性來看，或許奇怪。為何要航行幾百哩，冒著淹死的危險，交換沒有實際價值的物品，甚至不會被保留下來？莫斯主張，答案是交換禮物代表把社會凝聚在一起的道德、心靈和經濟黏著劑：「靈魂和物品混合；物品也和靈魂混合。生命融合在一起，來自各個不同領域、如此混雜的人和物彼此交融。契約和交易正是這麼回事[52]。」

那樣的禮物經濟雖然沒有現金，但和我們的經濟一樣，仰賴很深的信任。在那樣的文化中，交換禮物是重大而莊嚴的行為，萬一無法互惠，可能出人命，甚至引發戰爭。在我們這個數位時代，可能很難想像那種義務的重擔，不過我們偶爾會有類似的感覺，例如受邀參加婚禮，必須買禮物給新婚夫妻的時候。我們尋找適合的沙拉碗或花瓶時感到的焦慮，來自於即使在我們的物質年代，禮物仍然包括了類似靈魂的東西。新人提供的婚禮禮品清單或許省下我們的麻煩和尷尬的機會，卻也剝奪了許多樂趣。最近新人改收禮金的趨勢，讓這過程有了合理但無趣的結局。

事情那麼複雜，也難怪金錢對現代化發展那麼不可或缺了。金錢抽象而不帶個人色彩，排除了交易的痛苦，讓我們從曾經連結所有人的儀式和義務中解脫。社會連結雖然對我們的福祉不可或缺，卻與經濟進步對立，打亂了經濟進步的核心目的——效率。人們一旦發現錢能為他們做什麼，就無法回頭了。

50 泥板支付：最早的錢記錄了農業交易

金錢源於食物，這應該不足為奇。穀物可能種植過剩、容易儲存、運輸，因此是早期城市理想的貿易物。蘇美城邦烏魯克（Uruk）、烏爾（Ur）和埃利都（Eridu）一確定可以自給自足後，就開始種植食物謀利了。到了西元前三千年，已經有一條貿易網路一路從他們所在的南美索不達米亞延伸到敘利亞和安那托利亞（Anatolia），東至伊朗，南至波斯灣，以至於印度[53]。蘇美人用小麥換取進口銅、寶石、青金石和雪花石膏，裝飾他們的神殿、住家和身體。在世上最早的城市裡，穀物**就是**財富，神殿的穀倉是當時的儲備銀行。

不過蘇美人不只種穀物；他們也生產洋蔥、大蒜、豌豆、豆類、小扁豆、小黃瓜、萵苣、無花果、椰棗、橄欖、葡萄和石榴，以及牛、羊、豬和超過五十種魚[54]。要交易那麼豐富的東西，需要比以物易物更有彈性的辦法——他們需要市場，而要市場運作，就需要錢。

最早的錢是泥板，主要用於記錄農業交易，例如用一頭牛換一些大麥。得到收成之後，才能履行交易，所以交易加入了時間的因素，把原本的直接以物易物變成遠期契約的早期形式[55]。發行折讓單或借據，延後履行合約，其實就是錢的功效——把兩人變成債權人和債務人。既然折讓單只有債務人履行合約時才有價值，放款人和借款人之間的約束是出於信任，因此產生了「信用」這個詞（credit，字源是拉丁文*credo*——我相信）。

泥板代表一頭牛值多少大麥，當然和我們今日所知的金錢不同。下一個沿革的階段是泥板不只能交換大麥，還能交換任何與一頭牛等值的東西——不論時間地點，任何人都能用。也就是說，金錢演變成抽象的價值符號，價值比以前更仰賴信任，所以早期錢幣的材質通常是貴金屬，而尤利烏斯・凱撒（Julius Caesar）在錢幣鑄上自己的頭像——這麼一來，帝國最遠方的公民也要承認這些錢幣。

錢幣有助於建立遠距的信任和貿易，不過錢幣是貴金屬製成，卻也造成混淆，因為人們開始把錢幣聯想到財富，而不是錢幣代表的事物[56]。※13這樣的錯誤正是亞當・史密斯區別「使用價值」和「交換價值」的核心。史密斯說，如果你快渴死了，一杯水對你而言就比一袋鑽石更有用——也就是說水有內在價值（**使用**價值），鑽石則只有**交換價值**。其間的關係通常模糊不清——例如說，我們大多人通常很可能覺得鑽石比水重要。只有在生死關頭，差異才會變得明確。第一次世界大戰後，德國的威瑪共和（Weimar Republic）財政每況愈下，債臺高築，那時買一條麵包都要好幾推車的鈔票。惡性通膨使得金錢失去價值，但麵包的價值仍然不變。人人都需要食物，所以大家會改用任何情況下都行得通的唯一一種交易方式——以物易物。

51 市場的情緒波動有如「動物本能」

銀子永遠不嫌多。

——色諾芬[57]

金錢墮落到深淵的能力，源於十五世紀海上貿易和探險盛行的偉大時代。威尼斯商人為了航行的資金，必須借大筆金錢，只能寄望他們的絲綢和香料幸運在許多個月後平安登陸、賣出之後才能償還。由於航海本質很危險，商人會付借款利息給放款人，彌補他們冒的風險。不過這又造成其他問題，因為教會禁止有息貸款（放高利貸）。因此放債的角色落到社群的猶太成員身上，使他們富裕得令人眼紅。因此誕生了一類金融服務，名稱取自木凳（*banci*），放款人坐在木凳上做生意，也就是銀行業務（banking）[58]

十七世紀，荷蘭成為海上霸權，主要是藉著一六〇二年成立的聯合東印度公司（Vereenigde Oost-Indische Compagnie, VOC），那是全球第一間公營企業。聯合東印度公司部分政府出資，部分透過發行公股，表現得像城邦，談條約，建立殖民地，甚至以貿易之名發動戰爭。世紀中的時候，聯合東印度公司其實已經壟斷了肉豆蔻、丁香和豆蔻皮等香料的貿易，中國黃金和絲

※13 原註：西班牙在十六世紀犯下這個錯，在新世界開採了太多銀，使得家鄉的銀價崩盤。

綢的副業也很賺錢。到了一六〇八年，股票交易已經很興隆，因此蓋了一棟專用的建築——阿姆斯特丹證券交易所，這是世界第一間證券交易所。隔年，威索爾銀行（Wisselbank），也就是阿姆斯特丹匯兌銀行（Amsterdam Exchange Bank）開張——這是全球第一間中央銀行，讓商人直接從他們的帳戶交易，可能是直接轉帳或用支票，很像我們今天的情形。

雖然冒險犯難的荷蘭人是大部分資本主義措施的先趨，卻是靠瑞典人才大功告成。威索爾銀行只允許商人把存款在不同帳戶中轉移，斯德哥爾摩銀行（Stockholms Banco）則開始有息貸款了。這種做法稱為部分準備銀行，是現代金融的基礎[59]。[※14]從名字可能看出，部分準備銀行的原則是讓銀行有息借款，前提是要保有足夠的準備金（可能百分之十），能支付想提取現金的顧客。這系統的美妙（以及危險）之處是大大增加了流動性，也就是讓沒有現實基礎的金錢流通。比方說，一間銀行的準備金是百分之十，存款有一百歐元，可以產生九十歐元的次級貸款，把這筆錢存入，又能貸款八十一歐元，以此類推。在四次交易中，流動的現金數目因此從十歐元膨脹到二百七十一歐元（一百加九十加八十一），變成將近原本的三倍[60]。

如果你覺得這聽起來像個龐大的龐氏騙局，其實幾乎沒錯。這系統其實是設計來產生無止境的超漲超跌循環，投資一個「吹牛」的信心市場會提高股價，直到股價和潛在資產價值沒什麼關係，那時人們就會開始賣出。如果市場狂熱讓價格升得太高，就可能發生恐慌拋售，導致恐怖的「擠兌」，銀行可能倒掉（除非被認為「大到不能倒」）。簡而言之，市場會對約翰·

梅納德・凱因斯所說的動物本能產生反應——情緒波動；受到人群心態放大時，可能發展成投機泡沫，而泡沫總會愈漲愈大，最後破掉。

52 經濟成長幾乎成為美好的同義詞

所有文明社會的偉大貿易，都發生在城市居民和鄉村居民之間。

——亞當・史密斯[61]

銀行業總是有風險，但是銀行業也讓人買進糖、香料和奴隸，使得英國、荷蘭這樣的航海國家富有得超乎想像。一七〇〇年，湧入倫敦和阿姆斯特丹的財富不只改變了那些城市，也改變了他們的鄉村腹地，城市的食物需求高漲，農民爭相供給。各種新農法傳到了英國（荷蘭地狹人稠，是主要的先驅），例如輪作、飼養牛隻和種植飼料作物與豆科植物等等[62]。※15沼澤排乾，圈起土地，鄉間充斥著創業活動[63]。禽販和獵場看守人貸款擴張生意，水果商栽培果園而

※14 原註：「資本家」最早記錄於十七世紀的荷蘭。

※15 原註：大部分的活動是由頂尖的農藝學家推廣，例如亞瑟・楊格和查爾斯・「蕪菁」・湯森。

後出租，屠夫成了牛羊和牲畜養殖者[64]。一七二〇年，《魯賓遜漂流記》的作者丹尼爾・笛福（Daniel Defoe）在英國遊歷時，很確定這些喧鬧是怎麼來的：「全國把他們的玉米、麥芽、牛隻、家禽、煤碳和魚，全都送去倫敦，而倫敦送回香料、糖、酒、藥、棉花、亞麻、菸草和所有外國必需品到全國……倫敦消費一切、流通一切、出口一切，最後支付一切，而這就是貿易[65]。」

對亞當・史密斯來說，英國籠罩著企業家狂熱，法國鄉村卻相對懶散，雙方的對比令人費解。史密斯一七六六年待在巴黎，見過首屈一指的經濟學家法蘭索瓦・魁奈（François Quesnay）和賈克・杜爾哥（Jacques Turgot），他們的「重農學派」（Physiocrat，字源是希臘文的*phusis*自然＋*kratia*統治）當時正努力應付餵飽巴黎的棘手問題；他們主張讓阻滯農村經濟的中世紀稅律和財產法現代化，以求達到目標[66]。三位經濟學家都同意，一國財富的最終來源是土地——其實魁奈甚至表示，農民是社會中唯一有生產力的成員，因為地主只是分配農民產生的財富，商人和工匠則根本不事生產。

史密斯雖然不同意魁奈這個想法，但魁奈提出撤除所有貿易的限制，卻令他佩服；杜爾哥一七七四年擔任法國財政總裁時，曾設法把這原則付諸實行。要是杜爾哥的任期沒恰好遇到一連串的慘烈欠收和後續食物短缺，歷史可能截然不同，但這些慘況沒被視為是大自然不肯讓步，卻被怪罪為重農學派亂搞。杜爾哥遭到解職，藉由改革而化解一七八〇年代糧食危機的可

能性就此破滅；那場糧食危機最終引發了法國大革命[67]。※16

在此同時，英國展開了截然不同的革命，讓史密斯走上另一條路。雖然重農學派夢想著讓法國成為保護主義的農業社會，史密斯卻想像他的祖國成為遠比較宏大的模樣——工業貿易國家，而財富以指數增長。史密斯在他一七七六年之作《國富論》（*The Wealth of Nations*）中名為〈論財富的自然發展〉（Natural Progress of Opulence）那一章裡解釋道，關鍵在於都市和鄉村自然發生的貿易：

> 城鎮既沒有也無法生產任何東西，可以說城鎮所有的財富和生計都來自鄉村。然而我們在這事情上，不該想像城鎮的利益建立在鄉村的損失上。雙方的利益是彼此、互惠的，而其中（以及其他所有情況）的分工都有好處[68]。

史密斯說，分工是產生財富的關鍵，能大大改善效率。史密斯用製針工廠的著名例子，主張專業化（工人只進行一項工作），是生產力的關鍵[69]。※17不過如果所有人都只生產一種東西，他們如何得到生活必需品呢？史密斯說，答案是把他們勞力的產物和其他人交換，這也就

※16 原註：巴黎食物短缺，是導致法國大革命的一個關鍵因素。

※17 原註：史密斯說，製針的工序很多，一個工人（一天也難做出一根針），但十名專精各個工序的工廠工人，卻能同時產出四萬八千根針。

是市場。史密斯反映洛克的說法，並且預告了馬克斯的觀念，主張勞力應該決定商品的交換價值；而土地（財富的最終來源）是免費的。市場應該像一隻「看不見的手」，供應大家的需求，因為自然的自利會使所有人在市場中找到自己的天地：「我們不預期靠著屠夫、釀酒師或麵包師傅的仁慈而得到我們的晚餐，而是靠他們重視自己的自利。我們著眼的不是他們的人性，而是他們的自愛[70]。」

上述這個概念似乎在說貪婪是好事，所以其實很有爭議。雖然史密斯從沒那麼說，但他確實認為成功的工廠老闆對社會好，因為他們能把獲利投資回他們的企業，提供更多工作，產生更多財富。這個「滴漏效應」理論是資本主義的中心信條——認為所有財富都是好的，因為財富會深入其他經濟無法觸及的社會部分。缺點是需要消費主義，因為除非大家買更多產品，否則工廠老闆無法擴張。史密斯觀察到，幸虧我們對生活中非必需品的欲望無窮無盡：「人類的胃容量不大，所以對食物的欲望有限；不過對便利設施和建築裝飾、服飾、設備、家具的欲望似乎沒有限制或特定的界限[71]。」

相對於亞里斯多德和洛克，史密斯把無窮的欲望視為美好生活的關鍵，因為欲望能促進經濟成長，而經濟成長能帶動整體的繁榮。因此商人和工匠並非不事生產，而是產生財富的關鍵，因為他們疏通了商業之輪，商業正是財富的基礎。「財富的自然發展」產生的不是不快樂，而是一個世界，那世界裡「所有人……都成為某種商人，而社會本身成長為堪稱商業社會的模樣」[72]。

即使沒讀過《國富論》，應該也很熟悉史密斯的概念；那些概念已經牢牢根植於我們思考的方式中。自由市場資本主義促進自由民主發展，因此洛克和史密斯可以被視為西方現代性的共同創始者。今日，自由主義和資本主義在我們腦中融合一氣，其實已無法分辨。二者的原則是我們繁榮和自由概念的基礎，我們甚至幾乎沒意識到智人已經變為經濟人（*Homo Economicus*），而經濟成長成為美好的同義詞。

自由民主社會是歷史上最快樂自由的社會之一，但雖然成功，卻無法掩蓋史密斯承諾的「財富自然發展」並未實現。雖然一小部分人更富有了，大部分的人卻停滯在相對貧窮的境況。所以出了什麼錯呢？等著回答那問題的人可多了，普遍的共識似乎認為，經濟人並不是人類[73]。說來諷刺，這對史密斯並不是新鮮事。其實，要是《國富論》沒掀起熱潮，史密斯應該以他的另一本大作聞名於世——一七五九年的《道德情操論》（*Theory of Moral Sentiments*）。史密斯在書中指出，友誼和同理心之於快樂的重要性：「不論看起來多麼自私的人，他的天性之中顯然有些原則，讓他會去關心其他人是否幸福，因此他需要看到其他人過得好，即使他唯一的好處是因為看到他們幸福而感到開心[74]。」

史密斯一反我們對資本主義之父的期望，把不少人類悲劇歸咎於我們不該「欣賞（幾乎是崇拜）富人和有權勢者、鄙視（至少是忽視）貧窮卑賤的人」[75]。這不大像致力於不受拘束追求財富的人會說的話吧。其實，《道德情操論》中對美好生活的想像，絕對是亞里斯多德式的，仰賴的不是「沒什麼用途的廉價飾品」，而是能理性、同理、欣賞美的能力[76]。對史密斯而言，美好的社會完全不是以貪婪為基礎，而是奠基於「人性、正義、慷慨和熱心公益」[77]。對他而言，說到底，一切都和愛有關。史密斯寫道：「同理心……既能使得喜悅更有生趣，也能緩解憂傷[78]。」

53 亞當．史密斯未被回答的問題

你也許懷疑，那麼一七五九年這個和藹可親的史密斯，是怎麼變成一七七六年覺得「貪婪很好」的怪物呢？答案是：根本沒有。史密斯其實沒變；其實，史密斯直到他生命的終點都在改寫《道德情操論》，因此最終版本是在《國富論》之後才出版。所謂亞當．史密斯問題的線索，在他的兩本著作中可以看到端倪；史密斯描述了他所知的兩半個互補的世界。史密斯寫作時，正值工業革命的黎明，他看到了機械化的好處（製針工廠根據的是真實案例），但從未目睹工業革命不久後造成的破壞。對史密斯來說，社會存在是為了大家的福祉。工業化必然的轉變將摧毀那樣的社會，但史密斯沒活到那一天。

54 當勞動受到市場法則左右

工業化勢必造成社會動盪；卡爾．博蘭尼（Karl Polanyi）在《鉅變》（*The Great Transformation*）裡寫得好，工業化需要創造一個截然不同的新社會環境——「市場社會」。雖然工業時代之前，市場已經存在了許多世紀，但交換商品主要是社會交易而非經濟交易，因此信任、慷慨與榮譽至關緊要。博蘭尼說，那種交易的主要動機不是獲利，而是地位。因此史密斯的假定（人們自然會喜歡活在市場經濟中）並不成立。

像亞當．史密斯這樣的思想家居然主張社會分工仰賴市場存亡，或按史密斯的話，是仰賴人類以物易物、交換東西的習性。這說法之後促成了「經濟人」的概念。事後看來，這樣雖然誤解了過去，卻可說是最能預言未來的誤解[79]。

博蘭尼說，其實市場社會中的生活（其中經濟獨立於社會而運作）非常不自然。不過那樣的市場對於工業不可或缺，因為需要鉅額投資（例如建造廠房、購置機器），除非能保證投資者他們會有穩定的產量和銷售，否則風險太大。因此需要穩定的原物料供應與勞力，而這只有把財富的兩大來源（自然和人）商品化才能達成。

商業社會裡，機器生產涉及的改變，正是把社會中的自然與人造物轉化成商品。結論雖然怪異，卻無法避免；唯有這樣才能達成目的——而那樣的手段造成的混亂，顯然會讓人的關係不協調，威脅摧毀人的自然棲地[80]。

市場經濟需要摧毀社會，因為市場經濟首要的需求，是讓市場運作時不受到社會的限制。

區分勞動和生活中其他活動，讓勞動受到市場法則左右，會抹滅所有有機的存在，取而代之的是另一種組織——自動化而個人主義的組織……實際上，這表示親屬、鄰里、專業和信徒等等非契約組織將遭到清算，因為這些組織擁有個人的忠誠，因此束縛個人的自由[81]。

新秩序中的自由，是指能參與市場的能力；而參與市場最後成為經濟人的特性。因此，鉅變除了破壞地景和社群，也改變了人人生活背後的價值和意義。在喬治時代※18的英國之前，沒有社會經歷過經濟成長那樣的事，更不用說把那和美好生活聯想在一起。對大多人來說，過寬裕的生活一向已經令人滿足；不過從現在起，單純維持生計已經不夠了。在市場社會中，人生的主要目標是變有錢。

早期的工廠老闆比大多人更明白，這種新的狀況有多麼不自然。農場長大的工廠工人很難忍受他們新工作一成不變；大多人不覺得有必要過度忍受。因此他們賺夠一週所需的錢，就會放下工具回家。老闆提高工資，鼓勵大家加長工時，卻造成反效果卻——工人更早回家了。工廠老闆因此採用了剩下那個選擇，大砍工資，讓工人從早到晚工作才能生存。這原則至今仍是資本主義的重心——為了不挨餓，人們願意工作換取微薄的報酬。

55 零時契約：永恆的不確定與焦慮

一切實際的事物都化作虛無。

——卡爾．馬克思、弗里德里希．恩格斯[82]

今日在亞馬遜物流中心工作，拿零時契約的人，很清楚那樣的邏輯導致怎樣的下場。在市場經濟中，理想的勞動成本確實是零。對卡爾．馬克思而言，問題在「生產方式」（工廠與機器）完全在資產階級手裡，資產階級用自己的權力剝削無產階級，迫使他們為了奴隸般的薪資工作。一八四八年，馬克思和弗里德里希．恩格斯在他們革命性的反資本主義信條——《共產

※18 譯注：Georgian england，指一七一四到一八三七年喬治一世至四世在位期間。

主義宣言》中闡述了這個理論：

資產階級只要占上風，就終結所有的封建、威權、田園詩一般的關係。資產隆級無情地撕裂把人和「自然優越者」綁在一起的各種封建關係，讓人與人之間的關聯只剩下赤裸裸的私利和無情的支付現款……資產階級把個人價值分解化為為交易價值；並且建立不合理的唯一那種自由——自由貿易，取代無數站不住腳的特許自由[83]。

馬克思和恩格斯一如史密斯從前，體認到資本主義仰賴持續成長。不過對這兩位共產主義者而言，這根本不代表「財富的自然發展」，只是「永恆的不確定與焦慮」而已[84]。此外，要造成那種成長，就必須效率現代化，卻剝奪了工人所有的尊嚴與滿足感：「由於大量運用機器、分工，無產階級的工作失去了所有個人特質，因此也失去了對工人的吸引力[85]。」

讀完〈共產主義宣言〉，很容易衝動之下加入共產黨。馬克思和恩格斯是很有說服力的批評者，熱烈、精準地駁斥了資本主義。然而他們的解決辦法（無產階級應該挺身而出，掌握生產工具）不大成功。相反的，他們提出國家應該控制一切，從商業、通訊到運輸和農業，因此導致比任何自由主義更糟的苦難和壓迫。而俄國和中國都示範了資本主義和共產主義可以輕易共存，能無縫接軌到資本主義，但完全無損於國家對權力的掌控。即使不靠事後諸葛，《共產主義宣言》也帶有一種明顯的霍布斯風格——共產國家其實是掛上另一個名字的利維坦，恐怖程度超出霍布斯的任何想像。

大多社會中，現實是財富和權力會向上聚積，而不是向下滴漏。不論背後有什麼社會願景，理論和現實之間的鴻溝通常大得驚人。在專制政體下，民眾若不能忍受，就得透過革命來推翻這種制度。但我們怎麼解釋，那樣的鴻溝也存在於西方呢？

56 賺錢，賺錢，賺錢！

時間就是金錢。

——班傑明·富蘭克林（Benjamin Franklin）[86]

電影《華爾街風雲》裡，戈登·蓋科（Gordon Gekko）怒吼「窩囊廢才會吃午餐」的兩千年前，亞里斯多德就警告了為財富而追求財富的危險。不難想像，蓋科應該覺得很諷刺，我們用來指稱經濟的這個字（economy）源於*oikonomia*，而不是*chrematistike*（理財學），雖然chrematistike確實比較難發音。不過這種概念偏差有助於解釋自由主義和資本主義是如何互相融合，形成了愈見支配西方的利維坦——新自由資本主義，或簡稱新自由主義。

馬克斯・韋伯（Max Weber）在他一九〇五年的論文〈新教倫理與資本主義精神〉（The Protestant Ethic and the "Spirit" of Capitalism）中，追溯這邪惡結盟的根源到荷蘭共和國，當時喀爾文教派努力維護他們辛勤工作的信念，但因為聯合東印度公司接連湧入的好東西而造成了無法調解的分歧[87]。由於新教徒相信上帝把人類放到人間是為了生產（說到這，約翰・洛克的出身是喀爾文教派），他們的結論是，雖然為財富而追求財富是一種罪，但累積財富（只要別過度**享受**）本身沒有錯。其實新教徒的宿命論，使得許多人覺得好運只是上帝選擇你來拯救的跡象[88]。※19因此荷蘭人加倍努力過著虔誠、勤奮的生活，錢不是花在奢華的小飾品上，而是挹注於一系列的善行。

對韋伯來說，面對龐大的財富而維持清醒，是資本精神的精髓[89]。一波波新教徒移民帶著這種天賦航向新世界，在資本主義的煉丹爐裡證實了魔法成分。班傑明・富蘭克林在他一七四八年的論文〈老商人給年輕商人的建議〉（Advice to a Young Tradesman, Written by an Old One）中捕捉了這個精神，在其中闡述了創業的規則：別忘了時間就是金錢。可以靠著勞力，一天賺十先令，但其中半天出外閒晃或無所事事地坐著，雖然他休閒或無所事事時只花六便士，但不該把那視為他唯一真正花掉的開銷，他真正花掉的（應該說虛擲）的是另外五先令[90]。

富蘭克林靠著印刷生意賺了大錢，扶搖直上，成為美國憲法的簽署者；他視金錢為解放者。富蘭克林特別喜愛金錢似乎能自動累積的能力：「錢愈多，每次會滾出更多的錢，所以獲利提升得愈快[76]。」不過富蘭克林仍然忠於他的清教徒出身，建議他的「年輕商人」不論賺多少錢，都要保持謙遜、勤奮：

> ……這「道德」的「至善」，是**賺錢**然後賺更多的錢，加上嚴格避免放縱享樂。其實，這太缺乏幸福論式的（更不用提享樂主義的）動機，太多**本身**即為目的之純粹思想，因此顯得完全超然而不合理，超越了**個人**的「幸福」或利益。[92]

缺乏享樂主義的情況，在今日的鉅富之間幾乎不存在，但「不斷賺錢」的衝動確實值得關注。發財現在成了大眾的夢想，體現為和他們名人偶像一樣大肆買下汽車、遊艇、房屋和手提包的自由。資本主義的清教徒根源可能變得模糊了，但中心信條（金錢本身是好的）仍然固若金湯。

※19 原註：喀爾文教派的預選說（predestination）教義判定，上帝決定一個人是否注定受救贖，是在人出生之前。

57 通往農奴之路

社會主義即奴役。

——弗雷德里希・海耶克（Friedrich Hayek）[93]

鐵路出現，其實使得資本主義的套件變得完備，解除了一波企業管制；為了建設而提供資金，解除管制勢在必行。一八四四年英國的合股公司法（Joint-Stock Companies Act）改變了一切，這法規設立的目的，是為了竭盡所能減緩現金流。這樣徹底簡化了合併的過程，因此人人都能成立股份僅僅十鎊的公司，使得公司成為法「人」，得到和個人相同的保障。一八五六年加上了有限責任，限制投資者要負責的公司債務，最高和原本的股份價值相同。

美國很快就跟進，許多州為了爭取公司投資，而撤除保護（例如對合併和收購的限制），結果造成美國的企業數量從一八九八年的一千八百家，大減到到一九〇四年的一百五十七家[94]。鐵路大亨和工業家財源滾滾而花錢如流水，福特汽車等等效率剛提升的工廠，大量製出便宜的消耗品（什麼顏色都好，總之是黑色），接著而來的是經濟的烏托邦時期——咆哮的二〇年代（the Roaring Twenties）。美國夢看似勢不可擋，但在一九二九年十月二十九日，發生了難以想像的事——市場崩盤了。

不難看出崩盤的直接原因——典型的投機泡沫受到亢奮的市場樂觀主義推波助瀾。比較迫切的問題是，如何解決隨之而來的大蕭條。對約翰・梅納德・凱因斯來說，答案很明確。凱因斯說，經濟發展停滯是因為大家對市場失去信心。他們的「動物本能」低落，因此直覺是沉潛、囤積金錢，而不是花錢。所以政府需要重振信心，把現金注入系統、降息來提振經濟。富蘭克林・D・羅斯福（Franklin D. Roosevelt）受到凱因斯啟發而推出新政（New Deal），這計畫大刀闊斧，包括了金融改革、救濟金和基礎建設計畫，致力讓人們回歸工作，造成美國有史以來最接近福利國家的狀態。

雖然通常宣稱新政大獲成功，但並不是人人開心。出生於奧地利的經濟學家弗里德里希・海耶克認為新政是一場災難。海耶克親身經歷了一九二〇和三〇年代的法西斯興起（是戰後金融風暴的後果），因此唯恐國家干預經濟事務。海耶克在一九四四年的著作《通向奴役之路》（*The Road to Serfdom*）中主張，那樣的干預只會導致國家壓迫，最後是極權主義。海耶克說，社會主義等同奴役，因為社會主義要求所有人循規蹈矩，朝共同的目標努力。而且那樣其實根本行不通——因為國家需要決定一切，從利潤現實和薪水，到財富如何分配。海耶克說，那樣的決定絕對無法公平，因為社會太複雜，任何人都無法了解，更不用說重視了。只能信任自由市場（抽象、公正，差不多複雜）來判斷那樣的事。海耶克主張，唯有自由市場能保證自由，因為只有自由市場的機制能發掘真正的價值，讓大家決定如何行動。海耶克寫道：「我們漸漸放棄經濟事務的自由，但少了那些自由，個人和政治自由從來不存在[95]。」

多虧了《讀者文摘》雜誌一九四五年意想不到地連載了《通向奴役之路》，這本書在美國立刻獲得了熱切的關注。洛克曾經啟發了一個重視自由勝過一切的國家，海耶克則吸引那些認為機會平等就是有機會迅速發財的人。海耶克的願景要完全深植在美國夢之中（讓自由主義轉變成新自由主義），只需要美國自我改造，就能一個洛克式的農莊人轉變成都市社會，而運氣好的話，這事正要發生。

58 新自由主義的實驗：財閥興起

財富無情地對抗理解。

——J．K．蓋布瑞斯（J. K. Galbraith）[96]

到了一九七〇年代，新政幾乎已經走到了盡頭。一連串的世界事件（包括越戰、一九七三年的石油危機和管理貨幣的布列敦森林制度（Bretton Woods system）廢除，導致大西洋兩岸衰退、社會動盪[97]。※20柴契爾夫人和羅納德．雷根分別在一九七九年和一九八一年掌權時，都視社會主義為問題，而海耶克是解答。雖然柴契爾堅持「社會那種事不存在」，而雷根開玩笑說，英文中最可怕的九個字是「I'm from the government and I'm here to help」（我是政府的人，我是來幫忙的），不過兩位領袖都著手鬆綁對銀行的管制、減稅，讓公共服務民營化，打擊工會。新自由主義的實驗開始了。

四十年後，我們知道這條路走向哪裡。雖然二〇〇八年崩盤（是至今最重大的後果），企業權力仍繼續一飛沖天，不平等的程度是維多利亞時代以來首見。二〇一八年，美國的前三百五十名總裁收入，是他們員工平均的三百一十二倍[98]。美國和英國的低、中所得停滯不前，撙節政策讓福利被砍到見骨。當年到二〇一九年四月，英國送出了一百六十萬份的慈善食物箱[99]。而全球貿易繼續滿足企業的需求，世界銀行、IMF（International Monetary Fund，國際貨幣基金）和關稅及貿易總協定（General Agreement on Trade and Tariffs，GATT）都迫使開發中國家排除「企業限制」，例如環境保護和勞工權力[100]。

新自由主義致命吸引力的一些措施（相較於一九二九年崩盤之後的反應），使得對於二〇〇八年崩盤的反應主要是努力恢復正常運作。雖然英國銀行要為那場災難負起一部分的責任，卻被認為「大到不能倒」，得到總計整整一兆一六二〇萬英鎊紓困[101]。※21 雖然內線交易、

※20 原註：二戰之後為了調節貨幣關係，四十四個同盟國在一九四四年簽署了布列頓森林協定。這項協定促成了國際貨幣基金和世界銀行。

※21 原註：數據出自英國審計部。

境外避稅和正在進行中的非法操縱Libor（inter-bank lending rate，同業拆借利率）等等醜聞正在處理中，金融法規充其量仍然只是聊備一格。

只有瘋狂至極的人，會相信新自由主義能造就一個美好的社會，那我們為何要堅持下去呢？約瑟夫．史迪格里茲（Joseph Stiglitz）在他二〇一二年的著作《不公平的代價》（*The Price of Inequality*）指出，問題是這對置身最頂層的人非常有效。我們經濟中大部分的財富都不是勞動所得，這和史密斯以勞動為基礎的價值模式恰恰相反。有錢人不會製針為生，只是參與各式的「競租」：管理資產、賺取利息、出租財產。按史迪格里茲的說法，「頂層的人學會從其餘的人身上吸走錢，而其餘的人幾乎毫無所覺[102]」。對現代的財閥政治而言，私利正是這樣，而且不過如此。

既然市場社會中的自由取決於一個人支付的能力，那麼不用經濟學天才也看得出，海耶克的理論說不通。相反的，一如邁可．桑德爾（Michael Sandel）在他二〇一二年的著作《錢買不到的東西：金錢與正義的攻防》（*What Money Can't Buy*）裡指出，自由市場保證只有頂層的人能享有真正的自由。富人付得起錢在營業時間之外的時候看醫生、跳過戲院買票的隊伍，或在米其林的星級餐廳用餐，所以只有他們能享有社會能提供的一切。桑德爾寫道，此外，當一個人能付錢在鄉間亂丟垃圾，或在公車專用道獨自開車，金錢就成了道德的代替品。在市場社會裡，愈有錢就可以愈沒道德。這樣的結果很諷刺，因為這種意識型態堅稱富人想必有才華又努力工作，而窮人不負責任或愚蠢。

那樣的信念最熱烈的地方非美國莫屬；雖然有種種證據，美國人仍認為財富是賺取來的。只有在美國，總統候選人才可能像唐納．川普在二〇一六年那樣，承認因為他太「聰明」，所以幾乎不用繳稅。美國經濟學家J．K．蓋布瑞斯在他一九五八年的著作《富裕社會》（*The Affluent Society*）中指出，唯獨美國接受其他人富有，而且深深地厭惡社會主義，因為他們夢想有朝一日自己也會發財，到時候，他們打算緊抓著辛苦賺來的每一分錢不放。「窮人通常比較支持社會更平等。在美國，這樣的支持卻有阻力，有些窮人容易同情富人因為繳稅而喊疼，其他人則忍不住希望不久之後自己也能有錢起來[103]。」

一九五〇年代的歡樂時光，大部分辛勤工作的美國人確實很有機會讓美國再度偉大。就業機會多，中產階級正在爬升，而美國的生活方式令全世界嫉妒。然而今日的美國和英國，只有有錢人可望變得更有錢。「美國夢」或許最了不起的地方是，雖然它曾因全球化、自動化和企業貪婪而被拋到一旁，卻仍然延續了下來。

59 機器人上場了

二〇一六年，英國和美國的投票人有機會表達他們對新自由主義實驗至今的看法。結果呢（脫歐公投通過加上唐納・川普當選，令人震驚），自由派菁英視選舉為囊中物，結果卻引來一片噓聲。這兩種結果都揭露了英國前首相德蕾莎・梅伊（Theresa May）稱之為「被拋下」者的深層憤怒——工人的薪水幾乎無法支付生活開銷，他們把自己的苦難歸咎於全球化、移民，更重要的是腐敗的政治階層。這兩場投票都暴露了社會的鴻溝，新自由主義敘事試圖粉飾這樣的鴻溝，導致強硬化的右派和左派之間發生激烈的辯論（雙方都是新冒出的民粹政黨）——新自由主義是否終於走到了盡頭。

民粹主義在德、法、義大利等國家也很興盛，而民粹主義興起，喚起了傳統左右派都沒能力解決的一些問題。工業資本主義這種經濟制度一如亞當・史密斯的想像，根據的是製造東西就能產生財富的概念。貿易對工業資本主義有益，是因為貿易為生產者開啟新市場，讓消費者有更多選擇。因為假定生產者會把利潤再投資於他們的事業，所以更多交易自然導致更多成長。

這制度一時沒問題——新的中產階層證實了滴漏原則確實行得通。不過隨著市場金融化，開始發生一些奇怪的事——交易本身有了自己的生命，似乎脫離了所有實際的事物。一八九〇年，英國經濟學家阿弗瑞德．馬夏爾（Alfred Marshall）的反應是提出商品的價值不應依據勞力，而是依據有多少人準備付錢買[104]。※22 馬夏爾表示，國家的財富不在於國民生產了什麼，而是國民**消費**了什麼。這種所謂的新古典經濟學派提供了評估財富的新方法，單純計算人民的花費，改把總額表示為國內生產毛額（gross domestic product，GDP）。GDP忽略了製造的實際成本，也沒區分一些狀況，例如花在建造橋梁或收拾災難的費用，不過這不重要；從現在起，**所有**經濟活動都將被視為好事。

馬夏爾的手法解釋了為什麼英美之流的國家雖然製造的地位大大下滑，卻仍然在經濟地位的頂端。我們是否繁榮，不是取決於產生食物或小玩意兒，而是根據其他地方製造的商品而產生的金融交易。英國和大部分後工業化社會一樣，大約有百分之八十的經濟是由服務業組成（例如銀行業、運輸業、健康產業、教育等等），表示我們的必需品從國外進口的比例很高[105]。雖然原則來說這樣沒什麼不對（前提是我們買的東西在產地沒造成傷害），但問題是，大部分藍領工作曾是我們社群的基礎，現在卻不復存在，存在的那些工作又受到便宜的進口勞力威脅。

※22 原註：阿弗瑞德．馬夏爾的《經濟學原理》（*Principles of Economics*，五南出版）是歷代公認的經濟學教科書，其實立基於其他人的成果，尤其是法國經濟學家里昂．瓦拉斯(Léon Walras）和英國經濟學家威廉．傑逢斯（William Jevons）。

我們面對的兩難（保護主義或鬆綁）基本上正是亞當・史密斯和重農學派超過兩世紀前努力想解決的問題。不同的是，十八世紀為市場提供自然限制的社會阻礙，從當時起就受到那些市場破壞[106]。[※23]唐納・川普的保護主義政策從不曾「讓美國再度偉大」，是因為這年頭的財富停滯在財富產生之處——金融系統中。同時上演的英國脫歐悲劇是，許多投票贊成的人（住在貧困的前工業區的人），生計其實正是被他們脫歐領袖的自由市場意識型態給毀了。

許多方面來說，後工業世界的危機可以簡化成食物和金錢之間的差異。當食物是財富的基礎時，發財的機會有限，不過生命仍然根植於物質現實。不過，我們五千年來擁抱金錢，既反映了文明的故事，也反映了一種幾乎與土地和勞動脫節的財富興起。有個很少人問的問題——一旦工業化循環走滿一圈，目前生產我們運動鞋和草蝦的人，決定他們也不想再生產東西了（中國已經開始有這種情況），那會發生什麼事。到時候，要由誰來做我們的外賣食物和穿了就丟的衣服呢？機器人嗎？若是那樣，預估二〇五〇年全球將有的百億人口，整天要幹麼？把彼此加進聯絡網，玩電腦遊戲？

那樣的問題顯露了民粹運動背後真正的問題：如何建立一個美好的後工業社會。我們或許覺得，我們已經活在那樣的社會裡，但我們的消費主義生活方式重度依賴數百萬入不了我們眼的工人，他們奴隸般的狀況和我們從前黑暗邪惡工廠盛行的情形如出一轍。二〇一三年，中國勞工觀察（China Labor Watch）這個工人權力團體的一份報告發現，蘋果在中國的第二大廠裡，未成年和懷孕的工人每週工作六十六小時，只領不足一半的生活工資[107]。隔年，《衛報》的報導揭露了泰國釣蝦業販賣人口、強迫勞動、殺人害命的情形—這些情形至今仍在發生[108]。那樣的虐待其實離我們不遠——二〇一六年英國國會專責委員會報告，Sports Direct這家成衣公司的營運「有如維多利亞時代的勞役所」，會因為工人上廁所太久或懷孕而處罰工人，按報告所言，對待工人「有如商品，而不是人類」[109]。

把工人當商品看待，當然是資本主義一向會做的事。其實，真正的自由市場系統化摧毀的事物中，人性尊嚴名列前矛。今日，危險的不只是織布工或農民——近年人工智能發展，使得機器人已經開始取代醫生、律師和記者，用圖形辨識來診斷病人、分析法律文件、撰寫稿件。牛津馬丁學院（Martin School）的一流研究者卡爾．弗雷（Carl Fray）和麥克．歐斯本（Michael Osborne）二〇一三年估計，全美的工作有百分之四十七可能自動化，三分之一的白領工作可能在二十年內消失[110]。二〇一七年英國國家統計局的一則研究得到類似的結果，發現分析的二千萬個工作中，有一百五十萬個工作（占百分之七．五）自動化的風險很高，風險中度的有一千三百萬個（占百分之六十五）[111]。棉花廠曾經取代農民與工匠，而第二次機械時代正準備摧毀中產階級；中產階級形成可說是第一機械時代最大（或是唯一）的優點。

※23 原註：唐納．川普「讓美國再次偉大」的競選造勢。

60 佛教經濟：重視大地、勞動與自然

我們這時代最決定性的錯誤，是相信生產的問題已經解決了。

——E．F．舒馬赫（E. F. Schumacher）[112]

雖然自動化不只摧毀舊工作，也會創造新工作，但創造的新工作不大可能足夠。那我們該不該就這麼接受無法避免的結果，開始建造更多賓果攤子和高爾夫球道呢？對一些人來說，答案絕對是肯定的。荷蘭經濟學家羅格．布雷格曼（Rutger Bregman）在他二〇一七年的著作《現實主義者的烏托邦》（*Utopia for Realists*）中主張，我們應當擁抱一個逍遙的新時代，人們一週最多工作十五小時，靠著機械化奴隸勞動產生的利潤為生，是為全民基本收入（universal basic income，UBI）[113]。布雷格曼主張，那樣的結果是「資本主義一直以來應當努力的目標」[114]。布雷格曼說，我們有史以來第一次富有到可以分享財富而根絕貧窮，畢竟那些財富是「過去世代流血、流汗、流淚」的結果[115]。

那樣的願景可能實現？全民基本收入既能處理資本主義的不平等，又能消除社會福利的刻板印象，確實有吸引人的地方。支持全民基本收入的人主張，全民基本收入會根除現代福利系統那種卡夫卡式的複雜，單純得不真實，因此不難負擔。那人性問題呢？我們能過上無盡閒暇

的生活，或者我們只會陷入毫無目的的昏沉中（一些退休人士已經有這種情形了）？這問題並不是新鮮事；早在一九三〇年，鼎鼎大名的約翰．梅納德．凱因斯就已提出過了。凱因斯相信那個過程最終能縮短每週工時，他擔心人們要面對無盡閒暇的生活會很辛苦，他把這問題視為「未來世代最大的挑戰」[116]。凱因斯認為有意義的工作是美好生活必要的一環，主張轉型為休閒社會的過程必須慢慢來，人們會發展出新方式來投注時間：「未來許多年，我們心中的原罪會很頑強，人人都需要做些正事，才能滿足。我們為自己做的事會比目前有錢人平常還要多，而且非常慶幸有小小的責任、任務和例行公事[117]。」

不過現在恐怕還不是開始勾毛線的時候。我們和凱因斯的預測恰恰相反，工作沒減少，反而增加了。怎麼回事呢？我們已經知道零工的答案——他們就像維多利亞時代工廠裡的祖先，被迫為了溫飽而長時間工作。但管理階層呢？二〇一三年哈佛商學院的一則研究發現，歐洲、亞洲和美國各地的管理者和專業人士，每週花在工作或用手機監督工作的時間，是八十到九十小時[118]。簡而言之，在充滿競爭的世界裡，工作時數長得誇張是保持領先的一個辦法，因此產生一種工作狂文化，暗地裡期待大家超時工作。

對於英裔德國經濟學家E．F．舒馬赫來說，這問題不大是工作時間長短，而是工作本身的本質。舒馬赫在他一九七三年的著作《小即是美》（*Small Is Beautiful*）中主張，工業化的工作場所剝奪人們的人性，增加憂鬱、藥物使用和犯罪。舒馬赫寫道，「難道看不出我們目前的生產方式，已經侵蝕了工業化人類的本質了嗎？[119]」舒馬赫說，問題在於資本主義把人類活動分割成生產和消費。工作以效率之名，排除了所有喜悅，期望工人在閒暇時間花用薪水享樂作為彌補：「生產者搭頭等艙或開奢侈的汽車，叫作浪費；但化身為消費者，做同樣的事，卻叫生活水準高[120]。」

舒馬赫說，這種事的荒謬之處在於，「生產者身分」和「消費者身分」其實是同一人，而那人的快樂在工作和家裡其實都能輕易滿足。舒馬赫引述了一名工業化農民的話，他承認他根本不想吃自己種的食物，慶幸能買「無毒」栽培的有機產品。問農民為什麼自己不種有機食物，農民回答，他「負擔不起」[121]。

舒馬赫說，我們的經濟混亂，表示我們未能重視我們最大的財富之源——自然，而這也很傷。我們未能重視自然，因此把自然視為免費，但既然自然不是我們創造的，我們就該更重視自然才對。舒馬赫說，其實我們應當把自然看作神聖的，視為無價之寶（「元經濟」）。

他思索道，重視大地和勞力的經濟會是什麼模樣？比方說，以佛教信念為基礎的經濟呢？佛教徒推崇自然，所以那樣的經濟應該以減少消費為目標，有助於保護自然界。由於佛教也認可好工作能滋養人心，所以那樣的經濟也能讓工作更令人滿足，而不是讓工作喪失人性。「因此，佛教經濟顯然和現代物質主義的經濟截然不同，因為佛教徒眼中文明的本質並不是需求倍增，而是人格蓬勃發展。而人格則主要靠著一個人的工作而成形[122]。」

佛教經濟因此能促成與自然更和諧共存的生活，而技藝與照護扮演了遠比較重大的角色。佛教經濟不會把工作留給機器人，而是提高覺察與生產力，並且體認到我們必須活在生態限制的範圍內。

61 食托邦經濟：讓食物引導我們

只有危機能帶來真正的改變（不論是實際危機或感覺上的危機）。

——米爾頓・傅利曼（Milton Friedman）[123]

半世紀之後，舒馬赫的經濟思想實驗的重要性有增無減。我們從來不曾這麼明確需要活在星球的限制內，因此引發許多關於我們未來能怎麼過著好生活的提問。佛教和新自由主義有自然抗衡的關係，因此是個很好的起點；不過我們能學著按佛教的原則而活嗎？我們能拋下我們的消費主義、個人主義的生活，奉行更正念、更合作的生活嗎？

答案一部分取決於你怎麼看待人性——你是否像亞里斯多德和洛克一樣，認為我們能過著平衡、相互合作的生活，或是像霍布斯和海耶克一樣，認為沒辦法。其實實際狀況很可能介於中間。不過我們知道，我們遠比較擅於在危機下合作。過去一世紀裡，英美推出最有遠見的社會計畫（新政和福利國），時間點分別是在華爾街崩盤和第二次世界大戰之後，不是偶然。我們遇到共通的苦難時，自然會同心協力，變得更有同理心、利他、有遠見。危機讓我們意識到我們日常生活多麼珍貴，因此我們至少暫時能珍惜我們目前擁有的一切。簡而言之，危機讓我們有機會校正價值觀，所以二〇〇八年崩盤後整體社會與經濟並沒有轉向，或許錯失了本世紀最重要的改變機會。

我們沒有採取行動，多少是因為我們沒有顯而易見的現成替代方案可以立刻投入。因此找出替代方案，更是刻不容緩。我們知道我們忘了事物真正的價值，因此陷入一團混亂——正如舒馬赫所言，我們一直依賴著自然而存活。我們顯然需要一種新經濟，能幫我們在我們的生態限度下仍能欣欣向榮，這種新經濟因此正好以食物為基礎。食物是我們每天都必須消耗的東西，在我們世界中占有獨特的地位。食物是由自然界的生物組成，我們必須吃下才能存活，因此有一種舒馬赫描述的固有神聖價值。食物根本就是生命。如果我們不重視食物，活該毀滅。

你或許認為，我們已經相當重視食物了——畢竟有機雞肉的價錢至少是工業化雞肉的兩倍。不過價格差異反應的遠遠不只是雞隻的飼養方式。我們買人工飼養的有機產品，產品感覺很貴，是因為反映了各方面都良好的食物（營養、健康，而且生產過程道德而環保）真正的生產成本。問題是，只有這樣的食物才反映真正的成本。其他食物（供應我們超過百分之九十五飲食的工業化食物）因為系統性地外化成本生產成本（時常靠著政府補貼），所以是

假的便宜[124]。※24

許多工業化食物的成本（森林砍伐、土壤侵蝕、水資源耗竭、污染、生物多樣性流失、鄉間人口減少、失業、肥胖、慢性病、氣候變遷和大滅絕）沒算在我們在商店付出的價錢裡。雖然很難為那樣的外部成本標價，但那些成本顯然不是可有可無。二〇一七年永續食物基金會由由英國有機農民派屈克・荷頓（Patrick Holden）提供經費的一份報告，發現我們英國為食物付出兩倍的價錢——在店裡大約付一千二百億英鎊，而隱藏的外部成本也相當是這個數字[125]。荷頓主張，如果我們真正計算食物的成本，不只能大大減少對自己和對地球的傷害，整體而言為了維生而付出的代價，也會比較少。

其實「便宜的食物」本身很矛盾——這是工業生產者和政府亟於掩蓋真正的生活成本而發明創造的假象。雖然砍伐森林、污染和氣候變遷之類的外在事務會在其他地方付出代價，但我

※24 原註：美國農業法案（US Farm Bill）最初起草於一九三三年，屬於羅斯福新政的一環，十年間總金額高達一兆美元。由於按農地面積補助，大部分的錢都流向大型農業企業。二〇一四年，前一萬家最大的農場經營者得到十萬到一百萬美元的補助；後百分之八十的經營者拿到的補助，平均只有五千美元。歐盟的農場補助占歐盟總預算的百分之四十，也偏重大型農場經農者。綠色和平二〇一六年的一份報告發現，英國前百大受補助者之中，超過五分之一是貴族家族成員，有十六人（包括英國女王和擁有賽馬的沙烏地阿拉伯親王）名列《週日泰晤士報》（*Sunday Times*）的富豪榜。前一百名受補助者總共得到八千七百九十萬英鎊的農業補助，超過後五五一一九名受補助者在單一給付制度下的總合。

們為食物付的錢太少，工業化農民原本應該辛苦謀生，卻有國家補貼。所以說，如果我們要把食物的真正成本給內化，這世界會是什麼模樣？答案是，工業化農業很快就會變得太昂貴，生產過程環保的有機食物則搖身變成划算的商品。購買食物將是良性循環，市場會偏愛滋養自然、動物和人的食物。符合倫理和環保的生產者，會賣出更多商品，因此將能取得一些現今保留給工業化農業食物鉅頭的經濟規模。舒馬赫的農民不只有錢吃有機食物，也有錢栽培有機食物了。

我稱那樣的做法為食托邦經濟，這樣的價值系統是根據食物的固有價值。因為食物會影響我們生活的幾乎所有面向，採用那樣的經濟將造成立即、甚至革命性的影響。改變我們生產、運輸、交易、烹煮、分享、評價食物的方式，就能改造我們的地景、城市、家、工作場所、社交生活和生態足跡。重視食物遠不只是享用有機胡蘿蔔或一片美味的乾酪，而是我們生存的唯一辦法。好消息是，重視食物，我們就能吃得健康、美味，可說是雙贏的局面。食物除了是我們每天都要消耗的東西，也是我們最可靠的喜悅來源。把經濟和享樂合而為一，可以產生美食經濟的鍊金石。

食托邦主義根據的前提是，重視食物就是重視生活。佛教和食托邦主義其實有許多共通的價值觀——尊重自然、社會正義、好好做事、覺察，以及避免不必要的暴力。讓食物引導我們，就能創造實際、可行而放諸四海皆準的替代方案。伊比鳩魯說得好，好食物是有意義的幸福生活的支柱。如果我們未來都吃得好，很可能也能過得好。

62 根與枝條：慢食、社區支持農業、合作社

必要的時候，一切都是公共財產。

——中世紀神學家托馬斯・阿奎那（Thomas Aquinas）[126]。

打造食托邦經濟的一個阻礙，是我們已經習慣花很少錢在食物上。一九五〇年，英國人把收入的百分之三十到五十花在食物上；今日，英國只花大百分之九（在歐洲敬陪末座），法國則花百分之十三，印度花百分之二十五。而美國只花百分之六・四，是全世界最低的國家。不過這並不是說美國食物的生產成本最低；相反的，每人每年平均花費是二二七三美元，是全球最貴的國家，這數字是餵飽一般印度人的十倍以上[127]。

買不買得起食物，因而成為政客害怕涉足的領域。有一種論點是，我們不能提高價格，以免逼得數百萬人挨餓。然而問題應當是反過來才對吧？我們難道不該問問，為什麼地球上最富有的一些國家中，有數百人活在貧窮線之下。這裡真正的禁忌不是食物，而是我們不肯面對新

自由主義的黑暗之心。諷刺的是，解決辦法就在問題之中——重視食物，我們就能創造許多好工作，讓人們脫離貧窮。食物和農業很大程度而言仍是全球最大的雇主，提供的工作只要受重視，就能得到很高的回報。因為種種原因（土地管理、維持生物多樣性、刺激鄉間社群，以及光是吃得更好），我們需要更多人為食物工作，而不是更少人。如果我們要再度重視食物，那麼所有人（就算是最肥的貓）都能受益。

另一種不願付錢買高品質有機食物的常見說法是，這些食物通常來自小農，但這表示回到過去。不過沒人說我們得不靠科技完成這一切。相反的，新科技已經在幫我們和自然合作，而不是和自然作對了。比方說，計算機農業就是個新興的領域，雖然運用機器人，但不是為了取代人類，而是幫助他們更自然地農耕。像是電腦化的感應器搭配精密無人機地圖繪製，就能幫助農人監控土壤中的溼度和礦物質含量，讓他們知道農田和作物何時需要關注。人類和科技彼此互斥的概念，是個資本主義邏輯創造出的假對立。我們需要的是人類和科技之間新形式的夥伴關係。確實，土地稀少而人口繁多的情況下，不盡可能多僱人投入食物，就太荒謬了。

幸好，我們不用等政府行動，就能透過食物造成正向的改變。世界各地的人們已經出於種種原因這麼做了——為了保護當地資源、維護古老傳統、對抗全球化，或只是想吃得更好，加強和自然的連結。西方這樣的倡議可能以有機菜箱的方案、社區廚房和菜園、小型釀酒坊和烘焙坊、食物合作社和社區支持農業（community- supported agriculture，CSA）計畫的形式，由城市人預先付錢給農民，讓他們幫忙栽培食物，甚至親自到農場幫忙。在開發中國家，那樣的團體包括農民和小農、合作社、社區烹飪隊和種植隊，以及小型生產者和爭取土地權與水權的原住民。

在慢食和農民之路（國際農民和小農網路）等等國際運動的保護傘下，這些團體代表了全球的食物運動，每年有數千人在義大利杜林（Turin）參與大地母親（Terra Madre）——這是在遼闊、停機棚大小的飛雅特舊工廠舉辦的慢食慶典，這時慢食運動的尺度和範圍都顯而易見。農民和生產者（從埃及麵包師傅和衣索比亞的蜂蜜生產者，到墨西哥的辣椒栽培者和酪農）聯合世界各地的廚師、作家和行動主義者，交流食物、智識、計畫和政治。他們都有對抗全球化之力、努力保存當地數百、數千年傳統的故事可說。

我們很快發現，食物運動遠遠不只和食物有關，而是民主的實踐。不論他們是爭取土地權的農民，還是受夠了吃垃圾食物的有錢都市人，感受到食物真正價值的人，都有共同的信念：吃的選擇權，是自由不可或缺的一部分。

63 慢錢：投資有機農場與好食物

食物應該品質好、乾淨、公平。

——卡羅・佩屈尼[128]

食物和自由的關聯突顯了建造更美好的食托邦會遇到的最大阻礙——權力。如果把工業化食物系統畫成圖，應該像一棵樹，有數百萬的生產者樹根和消費者枝條，由單一的農業食品樹幹連接。大型農業集團對全球食品貿易的壓制太強，僅僅四家公司（ADM、邦吉、嘉吉和達孚，〔Dreyfus〕）就控制了百分之七十五的全球穀物貿易[129]。這些農業食物巨頭用他們的權力，犧牲了國內產品，把玉米、黃豆等商業作物強推給地方農民。雖然壟斷引起了廣泛的憂慮，合併仍然快速發生。二〇一八年，德國種子公司拜耳（Bayer）獲准用整整六百二十五億美元，買下競爭對手孟山都（Monsanto），形成的公司（被戲稱為拜山都，Baysanto）占超過四分之一的全球種子與殺蟲劑市場。

一旦明白食物系統和社會直接反映彼此，就不難看出民主的食物系統並不是樹狀。我們的祖先很清楚，控制食物的能力是種力量；但我們似乎忘記了這基本的真相。如果我們想要一個自由社會（民主的地球村），就需要不同的食物系統——特點不是壟斷，而是連結。這概念可以追溯到自由主義的根源和洛克對農業願景的期許，這願景根據的是食物主權的原則。如果我們想活在民主政體中，就得奪回對我們食物的控制。

慢食的創辦人卡羅．佩屈尼相信，只要我們變成「共同生產者」，就能達成。佩屈尼說，吃得好不只關乎喜悅；這種社會責任類似於盧梭的好公民。既然我們都得吃，就有道德責任，而不只是單純的消費者，期待我們的食物像被魔法地毯載來一樣送到我們面前。我們應當主動參與餵飽自己，至少體認到餵飽自己有多辛苦。用不著要清晨四點挖馬鈴薯或擠牛奶；可以只是支持一個社區支持農業或當地的農民市集，或加入食物箱的計畫——直接連結生產者的根和消費者的枝條。這其實意味著我們要把注意力、欣賞和辛苦賺來的錢，投注到用愛來做好食物的人身上。

有個團體已經這麼做了——這團體是美國一間非營利組織，慢錢。這團體二〇一〇年由創投業者兼慢食熱衷者伍迪．塔什（Woody Tasch）成立，支持小規模的高品質生產者，重金投資，按塔什的說法，「表現出食物、農場和肥不肥沃很重要」[130]。到了二〇一九年，慢錢投資了超過六千六百萬美元在美國、加拿大和法國的六九七座有機農場與食品企業，和投資於工業化食物的數十億元相比是九牛一毛，不過仍是大大對抗了趨勢。

對塔什來說，慢錢不只關乎食物；也是對數位時代快錢的回應。塔什指出，一九六〇年間，紐約證券交易所成交了三百萬筆交易；今日每年的數字將近五十億筆[131]。塔什問，「錢流動得那麼快，如果不知道錢究竟在做什麼，或許也不奇怪？」塔什相信，數位時代需要新的社會與財務政策，「讓錢腳踏實地」。他說，我們必須想辦法「為了未來世代而投資」[132]。

慢錢和母公司慢食一樣，想像一個好食物成為主流的未來。那樣的願景可能實現嗎，或只是菁英思維？畢竟慢食曾被指控只在乎美食主義和高級大餐。不過，就像卡羅・佩屈尼致力強調的，現實恰恰相反——他堅持，好食物無關花大錢，而是製作食物時的用心和技術。產生那些食物的鄉村傳統根本不是菁英思維，而是反抗我們世界中真正菁英主義、自由市場資本主義的堡壘。其實，那樣的鄉村傳統在開始遭到全球化摧毀之前，就像種植食物的堆肥一樣隨處可見。

64 社區基金：善用食物與農業的潛能

慢錢讓人一窺食托邦經濟可能怎麼運作。不過要創造真正的食托邦社會，需要政府政策大轉型，除了食物和農業政策，更要都市和區域計畫、貿易、稅賦、運輸、健康、教育與能源政策。政府利用食物的潛力，改變上述這些部門（例如在區域規畫決策時優先考慮食物和農業，或是為醫院、監獄和學校取得當地的有機食物），就能創造更多就業機會，提升健康與福祉，建立更強大的社區，打造更美的環境，減少碳排放，保護生物多樣性，改善糧食安全。

這要怎麼運作呢？所謂的普雷斯頓模式（Preston Model）正是一好例子。二〇一一年，蕭條的蘭開夏受到了多重打擊，由連鎖百貨約翰・路易斯（John Lewis）和瑪莎百貨（Marks & Spencer）協調的七億英鎊商場開發案，原本應該讓市中心再度熱鬧起來（依據的是一九九〇年代起一些英國城市的模式，採取開發商主導、以零售商為基礎的方式），但提議破裂[133]。缺乏內部投資，馬修・布朗（Matthew Brown）市議員意識到蘭開夏市必須想辦法從內部培養自己的財富。布朗由新經濟發展（包括西班牙北部蒙德拉貢合作社，Mondragón cooperatives）的例子得到啟發，找上了當地的公有事業機構，例如大學、博物館、中小學和住宅互助協會，請他們盡可能把支出花在當地的供應商[134]。※25二〇一三年，那些機構花了數億元在營建、維護和供餐的契約，不過二十英鎊中，只有一英鎊留在普雷斯頓。布朗希望扭轉的正是這種經濟漏損。

布朗和曼徹斯特的地方經濟策略中心（Centre for Local Economic Strategies，CLES）合作，拼命拉來公共服務提供者，例如把二〇一五年蘭開夏郡議會的學校營養午餐投標拆成九個不同的區塊，供應優格、蛋、乾酪、牛奶等等，讓合約小到當地商家可以處理。這辦法生效了——當地供應商靠著蘭開夏農民贏得了所有的合約，估計讓當地經濟提升了二百萬英鎊[135]。

※25 原註：蒙德拉貢合作企業（Mondragón Corporation）成立於西班牙內戰之後，是合作企業的聯盟，目前是西班牙第十大公司，由八萬名員工持有。

其他地方的結果差不多。二〇一三年，布朗找過的六間機構總共花了三千八百萬英鎊在普雷斯頓，二億九千二百萬英鎊在蘭開夏；二〇一七年，這些數字分別躍升到一億一千一百萬和四億八千六百萬。《衛報》作家阿迪蒂亞．查克拉博提（Aditya Chakrabortty）寫道，透過那種「遊擊地方主義」而取得的當地合約有加乘的效應，現金再度在當地市場流通，產生工作，進而提高了商品和服務的花費，產生多得前所未有的大量職缺。

從二〇一一年的最低點到二〇一八年，普雷斯頓宛如浴火鳳凰，在優質成長城市量表中，獲選為英國進步最多的城市[136]。二〇二一年，普雷斯頓宣布自己是北英格蘭第一座英國生活薪資的雇主之後，就著手系統化地翻轉每況愈下的經濟，做法包括支持當地信用合作社對付貸款騙徒。二〇一九年，普雷斯頓發起一個計畫，培育十家由勞方擁有的合作事業，在起步階段免費提供場地，讓公司步上軌道。布朗現在成了議長，也計畫為西北英格蘭成立一間新的企業銀行，專門貸款給那地區的小型企業。

那樣的倡議顯示，普雷斯頓模式遠遠不只是促進地方經濟；也恢復了屬於一個活躍社群的所有權感、凝聚力、團結與驕傲。普雷斯頓復興，最令人自豪的跡象也許在市政廳對面，在普雷斯頓歷史悠久的市場裡——不是沒有臉孔、現成的單一零售組織把現金運出城，而是毅立著獲獎的有頂棚老市集。市集是由當地公司接下四百萬英鎊的合約，精心修復，再度向當地居民販賣地區產品。說到社區財富真正的基礎，很難找到比投入、參與和家庭經濟更好的象徵。

普雷斯頓展示社區如何取回對自己經濟的控掌，重建當地民主與韌性。擴大倡議的潛在益處很大，不過想讓那樣的做法變成主流，需要政治視野和國際合作。總之我們當然需要這些——現代世界裡，沒有社群或國家可以獨立運作。有意義的改變絕對需要全球金融和管理的新結構，才能把權力從國際貨幣基金和世界銀行等實體和他們的企業客戶那裡轉移走。

建立新的政治同盟時，食物可能扮演關鍵的角色。呼籲積極面對氣候變遷的人，例如格蕾塔・童貝里（Greta Thunberg）和抗義氣候的學校師生、反抗滅絕（Extinction Rebellion）和美國綠色新政（Green New Deal）活動的參與者，正在為一個跨國、以生態為依歸的新政治打造一個平臺。二〇一九年，前希臘經濟部長雅尼斯・瓦魯法克斯（Yanis Varoufakis）成立了歐洲民主黨（Democracy in Europe Party），目標是用綠色新政統一歐洲的改革派，就如民粹主義運動是以移民和民族主義為聯合的中心。這個政黨的資金來自歐洲投資銀行（European Investment Bank，EIB）發行的綠色投資債券，政策的焦點是食物與農業、能源、居住、製造轉型，為未來創造永續、穩定的工作。

65 順其自然：安息年的傳統

市場與私有財產，應該為民主制度效力。

——托瑪・皮凱提（Thomas Pickketty）[137]

二〇一五年針對氣候變遷的巴黎協議證實了，我們星球共同關切的事務，能讓我們團結起來。公平交易等等的倡議能成功，顯示富有與貧窮的國家能彼此交易，不會使貧窮國家因而破產。不過，托瑪・皮凱提在他二〇一四年的著作《二十一世紀資本論》（*Capital in the Twenty-First Century*）中指出，我們需要實行大規模的國際措施，減免債務、重新分配財產，才能真正通力合作[138]。※26對皮凱提而言，那樣的措施不只對社會正義很重要，對未來的全球安定也不可或缺。皮凱提認為，如果不約束目前的經濟制度，會導致「駭人的後果」，導致一個功能異常而動盪的世界。皮凱提主張，我們必須別再將社會主義和資本主義想成勢不兩立的對立面，而是使之為了共同利益而合作。

那樣的概念一點也不新鮮。例如古希伯來人是一支流浪的民族，對他們來說，社會凝聚遠比富有重要。因此他們不把聚積當成經濟的基礎，而是用來重新分配。這麼做的基本原理是安息年的傳統；在安息年期間，要讓土地休息——六年種田、六年修剪葡萄藤、採集收成。不過第七年，土地會有一段時間可以休息，那是對神守的安息。別在你田裡播種，也別為葡萄藤修枝。別收割自己生長的作物，或採收你未照料的葡萄藤上的葡萄。要讓土地休息一年[139]。」

每隔四十九年（七個安息年），就會有一個禧年，所有債務一筆勾銷，所有出租的土地都將回歸原有人。由於四十九年大約是兩代的平均壽命，所以禧年等於讓債務人的孩子收回他們的土地，而土地本身則有機會恢復[140]。禧年其實一點也不獨特——是傳統民族中某種周期性的計算（時常符合塵世間的循環），既古老又普遍。比方說，散財宴（*potlatch*）是年度的冬季慶典，阿拉斯加人和英屬哥倫比亞的部族在整個夏天打獵、捕魚、儲備食物和其他貨物之後，會在有點類似*Kula*的宴會中，聚在一起交換禮物，不過還有額外的轉折，禮物交換之後，就會浪費地破壞掉——「有些時候，重點甚至不是送禮和回禮，而是破壞，以免稍稍暗示了渴望你的禮物收到回報。整箱的魚油蠟燭或鯨脂燒掉，房屋和數千條毯子也是。最寶貴的銅製物品會打爛，丟進水裡[141]。

馬塞爾．莫斯提到，散財宴是一種儀式性的淨化，讓群體享受物質財富的喜悅，又不會屈於占有的魔咒。散財宴依循季節的節奏，呼應大地財富的自然消長，按行星循環來調整人類對生長、衰敗的經驗。工業化開始之後，永久成長的概念才生根，而休耕的誡律將成為人類最一

※26 原註：皮凱提說，資本主義自然造成不平等，所以我們需要直接在體制中重新分配。皮凱提主張，一個辦法是對年收入超過五十萬美元的人，徵收百分之八十的「沒收稅」。此外，對私有財產應該有全球累進的稅收，需要所有銀行交易透明化、國際資訊交流。

致藐視的誡律。

66 食托邦契約：以食物打造韌性的合作網路

從古老的泥板到數位閃動的比特幣，金錢的演化反映了我們的演化。金錢就像陰情不定的神，讓我們做生意、合作、投資、興旺，但可以說摧毀了許多自己創造的夢鏡。在我們心目中，金錢和自由與快樂融合了，將我們監禁在既製造分歧又破壞性的系統。

如果我們要擺脫金錢的束縛，就需要超脫金錢的思考方式——這種經濟根據的是根植於現實的價值。食物能滿足這個。由於食物體現了所有人共有的事物（過美好生活的掙扎），因此可以成為我們所有人之間新社會契約的基礎。想像你自己和家人、朋友（你在這世上最愛的人）同桌，享用一頓美好的晚餐。這是特殊場合，所有人都幫忙準備這一餐，帶來菜餚、一同烹煮食物、擺餐桌等等。有很多食物可以傳著吃，所有人都先幫別人、再拿自己的份。飲料斟好，談話往來，現場籠罩著親切的溫暖感覺。你感到快樂、被愛，和世界和解。

現在想像一下，你坐在那樣的餐桌旁，但身邊是數百萬個陌生人。你會有什麼感覺？你會端出什麼菜，怎麼確保大家都吃夠？這想法或許顯得荒謬，但事實是，我們人生中的每一天確實都和地球上所有生物一同用餐。我們只是沒同桌而已。如果我們**確實**直接共享食物，將我們好客的本性拓展到所有人類與非人類的共餐者時，我們儲備資源的方式可能會出現很大差異。

說到食物，我們是天生的分享者——而且我們的直覺會放大——比方說，外燴業者之間有個不證自明的做法，是他們為五百人煮菜時，每人的份量可以少於替五十個人、或五個人做外燴。我們一起吃東西時，有種根深蒂固的公平感，會拿得比原本少，確保大家都有食物吃。那樣的直覺可以追溯到部族生活的社會性和利他主義。分享食物會促進合一的感覺；但分享金錢只會讓我們貪婪、嫉妒。食物不同於現金，能團結我們、滿足我們，尤其因為我們直覺知道我們能保存的也只有那麼些。

這是自由主義的另一個基礎原則。約翰．洛克假定，如果沒人占據多於需求的土地，就人人都有土地。目前還沒人證實他錯了。追根究柢，財務重新分配必須回歸土地。食托邦的契約是根據所有物種的食物主權，伴隨著食物主權隱含的一切[142]。※27食托邦契約會致力終結生態破壞、壟斷和奴役，確立所有人類和非人類從此以後吃得好的權力。並且透過食物，致力於打造韌性的合作網路，一如數千年前人類社會最初演化成的模樣。

※27 原註：關鍵是保存種子、播種的權力。

67 新的一種成長

> 我們必須栽培花園。
>
> ——法國哲學家伏泰爾（Voltaire）[143]

我們住在美好的食托邦，會比較幸福嗎？顯然不是所有人對食物都夠執著，會想整天想著食物；這當然沒關係。不過那樣的人，仍可以享受食托邦經濟促成的繁榮鄉間，或生氣勃勃的市鎮中心。英國鄉村署在二〇〇二年的「可食風景」（Eat the View）活動中指出，我們所愛的地景時常是有機混合農業的結果。同樣的，在市集廣場漫步的任何人，都會體驗到食物塑造空間、賦與活力的力量。我們城鎮和都市的公眾生活以食物為中心，可以靠著復興飲食文化而恢復元氣，最近倫敦和美國奧勒岡州波特蘭等等城市有優質小吃的趨勢，正是如此。即使極度美食倦怠的人，也免不了被我們吃東西的方式影響。

不論我們是不是美食家，重視食物對我們的前景都至關緊要，因為那是在我們生態限度之內生存的關鍵。我們朝零碳經濟努力的同時，會需要經濟成長的新概念，那概念意味的不是無限的擴張和破壞，而是模仿自然。我們需要創造美國經濟學家赫曼．戴利（Herman Daly）口中的穩態經濟（steady-state economy）——也就是在星球限度內的經濟[144]。戴利在他一九九六年的著作《超越增長》（*Beyond Growth*）中解釋，「永續成長」這個詞暗示可以無限成長，其實很矛盾。這概念傳承自古典經濟學家，他們把原料視作理所當然——我們看過了，亞當・史密斯認定大地的財富其實是免費的。戴利主張，既然我們現在知道自然的財富有限，就需要一種新的經濟，不是基於無限的成長，而是保持在自然極限內永續發展的平衡模式。那樣的穩態經濟不會產生愈來愈大量的東西，而是專注在改善品質。

我們未來怎樣才能過美好的生活，戴利的洞見十分重要，因為提高品質的潛力其實無窮。低碳社區（例如BedZed）居民的經驗顯示，後工業化的生活，將有機會提供過去整整三個世紀工業化時代所未能提供的繁榮。有更多時間、空間和機會發展我們的技術和想像力，我們就能把注意力從消費主義的分心事物，轉回我們自身的發展上。我們可以打造新的社交連結與友誼，演變出和自然更緊密的關係，而不增加我們在這世界的足跡——這一切都讓我們回歸食物。

理想的食托邦是個自然零碳的社會，因為所有食物都來自自然，模範農法實踐自然，模仿自然的生態循環。以食物為中心的經濟讓家庭經濟回歸經濟，因此是韌性社區的自然基礎。活在偏重當地生產、互動性較高的社會，我們會更健康強健。當地農場和果園的成果，會帶來更美麗、蒼翠的環境，有益於我們的福祉[145]。※28我們會比較不擔心氣候變遷，會活在一個更公平

※28 原註：見第六章，P.312。

的世界，而這正是幸福的關鍵[146]。[※29]最後很重要的是，我們會重拾生活中在數位時代逐漸受侵蝕的一些媒介（TBC agency）。

栽種食物這種事，要做了才會懂。我身為住公寓的倫敦人，這輩子直到幾年前才開始種東西，最近冒險種丹麥小黃瓜（感謝我好朋友崔妮．哈內曼〔Trine Hahnemann〕大廚介紹）的經驗，有點缺乏啟發性。園藝和消費主義恰恰相反——參與者必須主動、投入、耐心、敏銳、有同理心，最重要的是和自然同步。難怪花園普遍是天堂的象徵[147]。[※30]花園自然讓我們開心，但花園也代表了我們追求文明的過程中失去的一切。我們或許不再住在祖先的原始地景中，但我們照料下的田地不論多麼小，都代表了我們仍依賴的一切。如果共享食物是美好社會的象徵，那麼花園就代表了那社會依賴的經濟。

史密斯、洛克等人指出，重點是我們的經濟確實**是**一座花園。自然界是我們所有財富的源頭，由照料者灌溉，所以如果我們想繁榮，就要開始學著園丁思考。如果我們計畫栽培一座園子，會希望園子是什麼模樣，要計畫怎麼培育呢？我們顯然希望園子夠豐富、夠多樣，足以餵養我們和後代。我們需要小心照料，學著某些地方是哪種植物長得好，哪些能愉快地共存，而要刺激新生長，就需要修剪。我們製作堆肥，讓土壤更肥沃，盡可能讓植物枝繁葉茂。我們的園子會成長，這不是指擴張，而是內部愈來愈豐富。

我們重視食物，就能滋養而不破壞我們的共通性。好好餵養我們自己和他人，就能靠著深埋在我們社會中的直覺來建造。餵飽人們是人生最大的喜悅和特權——一個好的社會可能是以「餵鄰如己」這句格言為中心而建立。如果我們讓食物回歸原處，食物能引導我們渡過不確定的時代——而所謂的原處，是指社會的中心，也就是食物一向存在的地方。

※29 原註：全球最快樂的國家，包括斯堪地那維亞半島和目前的世界冠軍——丹麥，收入比都是吊車尾。

※30 原註：有人居住的花園是烏托邦正典中最受歡迎的主題，起頭的正是伊甸園本身。湯瑪斯．摩爾一五一六年的《烏托邦》提出了一個自給自足的城邦網路，其中住著種植蔬菜的狂熱者；埃伯尼澤．霍華在一九〇二的《百年眾望經典．明日田園城市》基本上是是摩爾的《烏托邦》鋪上了鐵軌。而威廉．莫里斯（William Morris）一九八〇年的《烏有鄉消息》（*News from Nowhere*，商務印書館）想像倫敦變成鄉村天堂，臉色紅潤的農民在特拉法加廣場拔下樹上的杏桃。

·第五章·

城市與鄉間

City and Country

68 布魯克林農場：在城市屋頂種菜

我身處在一座農場。農場不大（總共大約一．五英畝），卻生產超過七十種有機蔬果，以及蛋、蜂蜜和花。時間是十月初，生產如火如荼。攤子上賣的是芝麻葉和羽衣甘藍、紫色和白色的櫻桃蘿蔔、茄子、帶著一叢葉子的胡蘿蔔和一些看起來要人命的紅、黃辣椒；俐落撐起的檯子上，番茄、甘藍、萵苣、菾菜、小黃瓜、豆類、豌豆和芳香植物向遠方延伸，上方都伸展著一排高大金黃的向日葵。

目前一切正常。這座農場與眾不同之處，在向日葵後方——顯然是紐約市的天際線。其實景色滿好的，因為這裡不同於典型的農場，位在十二層樓高處，就在布魯克林造船廠中心一棟老舊造船設施的屋頂上。歡迎來到布魯克林農場（Brooklyn Grange），這裡是世上最大的土耕屋頂農場。

我正在和班．法蘭納（Ben Flanner）閒聊。法蘭納是農場的共同創辦人、總裁兼農業主管，高大精瘦，親切的微笑很容易就在鬆軟帽緣下蔓延。他給人一種找到天職的感覺。法蘭納出身威斯康辛州，童年幾乎都待在戶外玩遊戲、和母親做園藝。他回憶道：「我在菜園裡確實總是很開心。我把我奶奶家所有覆盆子都移植過來，種到我們後院，我們搬家時就帶著——那大概一向是我的計畫[1]。」

法蘭納拿到工業工程的學位之後，搬到紐約，開始很有前途的管理顧問生涯。一年後，法蘭納派駐到澳洲，為一間酒廠做成本分析，發現自己愈來愈嫉妒工人。法蘭納說：「我猜我的好奇是從那時開始的。我在這間辦公室裡就是覺得被關著，隔壁是苗圃的建築。整天都有很多人經過，手上沾了土。他們待在太陽下，口渴肚子餓要吃午餐，顯然比我快樂多了[2]。」

法蘭納回紐約之後，一有空就造訪農場。他意識到他嚮往務農，但他也愛都市，都市有十足的活力、創意和社會性。他納悶著，有沒有辦法兩全其美？法蘭納說，並沒有一個靈光乍現的時刻，他只是逐漸意識到，答案可能是都市農業。「那可能是我這輩子少數不大猶豫的時候。」法蘭納回憶道。「我說我下個春天會離開，我要去做農業。」法蘭納面臨的下一個問題，是找地方務農。紐約是地球上數一數二稠密的城市，並沒有豐富的機會給等著轉行的農民。不過法蘭納翻閱《紐約》雜誌時有了突破，他看到一片草地上開滿美麗的野花，驚奇地發現草地在幾層樓高處，這才意識到他可以在屋頂上種植。法蘭納直接打電話給克里斯（Chris Goode）和麗莎．古德（Lisa Goode），他們是那片草地的主人，替他在布魯克林找到一片六千平方呎的倉庫，所有人是電影製作人東尼．阿爾簡托（Tony Argento），他看得出屋頂農場的潛力，因此願意付錢設置一層綠色屋頂防水層和幾噸的特質輕質土——屋頂輕土（Rooflite），而法蘭納和合作的農人安妮．諾瓦克（Annie Novak）負責規畫要種什麼。

二〇〇九年春天，鷹街屋頂農場（Eagle Street Rooftop Farm）開張，成為紐約市最早的商業農場。結果立刻大受歡迎。當地人很愛有新鮮蔬果送到門口；曼哈頓天際線前，兩個上相的年輕農人蹲在他們的甘藍菜間，媒體為之瘋狂。法蘭納和諾瓦克很快就賣起他們能種的所有產品，法蘭納意識到他需要擴張。做了不少調查，多了兩個夥伴之後，二〇一〇年，法蘭納在皇后區開了布魯克林農場，接著是二〇一二年的布魯克林造船廠[3]。

今日，布魯克林農場每年種植五萬磅的有機產品，賣給當地市場、商店和餐廳，也從屋頂的攤位上直接賣給大眾。農場有十二名全職員工和三十名季節性工人，採取社區協力農業（community-supported agriculture, CSA）方案，也參與一項教育計畫，至今接納過二萬五千名青少年。而法蘭納成了某種名人，忙著當綠色屋頂與都市農業顧問。他仍然熱衷於食物打造健康社群的力量，不過他對於屋頂農業餵養城市的潛力，比以前腳踏實地了（即使是在十二層樓高的地方）。

法蘭納審視天際線，思索道：「以前我會望過去，說，『天啊，這些屋頂**全都**該覆滿食物！』」現在他學乖了。雖然在平坦的屋頂上種滿植被非常合理，能改善保水、提供都市降溫、延長屋頂壽命，但法蘭納發現，在屋頂上務農截然不同。「真的需要完美的屋頂。我們學了很多這整個系統運作的方式，像是食物價格、生產效率，還有上上下下的實際困難處。除非有貨梯，否則我再也不會在另一片屋頂放上農場，而貨梯有到屋頂的建築並不多。」

69 垂直農場：水耕、氣耕能餵飽城市嗎

許多人都夢想把水泥叢林變成生產力的天堂，而法蘭納宣告這念頭徹底失敗了。雖然都市農業把令人耳目一新的部分鄉村特性帶進城市，卻永遠無法餵飽所有人。我稱之為都市悖論——其實城市的主要功能是社會性，一向依賴其他地方（鄉間）餵養他們。如果城市要納入所有產生他們食物的農地，以倫敦而言，那面積大約比城市本身大一百倍，於是城市將不再是我們所知的城市，而成為某種城鄉混合體[4]。矛盾之處在於，雖然我們住在城市的人覺得自己是都市人，但我們其實仍住在這片土地上。

不過對某些人來說，城市餵養自己的夢還沒完。相反的，垂直農場（在城市的室內種食物）的追隨者忠實而不斷增加。最早構思這概念的是美國微生物學家迪克森．戴波米耶（Dickson Despommier）。他開車上班時，經過一些空無一人的辦公室。他心想，既然我們在溫室裡種食物，在城市裡何不把溫室疊在一起？那麼做不但能保護作物不受天候和害蟲影響；也能讓大片農地恢復成草原和森林，重拾自然的「生態系功能與作用」[5]。

二〇〇七年，戴波米耶的訪談發表在《紐約》雜誌後，許多建築師和設計師急於實現他的概念，提案多到他應接不暇[6]。戴波米耶會坐在辦公桌前，在一個比一個怪異瘋狂的設計案旁打勾或打叉來自娛。當時世上還沒有任何垂直農場，不過隨著發光二極體技術進步（才能取代

陽光），戴波米耶的想法更伸手可及，話題也愈演愈烈。荷蘭研究者發現，植物在低能光譜的藍光、紅光和遠紅光下長得很好（植物無法吸收綠光，所以看起來才是綠色的），特別調配的營養配方不論是用水耕（透過水）或氣耕（透過霧氣）給予，植物都能欣欣向榮[7]。這兩種系統都很省水——和傳統園藝相比，水耕能省下百分之七十的水，而氣耕又再省下百分之七十。

而在紐約市，一位農學教授艾德・哈伍德（Ed Harwood）在他的棚屋裡修修改改，做出了完美的氣耕栽培墊（用回收塑膠製成），以及噴嘴的基座。哥倫比亞大學商學院學士大衛・羅森堡（David Rosenberg）和馬克・奧士馬（Marc Oshima）注意到哈伍德的成果時，知道他們發現了垂直農場的金礦。三人成立了一間公司——空中農場（Aerofarms），資金迅速湧入。二〇一六年，贊助者（包括保德信金融集團〔Prudential Financial〕和高盛集團〔Goldman Sachs〕）支付了五千萬美元——即使以紐約的物價來看，也能換算成不少的生菜葉了。

同年，空中農場在紐澤西州紐瓦克（Newark）一間七萬平方呎的鋼鐵廠設立了旗艦農場。那是至今最大的室內農場，每年能生產兩百萬磅的微型蔬菜（嫩葉甘藍、水果芥、豌豆苗等等），栽培在盤型的苗床，相隔一公尺，最高十二層，有如龐大運兵船的上下鋪。植物在控制光譜的LED照明下生長，根部垂在營養豐富的噴霧中，受到嚴密監控，判斷最理想的成長演算法；按公司網站聲稱，團隊可以藉這樣控制植物的「尺寸、形狀、口感、顏色、風味和養分，精準無比」[8]。

空中農場全年生產，多層次栽培，一年收成高達三十次，號稱產量比傳統農場高了一百三十倍[9]。[※1]這一切都不用看到土壤、太陽、雨、農藥、牽引機，甚至一張日曬雨淋的臉孔——所有垂直農場的農人都戴著網帽，身穿實驗袍，像很少曬太陽的人一樣臉色蒼白。雖然空中農場並未成為世上第一座商業垂直農場（二〇一二年，新加坡的天鮮農場〔Sky Greens〕贏得了這份榮耀），但空中農場自封的全球總部確實傳達了他們有多大的野心。執行長大衛・羅森堡計畫在美國和國外擴張，表明他的任務是「讓全世界的農業轉型」[10]。

70 人不能光靠火箭而活

未來已經實現了——只是分配不均。

——加拿大小說家威廉・吉布森（William Gibson）[11]

垂直農場未來真的能餵飽城市嗎？垂直農場的好處確實吸引人：全年生產食物，解決和天氣有關的作物歉收，不用殺蟲劑或除草劑，縮短食物里程，節省水資源，減少浪費，改善都市就業，很重要的是，美味的嫩葉幾小時前才剛摘下，你家附近的商店或餐廳就能買到[12]。所以

※1 原註：不過這數字並不包括垂直農場的非生產面積。

有什麼不好的？

答案是，一點也沒有——至少目前是這樣。垂直農業向上疊加，就像紐約、新加坡和倫敦已經盛行的做法，是在城市中或城市附近種植沙拉生菜的一種方式。不過垂直農民雖然熱切，但對他們事業的限制大多很實際。倫敦最早的垂直農場是「地下種植」（Growing Underground），取這名字，是因為這座農場占據克拉珀姆公地（Clapham Common）下方三十公尺處的地下防空洞網路，二〇一五年開張時，一夜之間掀起風潮，媒體爭相報導，和連鎖超市維特羅斯（Waitrose）之輩簽定合約，並且吸引了米其林星級主廚小米歇爾・魯（Michel Roux Junior）擔任非常務董事[13]。雖然大獲成功，不過共同創辦人理查・巴拉德（Richard Ballard）和史蒂芬・德林（Steven Dring）對他們茂盛帝國的可擴充性仍然很冷靜。巴拉德說：「垂直農場是餵養城市的一個解方。不過垂直農場永遠不可能餵飽所有城市人[14]。」這就是癥結所在：人不能光靠火箭而活，而拋下未來該怎麼種植我們大部分食物的問題。

戴波米耶照常對前景樂觀，他認為城市可以在市郊街區大小的建築裡，種植最多百分之八十的食物[15]。戴波米耶承認那樣的農場裡大概不會有牛、羊，但我們吃的其他一切（包括豬、雞）沒有理由不出現在其中。其實有不少先例——豬、雞和人類共同生活了幾千年，吃廚餘，甚至（在一個十九世紀倫敦肯辛頓區的一間養豬場）睡在人類床下[16]。問題是，如果我們

打算繼續吃培根，我們是否認為把那些生活在自然與森林裡的動物養在室內，符合道德[17]。※2

豬可能在垂直農場的未來世界一飛沖天，不過餵養我們和豬隻所需的幾百萬公噸穀物和豆類呢？我們目前耕耘十六億公頃的農地，相當於南美的面積，永久牧地的面積大約是兩倍，那些農場要放到室內，可真不少[18]。除了農場該建在哪裡的問題，還有成本問題——谷歌向來不願意輕易放棄有潛力的搖錢樹，卻在二〇一五年因為無法找出如何在室內有效率（也就是有利可圖）地種植穀物，而放棄了他們的X實驗室（Alphabet X）垂直穀物栽培計畫[19]。瞧瞧目前的價格，就知道為什麼了。微型蔬菜的批發價是很健康的一百公克三・七〇英鎊，一公噸小麥價格卻在一百五十英鎊左右，也就是穀物以重量計，價值少了二四七倍，對高盛集團之流恐怕不是那麼誘人的投資項目[20]。同樣的，雖然當地的嫩葉蔬菜以新鮮、美味聞名，種在家門前的穀物卻沒有相當的附加價值。

接下來是所有權的問題。垂直農場和所有高科技創業一樣，成立成本過高，因此投資者需要高額的收益。不論聽起來多麼利他，垂直農場終究是門生意。戴波米耶身為真正的烏托邦人，主張政府可以補助必需的研究，讓垂直農業真正開始實行。不過其實那樣的研究（以及附

※2 原註：荷蘭建築師事務所MVRDV在二〇〇一年的豬城計畫（Pig City project）中，提出以一系列富麗堂皇的高塔，容納荷蘭的一千五百萬頭豬，主張食用豬在高聳的「公寓」，有著開放式陽臺，會過得比牠們在一般飼養豬的黑暗、擁擠環境更好。

加的專利）已經在私人企業手中——空中農場的執行長大衛・羅森堡在二〇一七年告訴《紐約客》（*New Yorker*）雜誌，「我們在這科技遠遠贏過所有人，這世上其他人要花許多年才能跟上我們」[21]。

不過垂直農場不是餵飽城市的解答，最令人信服的原因是植物生長的介質。垂直農業的作物和大部分慣行農業生產的蔬果一樣，依賴化學物質（氮磷鉀和其他礦物質）而成長，其實就是植物的Soylent。那些萵苣生長在化學溶液中；先不談是否和土裡種的一樣營養，宣稱那些萵苣是在城市裡生產的，其實不盡真實。垂直農場依賴其他地方輸入的肥料（我們的食物吃的食物），所以並沒有解決都市悖論。

垂直農場和所有烏托邦的主意一樣，看似神奇，直到你讀了下面細小的附注。雖然我們未來餵養城市的辦法中，垂直農場無疑會扮演某種角色（尤其是盛產石油的沙漠國家或地狹人稠的新加坡），卻不大可能取代我們目前耕作的四千九百萬平方公里土地。還真可惜，因為垂直農場試圖處理的問題其實非常真切。

71 都市悖論：城市需要鄉間，反之亦然

城市存在的五千五百年中，都市悖論一直困擾著市民。城市需要鄉間，反之亦然，這是令人為難的真相，而且一開始就顯而易見——「鄉間」其實是城市的概念，是城市外的空間，按城市的指示而存在。雖然我們祖先從事園藝數千年，才開始建立城市，但古蘇美人的灌溉田地、果林、花園和果園卻是截然不同的東西。那些是最早明確要服務都市人口而產生的地景，其實是世上最早的鄉間。考古學家最鍾愛的問題（是先有城市，還是先有農業）最終其實不重要——農業和都市生活共同演化，結合產生了都市文明[22]。

活在現代都市，可能很容易忘記地理如何強力地塑造我們的過去。工業化使得城鄉之間的連結變得幾乎不可見，不過歷史上大部分時候，這連結都是受到日常生活支配。大部分城市都建在河邊，河流不只是淡水和魚類的來源、拋棄垃圾的便利辦法，也是運輸的一種方式。我們已經知道，對工業革命前的城市而言，附近有河和海至關緊要，因為穀物之類的沉重貨物走水路要比陸路輕鬆多了，陸路運輸限制了內陸城市（例如巴黎）成長的大小[23]。※3不過其他食物是在離家比較近的地方生產的——許多家戶（不只在肯辛頓區）養豬或雞，而所有城市周圍都

※3 原註：這假設最初是由邱念（Johann Von Thünen）提出，他一八二六年之作《孤立國》（*The Isolated State*）率先分析了城市富饒的腹地如何自然發展。

有供應市場的果菜園，大量的糞肥（動物和人類排泄物）小心收集，當作肥料，讓蔬果長得更好。

蘇美城邦是自給自足原則的先驅，那原則之後受到希臘人景仰，對許多人而言，至今仍是理想。那些城邦坐落在底格里斯河和幼發拉底河肥沃的沖積平原，建立大型灌溉系統，控制、引導洪水，使得那片地景肥沃富饒。西元前一千八百年，這片人工的地景竟然占地一萬平方哩，被視為文明都市領域的延伸[24]。世上最早的鄉間，因此在城市與自然、溫馴與野性、文明與非文明之間，形成了中介領域，從此占據這樣的地位。不過把土地劃分成都市和鄉村最顯著的結果，是在文明的中心產生了一種二元性。

世上最早的城市居民，是怎麼看待都市生活？他們認為都市生活是好事嗎，或者會想念接近自然、比較簡單的生活？雖然我們無從知道這些問題的答案，不過有段精采的文字——四千年前的《吉爾伽美什》史詩（*The Epic of Gilgamesh*，是現存最古老的故事）至少給了我們一些線索。主人翁吉爾伽美什與史詩同名，是烏魯克年輕殘酷的統治者。故事的開場，吉爾伽美什無情地驅策人民在城市周圍築一道牆。人民不堪國王虐待，請求眾神幫助，而眾神決定約束吉爾伽美什放肆的作為，為他創造了一個野蠻敵手——恩奇杜。恩奇杜的身形與力量和吉爾伽美什相當，能鎮住他肆虐的「心中風暴」[25]。恩奇杜是野人，毛髮糾結，以草為食。神妓莎姆哈特（Shamhat）教恩奇杜認識城市的作風，然後誘惑他，給他麵包和淡啤酒（城市的食物），最後為他剃毛，在他身上抹上油[26]。

恩奇杜來到城市，挑戰吉爾伽美什和他決鬥，最後兩人成了莫逆之交。一切都很好，直到吉爾伽美什不顧恩奇杜勸諫，堅持兩人一起出發去殺死雪松聖林的守護者，洪拔拔（Humbaba）。兩人找到洪拔拔，吉爾伽美什不顧恩奇杜反對，殺了洪拔拔，接著砍倒聖樹。恩奇杜收集一些木材，為城市的神殿做了新門，但他安撫眾神無效，最後死去。吉爾伽美什心碎地披著野獸皮，自己也成了半個野人，來到世界盡頭，尋找洪水倖存者烏塔－納庇什廷（Uta-napishti），據說他握有永生的祕密。然而，烏塔－納庇什廷告訴吉爾伽美什，所有人的壽命都有盡，他必須接受現實。吉爾伽美什心碎消沉地回家，但他再度看到他的城市時，意識到即使他不在了，城牆也依然聳立，成為他的紀念碑。

生與死，食物與性，愛與敵對，失去與救贖——《吉爾伽美什》都說盡了。不過故事的根本，是體認到活在城市要付出代價。我們和恩奇杜一樣，必須學著變文明，然而從自然過度到文化時，我們可能失去我們在荒野的根基。恩奇杜是吉爾伽美什的他我（alter ego）——不善不惡，是吉爾伽美什缺乏的野性象徵——這不可或缺的平衡，導致年輕統治者胡作非為。吉爾伽美什必須和恩奇杜產生連結，才能漸趨成熟。這過程中，恩奇杜不只需要馴服，也要犧牲，才能促成吉爾伽美什自己進入荒野，在實質與象徵上反轉了恩奇杜先前的旅程。最後，吉爾伽美什被迫正視自己生命有限。直到他擁有自我意識、完整了，才終於能回家。

《吉爾伽美什》了不起的是，把我們身為文明生物的兩難描述得很鮮明。這是英雄旅程的原型，揭露了都市悖論如何影響我們；不只是政治和經濟的影響，還有對個人的影響。故事暗示了找到城鄉平衡至關緊要，不只能讓文明得以發揮功能，也讓我們找到野性與文明面的平衡。故事警告了我們，如果完全退回城市，可能生病。自身不協調，我們將可能失去人類同胞與自然界的尊敬（吉爾伽美什奴役他的人民，打劫神聖的雪松樹叢），也將失去我們在世界中的地方感。故事暗示了，要真正地文明化，必須立足於自然。

72 烏托邦：有五〇四〇座爐火的理想城邦

人類社會與自然之美，應當同時享有。

——埃伯尼澤．霍華（Ebenezer Howard）27

《吉爾伽美什》除了是輕快絕妙的冒險故事，也能視作我們最早的政治哲學之作。在眾神、野獸、神妓和英雄的故事之間，隨處可見對文明本質的強烈沉思。《吉爾伽美什》是世上第一個都市社會的產物，提出了後來城市絕對會提出的問題。神奇的是，故事寫作以來的四千年間，這些問題幾乎沒什麼變。

文明化是什麼意思？要達到那樣的狀態，必須犧牲什麼？既然我們的本質是二元的，那我們該怎麼活？那樣的問題都包含於都市悖論，也是烏托邦主義的核心。吉爾伽美什的關鍵作為（建城牆和破壞森林）表現了我們最深沉的實際困境。為了創造，我們必須破壞；因此我們的任務是學著平衡我們與自然的需求。

對柏拉圖和亞里斯多德來說，關鍵是城市要小。柏拉圖在他的《法篇》（*Laws*）中描述了理想城市（城邦，*polis*）有五〇四〇座「爐火」——這些家戶由男性公民當家，加上女性和奴隸算進去，是一個三萬到三萬五千人的群落[28]。柏拉圖的城市周圍是農地，劃分的方式使得每家有兩塊田，一塊田在城裡，一塊在鄉間。雖然柏拉圖沒直接提到家庭經濟（可能是因為顯而易見），但家庭經濟顯然是他城市依據的原則。為了維持人口，柏拉圖提議送走過多的公民，在別的地方建立新殖民地，家庭之間分享「多的」兒子——其中的社會意涵他正好含糊帶過。雖然柏拉圖承認自給自足是**城邦**的理想特質，但他要維持城市小規模的主要目標，是創造一個人人彼此認識的群落，因為「一個社會最大的好處，就是公民彼此熟悉」[29]。

亞里斯多德比較務實，對他來說，自給自足的重要性無可抗拒。既然城邦的終極目標是獨立，就承受不起依賴他人的食物。家庭經濟因此是政治自由的關鍵，因為達到自給自足的規模，是城邦理想大小的決定因素：「家戶比個人自給自足，而國家又比家戶自給自足。組織擁有足夠的成員，能自給自足的那一刻起，其實就是國家了[30]。」

既然城邦理想狀況是滿足所有自身的需求，因此分工也是城邦成功的關鍵，不過城邦一旦大到要做一切必要的事，繼續成長就沒什麼好處，只會分散資源，更難防禦。雖然民主的雅典有大約三萬的公民，因此人口大約是二十五萬人，不過希臘城市通常小多了——很少城市人口超過三萬，許多城市會用柏拉圖建議的那種方式限制成長，讓「志願者」離開，去別的地方找新的城市。

說到在古代建造城市，通常都是小而美——城邦模式太成功，前三千年獨占鰲頭。不過西元前七五〇年的時候建了一座城市，抵抗了這種趨勢，顛覆都市生活的概念。那座城市就是古羅馬。

73 消費城市：古羅馬把自己吃死了

即使今日，古羅馬的規模也令人屏息。這座城市堪稱經典，其中許多有兩千年歷史的廢墟至今仍然佇立，巨大的凝灰岩塊不論做成羅馬皇帝哈德良（Hadrian）萬神殿的圓形石塊，或排成羅馬城主下水道（Cloaca Maxima）的牆面，都發揮了堅固的特性。巔峰時期，羅馬有一百萬公民，可說是有史以來最招搖的城市。在十九世紀的倫敦之前，只有一些中世紀的中國首都規模堪比羅馬；羅馬是世上第一座真正的都會。所以羅馬究竟怎麼餵飽自己呢？

簡單而言之：十分辛苦。我們前面看過，在古代世界運送食物，至少和種植食物一樣有挑戰——想想要用牛車把多少穀物運進羅馬，就會明白羅馬城絕不可能靠著當地的腹地餵飽自己。之所以能成功，關鍵在於羅馬靠海。羅馬在巔峰時期，從地中海、黑海和北大西洋各地取得穀物、油、酒、火腿、鹽、蜂蜜和發酵的魚醬（*liquamen*）[31]。亞歷山大的運穀船宛如當時的超級油輪，也是羅馬飢餓公民的生命線，其中高達三分之一的公民仰賴國家發放免費救濟穀物。你覺得食物里程是現代的現象嗎？恐怕不是[32]。※4

羅馬是新一類城市的藍圖，這類城市存在的基礎不是自給自足或貿易，而是消費[33]。※5羅馬很像今日的英國，食物策略以進口為基礎，這種做法不只影響外國供應商，也影響了當地的農民。食物主要來自海外，因此當地的生產者可以專心投入非常有利可圖的農莊農業（*pastio villatica*），種植蔬果，生產其他珍饈給奢侈品市場，例如以牛奶為食的蝸牛和滿肚子堅果的睡鼠，很像今日垂直農場和有機食物箱方案做的事[34]。※6不過當地生產者生意興隆，羅馬的遠方

※4 原註：食物里程（food miles）這個詞是由倫敦大學城市學院的食物政策教授提姆・朗（Tim Lang）所創，用來描述我們食物在我們吃下之前移動的距離。

※5 原註：羅馬被德國社會學家維爾納・桑巴特（Werner Sombart）封為最早的消費城市。

※6 原註：評論者包話普林尼，抱怨羅馬衰退始於嗜吃那些奢侈的食物，哀嘆羅馬的食物依賴其他地方。

腹地卻慘兮兮——到了西元三世紀，北非的土地已經耗竭，觀察者絕望地寫到土地龜裂發白，這是土壤鹽化無藥可救的確切跡象[35]。※7

羅馬無情地從遠方土地榨取養分，可以說是把自己吃死了，不過羅馬絕不是第一個、也不是最後一個這麼做的偉大文明。其實這模式極為一致。蘇美人有聰明才智做好灌溉，排水的天賦卻遠遠不及，於是遇到了類似的命運[36]。※8希臘人執著於自給自足，也沒什麼幫助——四世紀時他們在脆弱的山坡上砍光森林，種植更多小麥，因此土壤侵蝕十分普遍。柏拉圖把阿提卡（Attic）丘陵描述為「因病虛弱的皮包骨身軀」[37]。

餵養城市一向不容易。然而，雖然我們的都市祖先們農業發展不順，他們對土地卻有種深深的敬意。先前談過，栽培（cultivation）與文化（culture）在羅馬人腦中有強烈的連結。羅馬人和他們之前的希臘人和蘇美人一樣，認為耕作土地（*ager*）是城市文明領域（*civitas*）的延伸[38]。※9相較之下，荒野遭到近乎恐懼的蔑視，那裡住著不馴的野蠻人，他們和文明生活完全對立[39]。※10

要羅馬這麼大的城市，才能顯現都市悖論真正的嚴重性。一個極端是我們可以和自然比鄰而居（按羅馬史學家塔西佗〔Tacitus〕描述日耳曼人的說法，是「分散」），享受避開文明的好處。另一個極端是住在大都會，承受都市生活的壓力，換取其中的機會[40]。我們也能採取折衷的第三種方式，住在小城鎮或城市，和鄉間保持緊密的連結（或是反過來）；歷史上的多數時候，大多人都是這麼做的。

一三三八年安布羅喬・洛倫澤蒂（Ambrogio Lorenzetti）的溼壁畫，〈好政府的影響〉（Allegory of the Effects of Good Government）占據了西埃納（Siena）大會議廳——九人議會室（Sala dei Nove），是上述第三種方式的獨特代表[41]。這幅畫作細節豐富，鮮活地描繪了中世紀城邦的日常生活，展現了繁忙的城市和同樣勤勉的鄉間（會議室窗外還能瞥見田野和果園），彼此基於合作與貿易而得以繁榮。溼壁畫一如其名——「好政府的影響」如何造就城鄉的完美共生。要是西埃納的議員在會議中抬頭瞥見那片景象，影像傳達的訊息應該很明確——照顧你的鄉間，鄉間也會照顧你。

凝視洛倫澤蒂的作品一陣子之後，一個念頭溜進我腦中，糾纏不休：如果訊息那麼明確，為什麼沒有其他類似這樣的畫作？世上每座市政鎮的牆上都該有類似的東西吧？簡單來說，中

※7 原註：迦太基主教聖西彼廉（St Cyprian）在西元二五〇年寫道，「這世界老了，不像從前那麼有活力，見證了自己的衰敗」。

※8 原註：西元前三千年，鹽分濃度提高，迫使農民放棄原本偏好的小麥，改種大麥，詩人悲嘆，「田地發白」。

※9 原註：Cultus有許多意義，包括耕地、崇拜、文明，也是「cult」（膜拜、異教）這個字的字源。

※10 原註：尤利烏斯・凱撒在他的《高盧戰記》（*Gallic Wars*）中寫到，他的仇敵之中，「以貝爾加人（Belgae）最英勇，因為和我們省的文明與優雅最遙遠，商人最少上門，進口那些讓頭腦變柔弱的東西」。

世紀的義大利城邦類似希臘的城邦，難得示範了達到類似城鄉平衡的社會[42]。※11史上大部分的城市並沒有與腹地和諧共存，而是剝削腹地。雖然工業革命前的世界裡，城鄉之間緊密連結是常態，但分享權力卻不是。〈好政府的影響〉闡明了，如果想要讓城市與鄉間和諧，必須使之成為政治的核心。

74 告別地理：餵養我們的地景消失了

今日，我們很少人看出窗外，能看到餵養我們的地景。先前討論過，一八二五年鐵路出現，改變了餵養城市的方式，有史以來第一次，城市幾乎可以是任何規模、任何形狀，建立在任何地方[43]。英國很快就感受到這種轉變的影響——一八〇〇年，只有百分之十七的人口住在城市（工業革命使這數字高得不尋常），不過到了一八九一年，數字躍升到百分之五十四，使英國成為全球第一座都市工業國家[44]。

隨著都會開始在英國擴張，相應的農業土地也在美國西部蔓延，大片大片不曾開發的大草原（美國原住民和數百萬頭野牛共同生活在草原上）首次和東岸產生連結。一八三〇年巴爾的摩與俄亥俄州鐵路開張，揭示了經濟擴張和生態破壞的時代來臨，規模前所未見。最先消失的是野牛，因為毛皮而遭宰殺，或行駛中火車的乘客為了好玩而開槍射殺，無情的大屠殺使得南方的野牛群僅僅四年內就被消滅了[45]。野牛不在了，他們的人類同伴不久也步上後塵，流散或被遷到保護區，留下平原和大草原供人改為生產穀物。

條條鐵路通往芝加哥，而芝加哥位於密西根湖畔的樞紐位置，靠近密西西比集水區，占有地利，方便從新生意賺錢。東岸和歐洲城市高聲要求食物，而芝加哥的位置正好可以滿足他們的需要。海量的穀物湧入，芝加哥必須想想該拿過剩的那些穀物怎麼辦，而他們想到的主意是拿來餵牛。一八七〇年，芝加哥的聯合牲畜飼養場（Union Stockyards）形成一平方哩的城中之城，僱用七萬五千人，一年處理三百萬頭牛。威廉・克羅農（William Cronon）在他一九九一年的著作《自然界的大都會》（*Nature's Metropolis*）中指出，那樣的數字代表了有問題的肉類加工業——殺死牲畜的方式問題小（以無情的效率屠宰），問題大的是「動物死後拿來做的事」[46]。直到現在，肉類加工（用穀類餵食動物，然後用加鹽的穀物包覆、出口）是以閹豬為重點，而且很合理。香腸、培根和火腿都是肉類在屠宰後可以被保存很久的熱門方式[47]。※12不過牛肉又是另一回事，因為大部分美國人喜歡新鮮牛排。所以牛送來時通常還活蹦亂跳的，之

※11 原註：這時代的標誌是一八二五年九月二十七日，英國斯托克頓（Stockton）到達林頓（Darlington）的鐵路初次運行。

※12 原註：鐵路出現之前，最早的豬肉城市是辛辛那提。

後才由當地屠夫宰殺。如果加工業想要摻一腳，就得放聰明點。

破解這個問題的是古斯塔夫・F・斯威夫特（Gustavus F. Swift），他擁有芝加哥最大的加工廠，比大多人更有動機把他的牛肉屠體（屠宰後的牛）在可食用的狀態送去東岸。斯威夫特想到把一塊塊加鹽的湖冰堆到鐵路貨車兩端，讓冰冷的空氣流過牛肉上，讓牛肉保鮮。斯威夫特的路線上都設置了冰屋，很快就設法在將近一千哩外的波士頓賣起他的牛肉。斯威夫特發明了冷凍供應鏈——有冷藏裝置的送貨路徑，是食品物流拼圖的最後一枚拼塊。芝加哥肉品業靠著積極行銷和無情的價格競爭，很快就說服波士頓人和紐約客，數百哩外屠宰的工廠牛肉好過他們當地屠夫的新鮮肉類。於是工業食物（和便宜的肉）登場了。

芝加哥肉類加工業是現代食品工業的開國元勛。他們靠著規模效率、掌握物流和無情的商業手法，訂下的規範至今仍定義了工業食物。肉類加工業控制整個供應鏈（因此達成所謂垂直整合的終極目標），得到前所未有的力量，而他們無情地用這力量削弱競爭者，逼別人歇業。一八八九年，僅僅四家公司控制了芝加哥百分之九十的牛肉交易，因此也控制了大部分的美國供應。[48]

今日，更嚴重的寡頭壟斷（包括原本四大公司的一些成員）控制了全球市場——二〇〇七年，Swift遭到巴西巨頭JBS併購，現在是JBS-Swift的一部分；而JBS-Swift是世上最大的肉品加工公司[49]。[※13]

全球肉類需求持續攀升，也改變了遠方的地景以滿足需求。二〇一八年，七千九百平方公里的巴西森林（面積相當於五個倫敦）遭到砍伐，改用來放牧牛隻、生產大豆，而大豆主要是用於動物飼料[50]。美國人曾經為了利益而摧毀他們的天然腹地，而巴西正在摧毀自己的，多虧了大型農業集團，美國人還在收割利益。稀樹草原占巴西面積的五分之一，二〇一七年在那地區肆虐的大火，據查和生產大豆供應嘉吉和邦吉（Bunge）有關。這兩間公司是漢堡王的主要供應商[51]。JBS-Swift則為了放牧二十四萬頭牛隻，牽連到里卡多・佛朗哥山國家公園（Serra Ricardo Franco National Park）的破壞事件。那是一座原始的亞馬遜森林，一般認為啟發了亞瑟・柯南・道爾（Arthur Conan Doyle）之作，《失落的世界》[52]。※14二〇一八年，剛當選的極右派總統雅伊爾・波索納洛（Jair Bolsonaro）宣布打算合併巴西的環境部和農業部，由農業企業掌控，掀起更大的恐懼。唯恐總統同意非法砍伐的擔憂，在二〇一九年七月證實了——政府自己的觀察員宣布，前一年以來，森林砍伐的速度提高了百分之八十八，當時達到史上新高，每天都有相當於曼哈頓面積的森林遭到砍伐——這數字被波索納洛斥為「謊言」[53]。

今日，再沒有哪片地景是神聖的。眼不見為淨，就連最蠻荒的地域也被威廉・克羅農口中

※13 原註：二〇〇七年，JBS以十五億美元併購了Swift公司。

※14 原註：雖然公園是受保護的棲地，靠著世界銀行的基金而成立，主要所有人卻是當時總統米歇爾・泰梅爾（Michel Temer）的一些密友，而他本人陷入了和JBS有關的一個貪腐醜聞中。

的「資本地理」（geography of capital）改變了；這樣的土地概念認為，只有土地能產生的利益才算數[54]。昔日的城鄉共舞，已經突變為終極且致命的土地掠奪。

75 都市化與進步是必然的嗎

我們餵養城市的方式很重要，因為未來的樣貌絕大多數都設定為都市。聯合國表示，我們人類現在有百分之五十四．五住在城市，而這數字預計在二〇五〇年提高到百分之六十八[55]。五分之一的人（十七億人口）住在超過百萬人的城市中，其中百分之三十一被歸類於巨型城市，也就是居民超過一千萬的都會。其中最大的五座城市是東京、德里、上海、孟買和巴西的聖保羅，人口分別是三千八百萬、二千六百萬、二千四百萬、二千一百萬和二千二百萬；除了東京，其他城市都預計在二〇三〇年成長百分之二十四到三十八[56]。不意外的是，城市規模極大，成長度速極快，許多城市應付得很辛苦，導致全球估計有十億人住在非正式的貧民窟或破房子裡。

為何會盲目地湧向城市呢？那樣好嗎？如果不好，我們能做點什麼嗎？不論原因是什麼，總之對於今日大多人來說，都市化和進步都成了同義詞。這在中國再真確不過了，三十年來，中國都在追求有史以來最激進的都市化計畫。過去四分之一世紀來，有五億中國人搬進城市——想想工業革命，只是速度快了十倍，規模大了百倍[57]。全世界都感覺到了這巨大變動的影響。那麼對於城鄉生活相對的優點，中國能告訴我們什麼呢？

都市風格的古老承諾是讓人類（至少一部分的人類）擺脫維持生計的枷鎖，追求更高遠的目標。問題是，那樣的好處一開始就沒公平分享。寫作《吉爾伽美什》的蘇美人書記和詩人，並不是處理牛和犁的那些人[58]。農業促成了文明，但也讓社會分裂成兩個彼此依賴的社群，雙方的觀點有天壤之別。城鄉的夥伴關係，總是多少有拮抗的意味。

我們仍活在那種分裂造成的影響下——即使過了五千年，我們仍然無法望向鴻溝的對面。城市居民一向認為他們比鄉巴佬親戚更優越；就連弗里德里希・恩格斯也覺得工業化終究對農人有好處，他們原本只是在他們農場上「閒散」——「他們安於寧靜的無所事事，要不是工業革命，他們永遠不會擺脫這樣的生活方式。這樣的生活故然愜意浪漫，但不值得人類這麼活[59]。」

恩格斯說得對嗎？即使對了，他難道沒用自己的標準，而不是用農人的標準來評斷他們嗎？說來哀傷，我們從不知道農人的想法，因為他們的觀點隨他們而逝。敘事幾乎總是掌握在有權的人手中，所以二〇一二年BBC的紀錄片《全球改變最快的地方》（*The Fastest Changing Place on Earth*）才會那麼迷人[60]。這部紀錄片拍攝期間長達六年，描繪了上海西方一千哩一座與世隔絕的山中社區——白馬村，如何發展為人口二十萬的城市。影片用縮時攝影，展現了鄉村的古老建築、泥濘小巷與美麗的環境都遭抹滅，讓位給高大的公寓、辦公大樓和中央廣場周圍宏偉的黨部。

訪問村民對這種轉變有什麼看法，得到的答案差異很大。對年輕的女稻農江曉（音譯）來說，這改變是及時雨——她辛苦照顧生病的母親、撫養兩個孩子，丈夫則去北京工作，江曉精疲力竭。她日以繼夜地工作，養豬、養蠶，努力維持生計，同時渴望更美好的生活。六年過去了，她的改變很驚人。江曉現在在餐館工作，仍然精疲力竭，但確信她的新生活遠比較好。對許多年長的農民而言，他們的經驗恰恰相反：許多人在城市找不到工作，覺得在新生活中很沒用，在亮著霓紅燈的小餐館打麻將消磨時間，一邊回味他們在鄉間的生活。一名村民甚至拒絕賣掉他的房子，鬱鬱寡歡地坐在房子的泥土地上，任車子呼嘯過家門。

中國的轉變（一如英國兩世紀前的經歷）顯然造成了贏家與輸家。有些人靠著繁榮的建設和製造業而賺進百萬，有些人失去生計和社區，卻沒得到應當補償他們損失的工作機會。二〇一五年，白馬村的村民剛搬進他們偷工減料的簡陋公寓時，中國的繁景遇到了無可避免的挫敗。從前的農民把他們的補償金揮霍在平面電視與洗衣機上，卻付不起電費使用這些電器[61]。有些人說他們在水泥高樓裡「憋死」，也就是窒息而死的感覺；有些人自己了結了性命。

任何劇烈的變動都必定帶來痛苦。然而不論白馬村的生活多麼落後（引用政府官方說法），卻必定有些意義無法被都市生活（至少是中國普遍的速成城市）取代。長遠看來，他們的創傷值得嗎？答案可能是，既值得也不值得。中國和其他地方一樣，進步的進展通常包括把農田勞動的艱苦生活，換成在工廠工作那種差不多辛苦的生活方式，把偏遠但緊密的社群換成住宅區的疏離公寓。原本的狀況是否不如後來那麼「值得人類這麼活」，還有待商榷，既然知道雨後土地的氣味、鳥與樹的名字，和擁有平面電視或耐吉運動鞋相較之下是截然不同的「商品」，這事就暫時不會有定論。

76 鄉村之死：你失去的不只是一座農場

從白馬村的故事可以看出，宣稱都市生活一定比鄉村好，是過分簡化了。城市顯然能提供鄉村難以企及的好處——四通八達、機會、工作、流動性、多樣化、文化，而且（至少理論上）上市場、學校和醫院很方便。城市是文明的搖籃，不過以居住之地來說，城市一點也不完美。除了骯髒、擁擠、犯罪、不安全（尤其住在貧民窟的人），還有經濟學家所謂「沒」住在鄉間的機會成本。不論鄉村生活有什麼缺點，至少都提供了城市無法顧及的事——接近自然。

在我們努力爬上馬斯洛的階級時，接觸自然在優先事項的清單上排名很低，不過最近研究顯示了我們與自然隔絕會有多痛苦。我們周圍有綠意時，生病恢復的速度遠比較快，即使短時間接觸自然，也可能證實能降低壓力、提高整體的安康[62]。那樣的發現一點也不令人意外（我們畢竟都是政治**動物**，不是政治機器人，我們的二元需求可以追溯到都市悖論的核心），那我們為何那麼甘願接受都市生活好過鄉村生活的想法呢？答案是，城市給了我們經濟成長的希望，也就是亞當．史密斯以來驅動都市化的那個承諾。

鄉村生活遭到低估，多少是因為無法提供那樣的成長，而且並不依賴那樣的成長。鄉村社區的自然狀態其實是穩態。農業的產量或許會逐漸提高，但絕不會產生像是從地上鑽油或砍伐雨林養牛那樣的暴利，那屬於完全城市主導的經營。中國政府數十年前就意識到，帶來成長最快的辦法，是把生產者（農民）變成消費者。白馬村一片漆黑的電視螢幕和閒置的洗衣機，都是那種成長的產物，也是促成下一階段的方式。都市化時常被認為能讓人脫離貧困，但現實通常是從一種貧困換成另一種貧困。

美國是最好的例子。二十世紀初，美國仍舊是約翰．洛克可能認得的模樣——百分之三十八的人口是農民，小市鎮欣欣向榮[63]。今日，不到百分之二的美國人住在農場，而美國擁有全球最工業化、統一的食物系統。結果是已開發世界最嚴重的貧窮問題，以及依賴藥物又憂鬱肥胖的人口。住在鄉村地區的人（代表唐納．川普基本票源的虔誠核心）太過絕望，自殺率是全國平均值的三倍[64]。

美國鄉村之死，可以追溯到理查．尼克森總統的農業部長厄爾．布茲（Earl Butz）。布茲在一九七〇年代宣布要打擊家族農場，誓言以更有效率的農業企業取而代之。「不擴大，就淘汰」是布茲最愛的口號，還有同樣「有同理心」的「不適應，就得死」[65]。麥可．波倫在《雜食者的兩難》解釋過，布茲靠著「補貼農民能種植的每一蒲式耳玉米」來支持他的政策[66]。結果造成一場向下競爭，全球農場價格直直落[67]。[※15]美國家族農場曾經是美國經濟的支柱，也是主要的自我意識，卻轉型成全球企業，只有最大型的才能生存。

喬爾．戴爾（Joel Dyer）在《憤怒的收成》（*Harvest of Rage*）中描述了美國鄉村毀壞造成普遍的創傷。戴爾說，失去農場，使得家族世代在同一片土地上務農的人們，產生「超乎想像的絕望」。那樣的農民時常感到有責任不計代價讓農場運作下去，失去農場可能比至親死亡更令人悲慟。戴爾評論道：「你不只是失去一座農場，而是失去你的認同、你的歷史，許多方面來說，也失去了你的生命[68]。」許多農民是傳統辛勤工作的人，對他們來說，最重要的是持之以恆和責任，因此加倍絕望[69]。戴爾指出，那樣的人「時常寧死也不願失去他們的土地」[70]。

※15 原註：一九九四年，北美自由貿易協定（North American Free Trade Agreement，NAFTA）讓墨西哥充斥著便宜的美國玉米；這類墨西哥主食在那之前，有四十個品種，這時卻只有一個雜交品種。結果是迫使墨西哥將近半數的農民（一百三十萬人）流落到城市，發現自己買食物的錢，高過他們親自種植時的支出。

77 城鄉的夥伴關係

不是所有人都符合經濟人追求新穎、冒險的那種類型，準備在城市的企業混亂中大展長才。許多農民屬於光譜的另一端——對他們而言，務農是一種生活方式，只要他們能靠務農過上不錯的生活，他們希望維持現狀。都市化因此完全不是得到幸福的萬全途徑，不過既然想進步沒其他選項，許多人都不得不走上都市化這條路。因此，鄉村青年去城市賺錢，世界各地的村莊人口外移，只剩下非常年幼、老病的人。

如果我們的敘事不變，似乎難以避免城鄉嚴重失衡。然而或許有更好的辦法。道格．桑德斯（Doug Saunders）在《落腳城市》（*Arrival City*）指出，鄉村生活要轉變成遠比較好的狀況，需要的不多。雖然桑德斯並未被都市拒絕（恰恰相反，他認為人類為這世紀畫上句點時，「是完整的都市種族」），但他也明白城鄉維持緊密關係有多重要[71]。

桑德斯指出，城鄉遷移很少是單向的過程，因為移民通常會和出生的鄉村維持強烈的連結，會回去幫忙收成等等。大多人也會拿錢回去給家庭，促進鄉村經濟。這種做法在孟加拉最明顯，一九六〇年代，早期移民到英國的人送回的錢劇烈改變了村莊，當地稱他們為倫敦佬（*Londoni*）。有些村子發展成貨真價實的市鎮，充斥著商場、電影院、餐廳、學校，甚至不動產經紀人[72]。桑德斯解釋到，倫敦佬在那樣的村子裡，有點類似封建領主，住在華麗的大房子，農場、建設計畫、商店、船隻或築路計畫僱用高達一百人[73]。二〇〇八年金融海嘯之後，現金流耗竭，許多村莊勒緊腰帶，從依賴的偽封建經濟，調整成更有韌性、自給自足的經濟。

那樣的村莊都市化在撒哈拉以南的非洲與中東較富裕的地方，已經很普遍，可以為開發中世界一種新形態的鄉村經濟，指出一條明路。藉著都市化而進行的鄉村轉型，可以讓人有機會繼續待在都市（只要他們願意），或回到土地。那樣的方式也提供了勢不可擋的大型農業集團進軍之外的另一個選擇。無數的研究顯示，較貧窮國家的中型農場比更大的農場更有生產力，也更賺錢，並且提供更多就業機會[74]。循環移民不只把都市財富導回鄉間，也讓都市移民在鄉間保有立足之地，為他們不穩固的新生活提供緩衝。比方說二〇〇八年金融海嘯之後，二千萬中國人回到他們的村莊，那年稍晚，百分之九十五又回到城市[75]。中國政府多少是為了因應，而在二〇〇八年十一月宣布建設部之後將改名為住房和城鄉建設部[76]。

78 未來該怎麼吃？

不論怎麼看待都市化，都市化都勢不可擋。城市如雨後春筍般冒出，城市居民需要的食物愈來愈多，世界各地的農民被迫離開土地，讓路給農業企業，一般認為必須要農業企業才能餵飽這個都市時代。進步與都市化合一的情形，因此成為自我實現的預言。

全球有七十五億人，不久就會再增加二十五億，「分散」而居的選項離我們愈來愈遙遠。所以說，現在該把鄉村生活的概念掃進歷史了嗎？對美國生態學家斯圖爾特・布蘭德（Stewart Brand）而言，答案明確是肯定的。這位作家在一九六〇年代著有《全球型錄》（*Whole Earth Catalogue*，是當年的綠色聖經），二〇〇九年卻出版了《地球的法則》（*Whole Earth Discipline*），震驚了他的追隨者。布蘭德在書中打破了自己過時的綠色信仰，主張基改作物、核能，還有最重要的都市化，都是我們對抗氣候變遷唯一的希望。布蘭德說，城市是目前最環保的生活方式，因為城市密度高，允許「聚合經濟」，大大減少供應日常服務所需的資源。里約日內瓦之類城市裡，富裕鄰里和貧民窟殘酷地混雜，或許刺眼，不過這樣的安排其實效率奇高，因為所有「女僕、奶媽、園丁和警衛都走路上班」[77]。貧民窟雖然恐怖，卻也是創造與發明財富的溫床，代表市值數十億的非正式經濟[78]。

布蘭德主張，很重要的是都市化有個很大的好處，能解放女性，讓她們脫離傳統在丈夫支配下「汲水撿柴」的角色[79]。放款人一向知道女性管理家戶的能力優於男性——女性能賺錢、擁有自己的家之後，就能改革父權社會的壓迫傳統。那樣的轉變有個重要的優點——降低出生率；這對地球而言，絕對是雙贏。布蘭德的結論是，雖然今日的貧民窟要變成未來的城市，還需要不少努力，不過大方向完全是樂觀的。

所以布蘭德說對了嗎？解放女性的寶貴益處，他確實一針見血。都市化和教育，是性別相對平等、生育率低的關鍵，而性別平等與生育率低名列西方最大的社會成就。然而，那樣的解放一定要仰賴城市嗎？比方說，在肯亞，基庫尤族（Kikuyu）的女性必須遷移到城市，因為她們在傳統社區裡沒有財產權。不過，社會科學家戴安娜·李·史密斯（Diana Lee-Smith）發現，如果能保有在村莊的權力，許多人寧可待在他們的村莊[80]。對那樣的女性而言，都市生活是沒選擇中的選擇——是複雜社會問題的不完美解決辦法。比較好的反應可能是說服部落長者，更改傳統財產的規範；這部分已經在進行了。那樣的解決辦法可以讓女性選擇要住在哪，而不是以進步之名，強制她們選擇。

不過對布蘭德來說，那樣的選擇「太奢侈」。布蘭德和迪克森·戴波米耶一樣，相信我們面臨生態挑戰，表示從自然中撤退是唯一的選擇。兩人都有理——我們不斷證實我們是特別有破壞力（而且會自我破壞）的物種。但我們生存的最佳機會（更不用說美好生活的機會），就一定是搬進城市，拉起護城河上的吊橋嗎？這樣難道不會讓我們與所有人仰賴的自然界脫節嗎？

那樣的問題，又帶我們回到未來該怎麼吃的核心窘境。對布蘭德來說，答案很明確：我們必須盡可能集約農業，利用基因工程（genetic engineering，GE，布蘭德認為基因工程比基改適合，因為他主張所有革命都和基因改造有關），盡量減少我們的農業足跡，盡可能讓更多自然回歸荒野[81]。[※16]對布蘭德而言，糊口農業不過是「貧窮陷阱、環境災難」[82]。

雖然糊口農業確實可能是貧窮陷阱，布蘭德的解決辦法造成的問題，卻比解決的還要多。拉吉．帕特爾（Raj Patel）在他二〇〇七年的著作《糧食戰爭》（*Stuffed and Starved*）中指出，盲目應用農業新技術，造成的傷害可能遠大於好處。例如所謂的綠色革命，期間巴基斯坦的旁遮普被美國撐腰的措施，轉變成運用高產量的品種、灌溉和化學肥料來改善作物產量，一開始結果輝煌，接著卻出了災難般的差錯，地下水含水層枯竭，土壤鹽化。數千農民付不出貸款，自殺身亡。帕特爾寫道，綠色革命失敗是因為依賴遠方實驗室發展出的科技，但在發展科技時，完全沒考量到當地狀況[83]。相較之下，一九五〇年代印度喀拉拉（Kerala）的鄉村發展計畫中，包括提高土地利用、創立農民合作社和新的州立健康計畫與教育計畫，讓雙方都能維持更高的作物產量，而且整個社會都有長久的改善[84]。

都市狂熱和任何意識形態一樣，問題是架構中刪去了什麼。大部分只能糊口的農民做別的事會更有錢，這樣的看法或許沒錯，不過推斷他們都不該繼續務農，卻經不起檢視。那樣的人是世上最重要的人之一，因為他們培育自然的知識和技術對我們所有人的未來都不可或缺。我們只在乎我們所知的事，所以如果我們都搬進城市，那樣的知識要從哪來？沒人比家族世代在那片土地農耕的人，更了解那裡，或更有誘因培育那裡。如果保育自然是我們的目標，那麼信任大型農業集團，好像很奇怪——有點像請野狼照顧你最愛的羊。

不適應就得死的都市版本，忽略了（在城市或鄉間）創造新型綠色社區的潛力。而且忽略了，要是今日的三十億鄉村居民全部都市化，採用西方的生活方式，會導致生態耗劫。城市理論上可能環保，然而居民一旦開始大啖漢堡、開SUV、年年換手機，所有人緊鄰而居的生態好處會迅速消失。但這並不是說世上已經住在城市的二十億貧窮人口，不值得過著像我們一樣好的生活。恰恰相反，我們現在最急迫的任務，就是要想出一個美好生活的願景，在那樣的生活中，我們都能享受，而不會破壞地球。

79 明日的田園城市

人類社會與自然之美，應當同時享有。

——埃伯尼澤・霍華[85]

我們的未來在於都市，不過這究竟是什麼意思呢？未來的城市和過去的很像，或是轉變成了截然不同的東西？我們目前的都市模式，畢竟是在絕大多人住在鄉間時發展出來的。古羅馬的模式是積聚成愈來愈龐大的消費城市；我們的新需求是活在生態資源限度之內，因此顯然不

※16 原註：布蘭德覺得「基因工程」這個詞比「基因改造」好，他指出，因為所有所有演化都有基因改造的成分。

能投入那種模式——一開始我們就是掠奪遠方的土地，才會落入這樣的窘境。如果我們希望過去給我們啟發，城邦似乎比較有希望，尤其因為擔心都市失控成長或土地耗盡的人，一致選擇城邦。

古希臘人擔心無法自給自足，因此限制他們城邦的規模；羅馬滅亡後，中世紀義大利建造的城市雖小，但一應俱全。倫敦占地之廣，之後啟發了兩本關鍵的烏托邦小冊——湯瑪斯・摩爾（Thomas More）一五一六年的《烏托邦》（*Utopia*），以及埃伯尼澤・霍華一九〇五年的《百年眾望經典・明日田園城市》。《烏托邦》諷刺順帶批評了都鐸首都的貪婪現像；《田園城市》則是對維多利亞時代都會過度擁擠貧窮的反應。倫敦的優勢在兩人眼中都是生存威脅，而兩人提出的解決辦法，都是回歸一個人口大約三萬的城邦。

摩爾和霍華顯然是柏拉圖和亞里斯多德熱切的學生，不過對於農業該由誰負責，他們和古早的導師沒有共識。雖然希臘哲學家認為應該讓奴隸來務農，但英國烏托邦主義者卻努力把農業展現得像任何人都值得追求的事。摩爾的烏托邦人至少花兩年務農，許多人太樂在其中，選擇作為一生的職業。而霍華則沒那麼迷戀農業本身，大既是一為他曾親身在內布拉斯加體驗過一段悲慘的時光，所以他從不認定他的農民（每座田園城市應有二千人）會過得和他們的都市同胞一樣好。

所有烏托邦主義者中，霍華恐怕比任何人都正面處理都市悖論。他在內布拉斯加慘敗之後，花了四年在芝加哥，親身體驗農工共生的繁景。一八七六年，霍華回到倫敦，發現他的同胞陷入便宜進口貨導致的嚴重蕭條，進口的來源正是他剛離開的地方。窮困擁擠的貧民窟令霍華震驚，他決心想辦法穩定農村經濟。他認為，解決辦法是在鄉間創造一個新都會中心，由於蕭條的關係，很容易買到鄉間的土地。那樣的「城鄉磁體」（不久就更名為更琅琅上口的「田園城市」）能提供足夠的規模和密度來支持文明生活，同時讓人接觸自然，因此讓他們同時擁有兩個世界最美好的部分——「其實不像經常以為的，只是兩種選擇（城鎮和鄉間生活），而是有第三種選擇，最有活力而活躍的城鎮生活的所有優點，加上鄉間的所有美景與樂事，可以在完美的結合中兼顧[86]。」

霍華為他願景的經費煩惱時，偶然看到美國經濟學家亨利・喬治（Henry George）的作品。喬治目睹過美國鐵路問世和同時興起的「強盜大亨」（robber baron），發現讓強盜大亨富有的不是鐵路，而是鐵路所道之處土地價值大漲，使得地主不費分毫就發大財[87]。喬治在他一八七九年的著作《進步與貧困》（*Progress and Poverty*）中主張，經濟成長時，不平等的問題總是會加劇，是因為產生的財富不會投入加薪，而是投入土地——「大城市的土地太珍貴，寸土寸金，極端貧困和奢華並存，而社會量表兩個極端之間這種懸殊的差異，一向可以用土地價格來計算」[88]。

對霍華而言，喬治的概念有如當頭棒喝。如果他田園城市的土地是由社區信託建造、擁有，那麼土地價值增加的好處就不會落入私人地主的口袋，而是回歸城市。久而久之，社區不只能還清債務、經濟獨立，而且從居民得到足夠稅收，能經營健康、教育之類的服務[89]。※17關鍵是，那樣的安排也會讓城市不會侵占自己的農地——如果土地「屬於急於從中牟利的私人」，就逃不過這種「災難性的結果」[90]。城市需要輸入一部分的食物，不過城市的農民有優勢，離市場近，所以仍然能過著體面的生活（其實霍華從來沒見過沃爾瑪和特易購商場）。田園城市由管理委員會經營，成員選自社區居民，實際上將成為半獨立的城邦。

田園城市有別於今日令人聯想到的鄉村寧靜印象，是透過漸進式的土地改革與共同所有權，顛覆資本主義秩序的激進提議——線索藏在霍華一八九八年的作品，原名《明日：一條通向真正改革的和平道路》（*To-Morrow: A Peaceful Path to Real Reform*）。不過田園城市或許最驚人的事情是，田園城市不同於大部分的烏托邦願景，真有建造出來的風險。

80 社區信託、共同所有權和真正的自治

一九〇三年，霍華的田園城市協會（Garden City Association）擁有一千三百名成員，包括赫赫有名的工業家喬治・凱伯利（George Cadbury）、喬瑟夫・朗特里（Joseph Rowntree）和

W．H．利弗（W. H. Lever）[91]。隔年，委員會在列契沃斯（Letchworth）附近買了三八一八英畝的田地。赫特福德郡（Hertfordshire）的這座村莊離倫敦不過三十四哩，他們聘請了知名的建築事務所帕克與安文（Parker and Unwin）制訂整體計畫。這對霍華來說，是勝利的一刻，誰知他的夢想之後卻每況愈下。

缺陷很快就浮現。霍華原本誤以為即使他承諾的收益遠低於一般比例（最高百分之四），投資者也會對他的計畫趨之若鶩。而且霍華拒絕妥協，也激怒了董事會，他朋友蕭伯納（George Bernard Shaw）因此寫了封信揶揄，拿他和失敗的烏托邦主義者羅伯特．歐文（Robert Owen）作比較：

> 即使你像歐文一樣，堅持把幾千英鎊浪費在外行的社會主義上（你想必也能輕易從多愁善感的百萬富翁那裡弄到那些錢），你也會和他與其他許多人一樣失敗。你說過的話，他們都說過了；你知道的他們也都知道；他們對製造業遠比較經驗；他們和你一樣聰明、有口才又高尚，一樣說得頭頭是道；但他們失敗了，因為他們沒看出既然社會主義是私人企業的替代方案，那麼以社會主義為目標的私

※17 原註：居民會特別付一筆「費率租金」費用，其中「租金」支付的是原本的貸款，「費率」則支持公共工程和服務，例如衛生保健和退休金，因此其實產生了一個地方福利國。

人企業根本就打算自殺[92]。

蕭伯納以他典型的機智，點出了霍華的問題：田園城市對支持者而言，幾乎不過是個令人感覺良好的事業，田園城市的社會願景永遠不該危及底線。霍華被排除在外，他寫了義憤填膺的信給董事會，在此同時，他珍視的原則（社區租賃、共同所有權和真正的自治）一一被拋開。

列契沃斯建成的時候，霍華已經幾乎撒手不管了。雖然田園城市也有成功的地方（是全球第一條綠帶，而且這個社區信託雖然從來不及中世紀西埃納的成就，但至今仍在運作），卻遠遠不及霍華原本的野心。霍華的夢想是把英格蘭的青翠、美好土地，變成一堆自治城市的溫床——國家則產生體面、樹木繁茂的藝術工藝城鎮，其中的中產階級居民幾乎都通勤到倫敦[93]。

田園城市之所以失敗，不是因為這主意不好，而是因為誤判了人類真正想要的是什麼。霍華的投資者對自己的感覺並不模糊，他們要的是賺錢；人們並不想要管理自己的城邦，只是想要住在不錯的地方。不過住在不錯的地方這點，霍華真的成功了——列契沃斯在居民之間仍然大受歡迎。

由列契沃斯的例子可見，從零開始建造社區，困難得要命。通往烏托邦之路上遍布著那樣的失敗；確實，utopia這個字本身（意思是「好地方」或「不存在的地方」），字源中確實孕含著自身毀滅的種子[94]。如果我們未來要過不同的生活，就需要比霍華更整合的做法——集合更多有意願的實業家，能運用大量的金錢流、能量流、食物流、就業流、運輸流與服務流。簡而言之，我們會需要「規畫」——規畫本質上是社會主義活動，因此這幾十年來顯然一直在新自由主義世界裡缺席。

81 資本地理：充斥著遞送中心、伺服器農場和發電廠的鄉村

倫敦最近的房地產熱潮是最好的例子。正如英國記者安娜・敏頓（Anna Minton）主張的，倫敦最近的轉變主要不是因為突然有一堆人想住在那裡，而是倫敦房源的管制大幅放寬，有些人想把現金存進其中，產生了全球消費熱潮。二〇一七年，國際透明組織（Transparency International）報告，倫敦高達四四〇二二件的房地產由海外公司所有，其中百分之九十是透過保密管轄區買進（例如英屬維吉尼亞島），而其中九百八十六件和「高知名度政治人物」有關[95]。簡而言之，倫敦成了全世界的洗錢首都，時髦的地址不過是磚頭蓋的保險櫃，供給想要讓非法財富收益洗白的貪官污吏和商業大亨。

湧入倫敦的那些現金，可能造成漣漪效應，把一般倫敦人擠出城市，讓市中心成為有錢人的遊樂場。參與其中的不只是外國投資者；議會也不得不買下自己的住宅用地，以得到亟需的現金。沙瑟克（Southwark）最近拆遷的黑蓋特公宅（Heygate Estate）居民，最後淪落到斯勞（Slough）和羅徹斯特（Rochester）那麼遠的地方，離原本的家大約二十哩之遙[96]。倫敦住宅的交換價值目前遠遠超過了使用價值，因此大部分的新房產還沒建造，就被外國投資客搶購一空。敏頓寫得對，「英國住宅市場的運作情形不像單純的市場；不是和當地狀況有關，而是和全國現金流相連」[97]。

倫敦這樣的城市變成了奢華的遊樂場，在此同時，大片大片的鄉間也走上同樣的路。二〇一二年，荷蘭建築師雷姆．庫哈斯（Rem 庫哈斯）研究阿姆斯特丹北邊的一片鄉間，當地有五十七間企業，其中只有十一間是農場，包括「牛旅館」，一百五十頭牛隻睡在水床上，由機器人餵食[98]。非農場的企業有雕塑花園、磨坊古跡、不動產經紀人、稅務顧問和休閒中心。研究包括了德賴普（De Rijp）這座小村莊，宛如明信片風景的漁村，被聯合國教科文組織列為世紀遺產，不過要找條魚可不容易。德賴普有如迷你威尼斯，從前的商店和服務都撤除了，取而代之的是適合鄉村遺跡這個角色的生意——遊客中心、鯡魚博物館、小餐館和畫廊。雖然當地的不動產經紀人有農場可賣，那些農場卻都是價格離譜的住家，專門賣給「想要農場但其實不想**務農**的阿姆斯特丹人」[99]。庫哈斯說，諷刺的是富有的都市人搬去那個地區，是「受到正統的氣氛吸引」，似乎沒意識到吸引他們前往的特質，正受到他們自己的「都市化存在」侵蝕[100]。

田園幻想並不是新鮮事；其實可說和城市一樣古老。不過，正如庫哈斯指出，我們對鄉間的虛假看法遮掩了赤裸裸的現實——餵養我們的龐大企業所在的建築，要比城市中的任何建築更死板、無情而像工廠。鄉間和我們想像中鄉村的田園詩差遠了，愈來愈像都市外部事物的掩埋場，充斥著遞送中心、伺服器農場和發電廠，彷彿巨大嬰兒車裡丟出種種玩具。庫哈斯指出，現代的鄉間是未知的領域——我們所知甚少，對那裡的概念既「完全不可靠又完全受到操控」[101]。

82 重視生態資源，規劃更有韌性的社區

現代西方的現實常常和乍看之下不同。城市和鄉間的長久區別幾乎都已消失，取而代之是富裕與貧窮之間的新鴻溝。財富能讓你得到「城市」與「鄉間」，但都不是真實的，因為這兩個領域各別的精華（公眾生活和農業）幾乎都不存在。儘管如此，富人能沉醉在幻想中的都市和鄉村，窮人卻被驅逐到舞臺外，社會真正的陰謀上演之處。主導倫敦房地產熱潮的人，或許想要他們城市裡的街頭小店完全消失，鋪上義大利大理石，如果我們想創造一個更實際、更異

質化的社會，自由市場想必不會讓我們達到目的。

規畫完全關乎土地和權力，一如洛倫澤蒂〈好政府的影響〉中的暗示。決定誰能在哪裡做什麼，都是政治核心在做的事，因為我們為了過得好，都需要空間來生活、工作和玩樂。規畫因此是空間化的政治哲學。所有權顯然是規畫的核心，霍華用他的田園城市嘗試過，最終失敗了。不過規畫也需要遠見——也就是對於理想地景實際上的模樣有某種想法。

我們知道的是，我們需要設為目標的那種零碳穩態經濟中，土地的樣貌會和現在非常不同。要活在我們生態資源的限度內，需要以家庭經濟為理礎，建立更本地化而有韌性的社區。經濟成長不再是我們生活的驅力，因此我們需要讓我們以其他方式（藉著提高我們做的事情豐富度和作用）成長的地景。既然土地和勞力仍然會是我們財富的來源，就必須有效利用。簡而言之，我們需要重新把地景想像成揮灑人類繁榮的畫布。

至於那樣的地景如何在空間上自我組織，烏托邦主義者幾乎有志一同——城市和鄉間應該盡可能緊密連結。這不是為了經濟，而是因為我們身為政治動物，需要社會，也需要自然。只要城市存在，支付得起的人，總是會在城市和鄉間各保有一個地方。例如富有的羅馬人經常離開首都去他們的鄉村別墅，把*negotium*（公眾生活——公事）和*otium*（沉潛——休息）結合在一起。那樣的別墅不只當作沉思靜修之用，也非常有生產力——小普林尼（younger Pliny）寫道：「我像栽培葡萄園一樣細心地栽培果樹和田野。在田裡，我種下大麥、豆子和其他豆科植物[102]。」換言之，羅馬菁英實踐的是一種奢華的家庭經濟，從此之後，任何國家有地產的鄉紳都是如此。不過，對於只有一個家的大眾而言，找到一個地方住，而且能得到社會和自然雙方的資源，成了一大難題。

城邦模式那麼經得起考驗的一個因素，是因為這模式貨真價實。我們英國人或許喜愛郊區的半獨立式住宅和後花園，但很少烏托邦主義者贊成都市那樣擴張。郊區並沒有解決都市悖論，因為郊區不會提供足夠規模或密度的都市或鄉村特性——郊區並未集所有優點於一身，提供的只是半影。從亞里斯多德到霍華的烏托邦主義者都體認到，城市為了成為真正的都市，必須達到一定的規模和人口[103]。※18雖然今日「大」或「小」的要素多少已經變了（要把希臘的概念乘上十倍），我們卻仍然迫切需要稠密的城市，因為那些城市不占據太多土地，又能實現都市生活。既然我們能橫向建築，也能向上建築，平衡城市與鄉間就不只是規模問題，也是模式的問題——以曼哈頓為例，曼哈頓在極小的空間裡提供了大量的都市性，而中央公園提供了一些紓緩的綠意。

雖然中央公園並不是農場，但那裡和其他公園一樣，都有潛力至少有些生產力。不論公園有沒有果樹或堅果樹，那樣的空間都代表著所有大城市共通的原則——用開放空間來平衡密度。不論那樣的空間是採取什麼形式，不論是河、花園、廣場或庭院，都是城市宜居不可

※18 原註：說來諷刺，霍華德希望他的花園城市密集建造，結果卻恰恰相反。

或缺的一環。倫敦的綠帶是這種原則的一例（尤其是一九四四年派屈克・阿培克朗比〔Patrick Abercrombie〕在他倫敦計畫中建立的綠帶，可說是田園城市最著名的後代）。而東京有自己的城鄉混合，有機農場交織出現，多虧了一九五二年日本也很有遠見的農業土地法，這些農場是巨大城市中心難能可貴的倖存者[104]。不過今日，世界各地大部分的都市發展都未經計畫，由列契沃斯那樣的資本主義力量驅動。

83 新自由棲地：關鍵仍在於食物

我們必須……讓田野併吞街道，不能只讓街道吞沒田野。

——派屈克・杰德斯（Patrick Geddes）[105]

未來都市成長不可避免，但都市的模樣卻沒有定論。如我們的目標是創造一個人人能富庶的世界，那我們共同的任務就是規畫那樣的成長要採取哪種形式。既然我們已經有許多歷史案例可以參考，我們至少有機會把下一次鉅變做對。正如凱特・沃拉斯（Kate Raworth）在《甜甜圈經濟學》（*Doughnut Economics*）書中主張的，我們對任何未來發展的做法，都必須是雙向的，因為全球南方（Global South）的人需要提高生活水準以及全球的足跡，而我們全球北方的人，則需要減少、穩定我們的生活水準與足跡[106]。因此，在創造韌性地景時，我們的任務同樣有分歧——全球南方主要是管理劇烈的都市成長，全球北方則主要是後擬合（post-fitting）。我們已經擁有的城市和鄉間。不論是全球北方或南方，為未來人類繁榮而打造地景，都需要想辦法讓城鄉介面最大化。

這概念不是新鮮事；最早是蘇格蘭地理學家、生物學家兼區域計畫之父派屈克．杰德斯在超過一世紀以前提出來的。對杰德斯而言，人類發展攸關自然地景，那「主動、經驗豐富的環境」塑造了我們做的一切[107]。杰德斯和霍華一樣，譴責都市雜亂蔓延，尤其是城市傾向於融合成連續的大都會，杰德斯稱這現象為「大都會圈」。杰德斯的解決辦法是保護靠近城市的鄉村，但不是利用綠帶，而是一系列的「指狀」鄉村從中心輻射出來，讓城市擴張成星形。杰德斯希望藉著這種辦法，建造真正和自然接軌的城市：「現在城鎮必須別再像擴散中的墨漬、油漬一樣擴張——一旦真正發展，就會像花朵一樣星狀展開，而綠葉和城市的金光交錯[108]。」

雖然杰德斯不喜歡都市蔓延，但並沒有科技恐懼症；恰恰相反，杰德斯想像「新科技時代」即將展開，像電力、汽車和電話之類的新科技會讓人們不再受到地理束縛，讓他們既住在城市，也能親近自然。新科技時代當然已經帶來很史詩規模的擴展，大都會圈在美國東岸綿延數百哩，跨越中國的珠江與長江三角洲。杰德斯會沮喪嗎？杰德斯的觀點很強悍，結果可能恰恰相反，他大概會說，我們終於得到超越空間的資源了；我們只是應用的速度太慢了。

那樣的觀點沒有錯——有史以來，我們第一次確實握有都市悖論的關鍵。我們可以住在鳥不生蛋的地方，但仍然保有坐辦公室的工作，和親友保持連繫、讀新聞、上圖書館或銀行，看電影、找律師或醫生。網際網路是絕佳的社會工具，但諷刺的是，網際網路也毀掉曾經讓我們聚在一起的地方和機構——市場、大街、地方銀行和圖書館。網際連結我們的力量驚人，同時卻拉開我們和實體世界之間的距離。最明顯的情況是在宜人的日子出門時（就像我最近去了倫敦公園），和我擦身而過的大約半數人都戴著耳機或瞇眼看著手機，對周遭的陽光、花朵和鳥鳴一無所覺。

行動電話當然可以有強大的正面影響，例如在肯亞，農民可以在農場確認市場價格，把錢透過肯亞的「行動金錢」（M-Pesa）之類的電子貨幣來轉帳。那樣的科技已經在改變生活，不過很少人問，科技如何幫我們找到棲於大地的變革性方式。這又回到所有烏托邦理想背後的問題，以及我們該怎麼活的那個問題——關鍵是食物。

84

餵養世界：改吃更永續的飲食

要買下土地——土地現在已經停產了。

——馬克・吐溫（Mark Tawin）

到了二〇五〇年，全球食物地圖很可能已經變得面目全非，有極端氣候造成的水資源壓力、沙漠化、歉收，少有人準備好面對隨之而來的浩劫。準備最差的就屬英國。我們習慣了從世界各地進口食物，假設其他人不論如何都會繼續餵養我們，然而，三位英國頂尖的食物專家在二〇一七年的一份論文〈食物脫歐：該實際起來了get real〉（A Food Brexit: Time to Get Real）裡警告，那樣的假設可能錯得離譜。他們主張，在過熱、人口過盛、都市化的未來裡，我們的傳統供應者可能忙著餵飽自己，管不了我們。英國目前從歐盟進口三分之一的食物，正糊里糊塗地走進可能的危機中。食物專家寫道：「英國食物系統應該提高韌性，卻沒有。就像在車頭燈中嚇呆的兔子——沒目標，無人領導，而且摘除了關鍵的部會[109]。」

作者不再假設英國總是能進口食物，而是應該改吃更永續的飲食，也就是沒那麼浪費、偏重肉食、碳排放高，更在地、季節化的飲食[110]。作者體認到那樣的提議很可能引發爭議（畢竟脫歐應該預告著自由貿易的燦爛未來），但仍提出問題，要求解答。不論脫歐最後的結果是什麼，我們該關掉多少休閒馬場才能種更多甘藍菜的問題，可能比我們預料得更早來臨。

上次我們致力於那樣的議題，是在第二次世界大戰，這並非偶然；需要那麼大的危機，英國政客才願意認真看待食物。一九三九年，英國農場只生產全國三分之一的熱量，六分之五仍仰賴馬匹的獸力[111]。戰爭結束時，英國的農地總量倍增，牽引機多了三倍，食物生產提高了三分之一，見證了危機的力量。食物部掌管英國食物供應的所有層面（從生產到交易，甚至教育和配給），直到一九五八年，雖然沒人喜歡受食物部頤指氣使，但最後的結果是，英國從來沒那麼健康過。

短短六年內，英國一邊處理打敗希特勒的急迫問題，一邊把自己從無知、吃得差、嚴重依賴食物配給的國家，轉化為熟知食物、健康、遠比較有韌性的國家。我們當然辦得到，因為我們的生命亟亟可危；其實我們現在再度落入那樣的處境，只是今日我們面臨的共同威脅遠比種族滅絕的法西斯主義者更危險。為了生存，我們必須把自己轉化成積極、自力更生的公民，形成一股參與式的、平等主義的力量。我們辦得到嗎？既然英國人發明工業資本主義模式，讓我們陷入這個困境，或許我們有道德責任至少嘗試看看。

85 理想的城邦：環保、韌性、民主而平等

……大地的果實平等地屬於所有人，而大地本身不屬於任何人！

——尚・雅克・盧梭[112]

多虧了我們工業革命前的歷史，我們有個優勢——我們已經知道怎麼在穩態經濟下繁榮了。本質上，我們需要現代版的城邦，只是扣掉父權制度和奴隸。那樣的社會會基於家庭經

濟，環保、有韌性、民主而平等。那顯然是我們需要的——至於要怎麼達成，就沒那麼明確了。

對法國哲學家皮耶・約瑟夫・普魯東（Pierre-Joseph Proudhon）來說，答案是共同所有權。他在一八四〇年的論文〈貧窮是什麼〉（What is Property）中主張，統治者和財產與美好的社會對立，有損平等和自由的基礎信條。普魯東說，「如果奴役是謀殺」，那麼「財產即偷竊」，因為沒人生來對其他人有權威，或擁有任何事物。雖然我們都需要有財產（尤其是土地）才能活下去，但無人有權永遠視之為自己的，因為未來其他人也有相同的需求。所以我們雖然在世時能**持有**土地（讓我們暫時以象徵的毛巾占據隱喻的躺椅），但我們永遠無法完全擁有土地，因為土地終究屬於整個社會。

普魯東的想法啟發了新的政治運動——無政府主義。雖然今日的「無政府」成了混亂的同義詞，但對普魯東來說，無政府只代表社會沒有統治者（anarchy的字源是希臘文，*a* 無 +*arkhi* 統治者），因此是完全合作而平等。當普魯東喚起人類的空白心靈狀態（*tabula rasa*）時，看到的不是霍布斯的烏合之眾，也不是洛克的農民，而是遠比較接近我們真正狩獵採集者過去的情境——一小群地域性的合作者，沒有正式的領袖；這社會的存亡取決於共同所有權。

普魯東反駁洛克，斷言「不論勞動、職業或法律，都無法產生財產」[113]。普魯東推論，既然人口總是在流動，每個人能得到食物、土地和其他資源的份量也一定會變動。普魯東問，

「如果一些島民以財產之名，斷然拒絕船難的不幸受害者掙扎上岸，難道不是一種罪嗎？一想到那種殘酷，就不舒服」[114]。島民唯一文明的反應，顯然是束緊腰帶，歡迎新來的人和他們住在一起。這直接訴諸大概是最深刻的人類文明表現——好客，而普魯東主張，為了創造公正的社會，就必須廢除財產。

普魯東問，沒有財產，社會會是什麼模樣？會是共產社會嗎？普魯東說，問題是雖然共產主義**號稱**會廢除私有財產，卻是「在所有權偏見的直接影響下」這麼做，結果導致「生命、天賦與所有人類才能都成為國家的財產」[115]。普魯東說，共產主義根本沒有帶來自由，只是導致「壓迫與奴役」。確實，「共產主義的缺點太明顯，所以批評者從來不需要表現多少口才，就能讓人厭惡共產主義」[116]。

普魯東說，共產主義或資本主義都無法帶來美好的社會，因為共產主義排斥「獨立和比例原則」，而資本主義否定「平等與法制」[117]。需要的是政治上的第三條路，結合共產與資本主義的好處：「社會的第三種形態，也就是結合共產和財產的產物，我們稱之為自由」[118]。普魯東說，要創造那樣的系統，只需要廢除所有權原則（principle of proprietorship）：「抑制財產但保有所有權，將使法律、政府、經濟和體制產生革命性的改變；會將邪惡驅離這世間[119]。」

86 無政府主義的火光

所有人的福祉不是夢。

——彼得．克魯波特金[120]

普魯東流暢的思想在我們過度擁擠的世界產生共鳴。普魯東的船難生還者不再是象徵，而是真正的移民，冒著生命危險在我們的海岸尋求更好的生活。相較於洛克的中產階級固執，普魯東認為我們愈多人分食大餅，每一塊就會愈小，這想法意外地現代。洛克當然從未想像土地可能不夠用，不過對普魯東來說，這個可能性太明顯了。普魯東的解決辦法是共享產權，這辦法雖然大擔，但至於該怎麼走到那一步，普魯東卻天真得像帕丁頓熊。普魯東相信，資產階級意識到財產所有制有多邪惡之後，就會為了整體的利益，欣然放棄他們豪華的住所。不用說，普魯東要大失所望了。

最後是普魯東的追隨者——俄國流亡者彼得．克魯波特金（Peter Kropotkin）快刀斬了無政府主義的亂麻。克魯波特金主張，既然所有財富和房地產都是社會從前勞動的結果，就都必須屬於所有人。克魯波特金在他一八九二年的書《麵包與自由》（*The Conquest of Bread*）中寫道：「所有思想或發明都是過去和現在的產物，因此都屬於共同財產[121]。」那樣的財產落入少數人手中，顯然不應該；人們必須收回名正言順屬於他們的東西。克魯波特金說，「必須要**徵收**」。說來神奇，克魯波特金和普魯東一樣樂觀，認為那樣的「革命」（他公然用這個詞彙）會很和平；這樣的信念結果證實和普魯東信任貴族會自我犧牲一樣毫無根據。毫不意外，至今最接近正常運作的無政府社會，是一九三六到一九三九年的加泰隆尼亞；那是戰爭的產物。

喬治．歐威爾在他一九三八年的回憶錄《向加泰隆尼亞致敬》（*Homage to Catalonia*）中，描述了一九三六年他如何參與西班牙內戰。他來到巴賽隆納，發現那座城市蛻變了——許多居民在戰爭爆發時逃離，因此巴賽隆納正由反法西斯軍隊和無政府主義者掌控。

> 那是我第一次身處在勞工階級當家的城鎮。幾乎每一棟大大小小的建築，都由工人占據，掛著紅旗，並且插著無政府主義者的黑紅旗織……每間店和小餐館都標示了那裡公有化了；就連擦鞋童也公有化，他們的工具箱漆著紅與黑。服務生和店員注視著你的臉，平等看待你……表面上看起來，這座城鎮的富人階級就這麼不復存在……幾乎所有人都穿著勞工階級的粗衣服，或藍色連身工作服，或某種版本的軍隊制服。這一切都顯得古怪而感人。有許多我不明白的地方，某方面來說，我甚至不喜歡，但我立刻體認到，這是值得奮鬥的事態[122]。

不過這種事態太短暫。一九三七年四月，歐威爾從前線回來之後，革命的熱忱已經大大消減，城市又回歸原本的日常。歐威爾意識到，他目睹無政府社會多少是幻象，「混合了希望與偽裝」，恐慌的資產階級「刻意穿上工作服，高喊革命口號，以求自保[123]」。不過鄉間發生遠比較實在的改革，工人自己組織成合作社，經營農場、商店、工廠和企業。某些鄉村廢除了錢，用當地的點數系統取而代之。雖然有些人對新安排顯然有疑慮，但無政府主義的火光仍然短暫地閃爍了一下[124]。※19

無政府主義注定不穩定。少了平常的統治者和階級制度，依賴雙方合作，這是最純粹的民主，但也因此幾乎是行不通的烏托邦。對克魯波特金來說，那樣的不穩定性是無政府主義的一大強項，讓社會抵抗平常「僵化成固定不動的形式」的傾向，使社會能像「持續發展的生物」一樣自由改變[125]。克魯波特金相信，無政府社會和自然的生態系一樣，可以適應。

克魯波特金和盧梭一樣體認到，真正的民主要能運作，需要健全有能力的公民；對他來說，社會「存在的目的」（*raison d'être*）完全在於創造出那樣的人。克魯波特金早於舒馬赫，主張資本主義無庸置疑的核心——分工，已經造成難以計量的傷害。克魯波特金主張，人們為了成為更圓滿、更滿足的人，需要有多樣化的生活——用頭腦也用雙手工作，在工坊也在土地

※19　原註：另一個比較期近的例子是，敘利亞東北的庫德人國家羅賈瓦（Rojava）從二〇一二年起，就朝著無政府的原則努力，也是在內戰的狀況下。

上做事。克魯波特金寫道：「政治經濟至今主要堅持分離。而我們宣告要**整合**[126]。」

克魯波特金和普魯東一樣，異常精準地預見了全球化的危機。他推論，開發中國家一旦工業化，就會創造自己的國際市場，不再有興趣「供應我們主食和奢侈品」[127]。尤其是中國，會發展出自己的奢侈品市場。特魯波特金寫道：「中國絕對不會是歐洲的大戶。中國自家生產的便宜多了；當中國開始覺得需要歐洲式的商品時，會自己生產[128]。」簡短來說，工業資本主義有頭有尾，因此必須目光必須超越工業資本主義。

> 我們眼前擺著國家連續發展的事實。與其公然譴責或廢除，遠比較好的做法是看看兩大工業先驅（英國和法國）是否無法採取新措施，再度做點新的事……也就是利用土地和人類的工業力量，確保全國的福祉，而非偏重少數人[129]。

克魯波特金在他一八九八年的書《田園、工廠與工坊》（*Fields, Factories and Workshops*）中闡明了那樣的整合式生產地景：書名中的土地、工廠與工坊會產生自我組織社區的網路。藝術、科學和工業不再由「大城市獨占」，將散布在鄉間，很像工業革命前時代的手工藝[130]。農業會是新經濟的重心；確實，克魯波特金有幾章貢獻來思考英國可以如何餵養自己，他認為這種事輕易就能達成。不過農業不只能餵養國家，也是參與自然喜悅的完美方式。克魯波特金寫道：「你會很訝異，居然能輕鬆從土壤中得到豐富、多樣的食物。你孩子在你身邊會吸收到大量的健全知識，智力成長迅速，輕易了解有生命與無生命的自然法則，令你贊歎[131]。」

如果這些話聽起來很耳熟，是因為埃伯尼澤・霍華構想他的田園城市時，受到的另一個關鍵影響正是克魯波特金和亨利・喬治。沿著枝葉茂密的列契沃斯小巷漫步，腦中可能跳出各種念頭，其中無政府主義很可能是最後的念頭，卻是每座蓋著整齊茅草的屋頂下、每一道修整過的女貞樹籬後面潛藏的根本概念。

87 土地價值：創造以食物為基礎的穩態經濟

我們必須讓土地成為共同財產。

——亨利・喬治[132]

無政府主義已經存在將近兩百年，沒什麼建樹，那現在何必提出來呢？答案是，無政府主義的時代可說是來臨了[133]。※20隨著民粹主義高漲，資本主義搖搖欲墜，我們比以前更需要一個社會願景，超越新自由主義和極權主義之間致命的二元性，而且能在地方到全球的所有尺度，

※20 原註：諾姆・喬姆斯基（Noam Chomsky）主張，無政府主義其實今日正在以占領運動的形式復甦。

都融入、連結我們。雖然充分發展的無政府主義社會幾乎無法建立或維持，但無政府主義的核心訊息——我們應該擁抱民主，多共享我們的財物，卻再恰當不過了。無政府主義主張，我們接受我們身為政治動物的責任，就能成為更有力、更有同理心而自我實現的社會人。

無政府主義者和他們之前的洛克與史密斯一樣，意識到人類要富強，都要依靠土地。不論我們直接依賴土地而活，或只用土地當成我們生態足跡的一部分，土地（也就是自然）都支撐著我們，不過我們使用的程度大相逕庭——如果我們都像美國人那樣生活，估計要四個地球才能讓我們繼續這樣下去[134]。所有權也很重要。比方說，英國所有土地有三分之一由貴族擁有，這是我們社會結構永久不平等的一個因素[135]。如果我們未來都要繁榮，我們利用、分享與居住於土地的方式顯然需要激進的改革。

無政府主義者的遠大思想，就是完全廢除私有財產，這樣的舉動會打擊到資本主義與我們美好生活概念的核心。那樣的提議恐怕不會有太多人接受，不過如果我們要避免這世紀發生社會與生態崩潰，其中的原則卻至關緊要。但沒有革命或戰爭，有可能讓財產的賽場變得平等嗎？亨利．喬治的《進步與貧困》或許能給我們答案。你可能還記得，喬治想出了為什麼進步似乎永遠伴隨著貧窮狀況惡化——進步產生的財富，最後會表現於土地價值提高，而不會落入勞工的手中。喬治的解決辦法，是把所有土地歸屬於共同所有權，地主付錢，才有特權使用土地（他試過但無法完全實踐）。

我不會提議買下或徵收私有的土地財產。買下那些土地並不合理；徵收則沒有必要。擁有土地的人只要願意，就繼續保有他們樂於視之為他們土地的所有物。讓他們繼續視之為他們的土地。任他們買賣、遺贈土地。只要我們得到核心，他們拿走空殼無妨。用不著徵收土地；只要徵收租金就好[136]。

喬治靠著這樣的單純想法，想出如何一擊摧毀日益嚴重的不平等——以土地為基礎的財富稅。按土地價值收稅（其實是收取土地的社區租金），社會就能遠比較公平地分享財富，而且遠比較有效地善用可得的土地。既然在市中心擁有土地的稅收很高，購買價格就會大大壓低，因此變得更平價。城市的地主會有動機開發空地，因此有助於提高都市密度，防止都市擴張。農地也會更便宜，因為農地的投機價值會失效，使得有意務農的人更容易取得農地。既然土地不可能移出境外，避稅的悠久藝術就沒有發揮的餘地。喬治信心滿滿，認為他的觀念會成功，提議「廢除土地價值相關稅賦之外的所有稅賦」[137]。

《進步與貧困》在全球掀起熱潮，銷量僅次於聖經，順便啟發了霍華之輩的人。喬治展現了不需要暴徒揮舞草叉，就能實現無政府主義的想像，達到財產重新分配、恢復城市與鄉間平衡的雙重目標。地價稅仍然是強大而簡單的概念，那我們何不收地價稅呢？答案一如往常：現存的地主會不開心。在英國，房屋所有權是財富的基石，地價稅似乎會威脅到民主的基石。

不過其實地價稅只是阻止人們聚積的土地遠超過他們的需求。把財產的有效價值降到接近於（但不等於）零，喬治主義會達成洛克一直以來的目標——創造一個平等、以土地為基礎的社會[138]。※21

喬治主義是那種看似好得太不真實的主意。魔鬼當然藏在細節裡，尤其是要想出如何從我們目前系統轉換到共同所有權。不過愈來愈多支持者，包括英國的綠黨、美國經濟學家約瑟夫·史迪格里茲和英國記者喬治·莫比奧特（George Monbiot）都相信地價稅真的行得通[139]。※22 莫比奧特主張，土地共同所有權不只能使社會更公平，也能把珍貴的資源導向所有人共享的公共設施：

新做法可以從個人豐足與公共奢華的概念著手。世上沒有足夠的實際或環境空間讓所有人享受個人奢華——如果倫敦人人都買一座網球場、游泳池、花園和一件私人藝術收藏，倫敦必須像整個英格蘭一樣大。個人奢華會封閉空間，造成剝奪。壯觀的公共設施（漂亮的公園和遊樂場、公共運動中心和游泳池、美術館、出租農地和大眾運輸系統）卻為所有人創造更多的空間，只要付出一小部分的代價[140]。

地價稅重新確立土地是我們共同財富的真正根源，因此自然成為食托邦經濟的一部分。地價稅提高城市密度，保護農地，能解開都市悖論，創造出食物為基礎的穩態經濟真正能繁榮的狀況。

88 新的常態：跨洲恢復食物真正的價值

擁有者的數量愈多，對共同財產就愈不重視。

——亞里斯多德[41]

共同所有權的概念時常受到「共同資源的悲劇」這概念反對。「公共資源的悲劇」最早是在一八三二年，由威廉・佛斯特・洛伊（William Forster Lloyd）提出，一九六八年因為美國生

※21 原註：馬丁指出，重點其實不是收土地稅，而是要求地主為了共同資源排除了那些土地，而補償群體；馬丁因此偏好稱之為「公共土地捐」。

※22 原註：不過喬治不是第一個這麼假設的人；那殊榮屬於亞當・史密斯，他最先提出基於每個地主「總是壟斷，索取利用他土地能得到的最高租金」，而對地租收取稅金。

物學家加勒特・哈丁（Garrett Hardin）在美國《科學》期刊的一篇文章而家喻戶曉[142]。※23這理論受到馬爾薩斯的理論啟發，其實一樣悲觀。共享公共資源，例如分享釣魚池或公共牧地，分享的人如果過度利用，得到的永遠超過只拿自己應有的份[143]。※24哈丁的結論是，唯一的解決辦法是由國家控制那樣的資源。哈丁寫道：「如果擁擠的世界要避免毀壞，人們必須回應他們自然心理之外的強制力，以霍布斯的說法，就是利維坦[144]。」

美國政治經濟學家伊莉諾・歐斯壯（Elinor Ostrom）因為在傳統資源管理的成果而在二〇〇九年贏得諾貝爾獎，對歐斯壯而言，「公共資源的悲劇」是一派胡言。歐斯壯說，雖然可能發生過度利用的情形，但沒有既定規則規定如何分享的地方，一向是這樣。要建立那樣的規則，共同管理資源不只非常有效，而且時常比其他任何方法有效。歐斯壯研究了九十一個灌溉系統和漁場，發現共同管理的超過百分之七十表現優異，而外部機構管理的只有百分之四十有達成[145]。歐斯壯運用超過四十年的田野調查，列出了一個原則清單，她稱之為共享資源（common pool resource，CPR）制度。這些制度包括明確定義的界限、自決、參與式決策、有效監督、分級制裁、衝突調解，大規模資源則需要更高層當局適當監管。最重要的是互相信任，這要透過有效溝通與互惠才能建立。

歐斯壯發現，雖然規模對某些體制很重要，但未必都要小；其實許多的根本要素是多中心的特質，許多「套疊」的利益和企業共同存在。不過根本的是要有一種經過精準的量身訂做、符合當地狀況、能逐步調整的方法。歐斯壯發現，共享產權不只有助於保存當地資源，更能促進政治參與和合作，而能打造公平、有韌性的社會。歐斯壯和她團隊研究過的數百個共同體制中，最新的（土耳其的一個灌溉系統）已經運作了至少一世紀，而最老的（瑞士的高山放牧）已經運作了超過一千年。

歐斯壯像是沿著無形線索飛行的鳥兒，一一確認所有烏托邦最愛的比喻。規模確實有影響，而且是基於柏拉圖和亞里斯多德擁護的所有理由，也就是建立信任，有效地管理資源[146]。※25土地的共同所有權也是雙贏策略，既能鼓勵良好的管理，也有助於建立韌性而投入的社群。歐斯壯和無政府主義者一樣，不認為市場與國家是有效的資源仲裁者；她發現最理想的管理者，是和管理對象有直接利害關係的人。最重要的是，社會必須多元、適應力夠強，才能反映各種可能有競爭的利益——歐斯壯宣稱，「萬靈丹會導致功能障礙」[147]。

歐斯壯的洞見讓我們明白，我們都能在穩態經濟中富強。歐斯壯提醒我們社會和土地之間基本的連結，指出如何走向全球治理的新方式。氣候變遷和戰爭一樣，可能激發我們行動，提

※23 原註：這名詞最早是由英國經濟學家威廉・佛斯特・洛伊（William Forster Lloyd）所創。

※24 原註：哈丁舉出公共牧場的例子，理智的牧人會因為他能餵養自己牲畜的直接好處，而忍不住過度放牧。但只會在群體中承受超限利用的代價。

※25 原註：歐斯壯發現，小型到中型的城市遠比大型城市擅長監督他們的資源。

醒我們基本的共通點。想著共同的威脅，就能創造一個全球治理的新階層，套疊的地方團體和國際機構共同管理公共資源，形成多中心的網路。那樣的改革絕對需要全球土地和漁業權改革，使得食物再度成為塑造我們地景與城市、連結我們的主導力量[148]。※26我們能採取的所有行動中，**跨洲**恢復食物真正的價值，可說是最強力、效果最深遠的行動。發明便宜食物，曾經摧毀了地理；同樣的，再度重視食物，將是在我們炎熱飢餓星球上重獲生機的關鍵。

89 身在食托邦：全球食物運動帶來正向生態改變

如果我們再度重視食物，我們的生活會是什麼模樣？我們研究食物仍然珍貴的地方（也就是傳統食物文化存活下來的任何地方），就能輕鬆得到答案。不論是高山牧場、巴西叢林市場、開羅的市集、義大利的橄欖園、法國的葡萄園，或京都的都市農場，那些地方體現了食物讓我們與空間、地景和彼此連結的能力，展現了食物逐漸塑造我們生活、賦予意義的力量。那些果園、葡萄園和市集，都存在了好幾世紀。如果需要證明重視食物能促成經久不衰的文化，那些地方就是很好的例子。

俄羅斯的鄉間別墅正是那樣的傳統。鄉間別墅離城市不遠，是小型的園地，蓋著簡單的木造房屋，許多俄羅斯都市人會在夏季整修鄉間別墅，在週末種些蔬菜、放鬆放鬆。這傳統始於十八世紀初，當時彼得大帝將聖彼得堡附近的鄉間莊園賜給忠誠的屬下（鄉間別墅的俄文*dacha*是「贈與物」的意思），既是為了感謝他們付出，也是為了讓他們待在附近。大部分普通的鄉間別墅和貴族住所有天壤之別，夏天經常離開城市的習慣正開始在俄國確立——這習慣在蘇維埃時代的掠奪中，變得和種植食物密不可分。今日，大約六千萬俄國人（是俄國人口的百分之四十）擁有一間鄉間別墅，週末離開莫斯科和聖彼得堡之類大城市的交通阻塞可能很恐怖。勞動節特別成為一年一度的大遷徙，數百萬人離城市，去栽種他們當年的作物[149]。雖然俄國不再缺食物，但許多俄國人仍然喜歡週末照料他們的田地，為家人種植蔬果，做醃黃瓜和果醬，留待冬天享用。

重視食物能為我們的生活帶來時間與空間的秩序；鄉間別墅正是一例。鄉間別墅許多方面重演了富有羅馬人曾經享有的公眾生活與沉潛。重視食物因此讓我們更貼近自然，為都市生活全年無休的狂熱提供了平衡。如果英美的後工業社會要再度重視食物，最明顯的改變會是鄉村復興。住在鄉間的人愈多、愈多錢湧進那裡，像郵局、學校、醫院、商店和交通工具那樣的服

※26 原註：羅勃・霍普金斯（Rob Hopkins）在一九九〇年代發起轉型運動（Transition Movement），城鎮和當地團體合作，逐漸減少他們的碳排放——食物只是霍普金斯議程上的一項目標；不過他不久就發現，以食物為主的計畫大多最能讓人參與、投入。

務將再度增長，此外還有更好的分散式網路，例如市場、貨站，食品中心和屠宰場。地景也會改變，反映了回歸規模較小但用途混合的有機農業。現在社區可以圍繞著食物而成長，就像一直以來那樣。

我們的城市也可以轉變，擁有更有生氣的市場和大街，更多獨立商店和餐廳、供應市場的果菜園、都市農場、社區廚房與社區堆肥。食物規畫師會設法提高城市和鄉間的多樣性，讓二者的界面最大化。靠近城市的鄉村會受到保護，郊區策略性地提高密度，沿著田園城市線，在外圍引入新的密集都市樞紐（甚至零星的垂直農場）。

那樣的願景不可救藥地像烏托邦嗎？證據顯示恰恰相反；我們看過，事情已經在發生了。全球都有食物運動，而且迅速蔓延，所到之處造成正向的生態改變。其實食托邦真正的意義，在於我們都能藉著重視食物，在此時、此地開始建造一個更好的世界。早在一九七三年，一群布魯克林的嬉皮朋友做的正是這樣的事；今日，公園坡食物合作社（Park Slope Food Coop）是世上最老、最大的社區食物網，有一萬七千名成員，並且和紐約州當地農民簽有四十五年的長期合約[150]。公園坡讓家庭經濟回歸經濟，是新興食托邦經濟的先驅。

不過有別於富饒的美食形像，已開發國家大部分食物運動最激勵人的計畫，是在社會光譜的另一端。比方說，威爾．艾倫（Will Allen）在密爾瓦基（Milwaukee）的組織「耕植力量」（Growing Power），就藉著指導、支持社區堆肥、魚菜共生和都市食物種植，讓貧困的社區轉型[151]。而史蒂芬・瑞茲（Stephen Ritz）在紐約布隆克斯區一些最難搞的高中推行教育花園計畫，對參與的學生造成脫胎換骨的長久影響[152]。而茱莉・布朗（Julie Brown）的社會企業「耕種社群」（Growing Communities）位在倫敦的哈克尼區（Borough of Hackney），在倫敦一些最窮的地方，結合了有機食物箱方案與食物種植志工和教育計畫，教導人們幫忙建立更多永續、道德的食物系統，「一次一根胡蘿蔔」[153]。那樣的計畫（總計數千個）幫助人們吃得更好，產生克魯波特金夢想中那種有動機、有知識、有能力的公民。

關鍵的是，食物也重回建築師和規畫師的議程中；如果我們祖先發現需要這樣，應該很驚奇。食物規畫是都市和地區性設計中一個快速成長的領域，產生像荷蘭建築師事務所MVRDV的阿爾梅勒奧斯特伍德（Almere Oosterwald）主計畫那樣的方案，納入克魯波特金式的混合農場、工廠和住宅，產生刻意流動性的設計。而英國設計師維爾容（Viljoen）和博恩（Bohn）則提出把城市中剩餘的空間（例如停車場和路肩）改成都市農場，產生「持續生產的都市地景」（continuous productive urban landscape，CPUL）——通往鄉間的綠色廊道，符合杰德斯的星狀想像[154]。在此同時，城市也聯合起來，希望建立更有韌性、更道德的食物系統——聯合國的永續食物城市（Sustainable Food Cities）正是那樣的網路，而食物在C40城市（C40 Cities）計畫的議程中，也扮演了重要的角色。C40城市是全球九十四大城市形成的網路，致力於達成英國的永續發展目標（Sustainable Development Goals），對付氣候變遷。

我們身處在令人困惑、興奮又危險的時代，需要大膽的想法和沉穩的頭腦。未來，驚人的新科技無疑會帶給我們非凡的能力，但少了同樣大膽創新的社會、經濟與空間變革，那些科技將一無是處。在這脈絡下，食物能給予我們的東西好多。不論我們的數位生活變得多刺激、令人分心，食物都能讓我們腳踏實地，提醒我們，我們的命運永遠都有賴自然，以及我們分享自然的方式。未來我們怎麼吃，不但會左右我們的命運，也會左右其他所有物種的命運。我們重視食物，就能在自然界裡重新平衡我們的生活，一同打造幸福圓滿的人生。過了五千年，我們終於學會喜愛都市悖論了。

·第六章·

自然

德文郡的水獺河口

我在英國數一數二的美麗海灘後，查看樹籬上的某些黃綠種莢。這是個燦爛的仲夏天，我目光焦點後方不遠處，是煩悶的上班族看了會流淚的景像——光燦燦的大海，鏽紅色懸崖，一片高大的綠松林後面襯著矢車菊藍的無雲天空。但我的注意力完全放在這些種莢上，我剛得知這種植物是貫葉馬芹。我的嚮導羅賓．哈福德（Robin Harford）是著名的食材採集者，只要能面對接踵而來的問題，他有時會稱自己是個民俗生物學家。德文郡巴德來索特頓（Budleigh Salterton）附近的水獺河口是他最愛的採集地點，今日，他正在和我分享那裡的一些祕密。

羅賓拔下一個種莢，交給我品嚐。風味瞬間爆發，是混合芹菜與黑胡椒的強烈味道。羅賓解釋道，這是因為馬芹屬於繖形花科，是「不為人知的樹籬香料架」。經常栽培的那幾科植物（例如十字花科、錦葵科和唇形花科）都可食用，但味道溫和（羅賓評論道，可食用「未必表示好吃」），繖形科的植物（包括歐防風、小茴香和芹菜）則不同，既「有毒又美味」。羅賓說：「繖形科植物實在不牢靠，不過在我眼裡珍貴無比。」

英國至少有七百種野生食用植物，不過幾乎所有都不受人注目。這一部分是因為每一種文化都有自己認可的固定食物。「從前在人類漸漸成為穩定的農耕者時，並沒有基改實驗室，所以我們開始種的食用植物來自野生品種。一萬年間，我們讓作物雜交、發現風味最好的植物；

但這是由誰決定的呢？生產者、市場，或有人說**我們要讓你吃這個？**這問題想來奇妙。」

更怪的是，我們忽略的許多植物都有極受歡迎的特性，例如寧夏枸杞（Duke of Argyll's tea plant）有著紫色小花，花朵在放大鏡下十分美麗——五瓣的星狀花，中心的萊姆綠帶著紫紅條紋。羅賓告訴我，寧夏枸杞是枸杞屬植物，屬於茄科（Solanaceae），著名的枸杞子也是這一科的植物。枸杞子原生於亞洲，傳統料理和中醫一向極為重視，不過西方最近才「發現」，現在西方花費鉅資把枸杞運過去，當成「超級食物」。羅賓難以置信地說：「既然我們家門前就有幾乎完全相同的植物，何必老遠把這種漿果運過來呢？沒人知道這些漿果的效力是不是和枸杞一樣，但那是因為沒人肯花心思去確認。」

我們朝河口上游走了一點，找到了那天的主要作物——海菜。低矮的河床上覆滿淡綠色的植物，羅賓辨識出是海馬齒。我意識到，我們正在穿過一片沙拉之中。羅賓彎下腰，撿起一片葉子讓我嚐；味道很細緻，帶著海菜似乎都有的那種鹽鐵混合的美好青味。羅賓又遞給我另一種植物試吃，這是我今天第一次覺得認得這植物，但在這一大堆陌生味道之間，我不大信任自己的直覺。我問羅賓：「是海蘆筍，對吧？」他肯定地點點頭。我咬向海蘆筍的莖，得到甜美帶青味的多汁和海洋礦物的熟悉衝擊。很美味——我明白海蘆筍為何成為海鮮主廚必選的蔬菜了。這個海邊的金黃日子裡，味道強烈得誇張，我腦袋裡好像有個海洋交響曲在舞動。羅賓向我保證，吃野生植物時，這種感覺完全正常——我們的感知可能過載。我感到一陣慶幸自己活著的罕見欣快，意識到我愉快得可笑。

羅賓急著去他最愛的地點，那裡的海菜量夠充足，就連我這樣剛剛皈依的人都能滿足。我們吃了裸花鹼蓬，這種植物不討喜的名字和它細緻的葉狀體和飽滿的甘味完全不搭；沿海車前，由名字可知，把海洋的甜味提升到一個新境界；最後很重要的是海紫菀，因為雅緻的葉子和細緻的濃郁味道，而成為海菜中的王子。羅賓告訴我，現在海紫菀在維特羅斯賣到一公斤二十二英鎊。「**什、麼？**」我說，「可是他們去哪弄到夠供應給超市的量？」我想像著一片海岸線上，我的新歡蔬菜被拔個精光。羅賓說：「有供應商在栽培。這我沒意見，但我知道不少採集者有意見。」

這問題引出了採集會有的明顯議題：規模。如果我們明天都開始拔海紫菀、摘野生菇類，土地很快就會被拔得乾乾淨淨，所以大部分的採集者都會遵循一個嚴格的規範，限制他們採收的時間、份量，而「栽培野生食用植物」這主意可能沒那麼糟。羅賓指出，問題是栽培野生植物是矛盾修辭。「我唯一的問題是，我們從野外拿走一株植物的時候，植物是在最佳的狀態下生長，所以那裡是它適合的地方。農民帶走植物，把它們放到通常**不**適合的地方，所以會有害蟲、產量降低，收成可能比較少；除非噴藥、用其他所有的時髦玩意兒。還得考慮植物本身。野生植物的營養通常比栽培的植物高一倍，所以從野外拿來栽培的時候，失去了什麼？」

我愈來愈明白，採集不只是得到免費食物的一種方式；而是一種心態。羅賓解釋道，我們人類是天生的採集者——我們祖先整年都在採集，他們知道收成一種作物之後，就該其他作物成熟了。追隨著自然的富饒，使他們產生一種「富足的心態」，相較之下，在務農的時候，時常依賴一種可能很容易欠收的作物，因此有種匱乏的恐懼。「換作從前，我應該會做二十罐樹籬果醬，但我已經和野生植物發展出一種更深刻的關係，因此不用那樣了。現在，我不建議任何東西做超過三罐，因為那種植物結束之後，又會有其他三十種野生的食物植物可以去用，所以用不著屯積。」他思索了一下，然後咧嘴笑著又說：「野蒜大概是例外。」

羅賓解釋道，採集關乎「許多層次的供應和接收食物——心理、情緒、精神、性靈，當然還有生理上的。你會想盡可能經常出去，處理植物，所以你的連結會變深，你會更加健全。」羅賓說，野生芳香和香料植物不像店裡買的那麼持久，所以植物會「把我們誘回樹籬」。時間對採集很重要。羅賓說：「時機短暫。所以自然教我們當機會主義者。自然賜予禮物，如果我們無緣看見，當下不採取行動，就沒了。」

我尋思，吃野生植物和在特易購購物有如天壤之別。超級市場完全模糊了時間地點（全年都買得到金桔），採集卻完全關乎此時、此地——把握當下（*Carpe astem*）。這完全無關方便，而是耐心收集食物與知識。超市讓我們變笨，採集則調節我們，要我們完全警覺、投入。羅賓說：「植物會教導我。我們失去了自然的質感和地方的**風土**——不懂這個山楂樹群落和僅僅二十碼外的另一個群落為何嚐起來不同。」生態系不斷改變，所以味道也持續在變化。羅賓解釋道：「你不能不理會植物，必須在產季裡持續品嚐。」

這時太陽已經爬到高空，鵝卵石在熱度下蒸騰。我的肚子咕嚕叫，提醒了我一把海菜雖然美味，卻不大能當成午餐。我們走回停車場時，我思索著這件事。過去幾個小時裡，我和羅賓沉浸在另一個世界，遠離截稿期限和現代的壓力。我的心思飄向有趣的主題，開始思考當地小餐館菜單上會有什麼，同感到自己從一個古早的生活方式在時間上快轉前進；從前的人幾乎就只是在找午餐。我很慶幸我很快就能幾乎不費吹灰之力而滿足飢餓（德文郡奶油茶的影像飄過我腦海），但我也意識到我那麼輕易吃東西，會失去什麼。其實那樣的進步即使再受歡迎，也很少沒有代價。

我們走到車子旁，我回頭望向今早第一次瞥見的地景。那景像和我記憶中一樣，卻不知哪裡不同了。我更努力凝視。大海、海灘、懸崖、樹木看起來都一樣，但我意識到，僅僅幾個小時，我的觀點就變了。

91 藍色星球：在人類世這個時代

我們削弱自然，也削弱了自己。

——溫德爾．貝里（Wendell Berry）

我們和自然的關係當然遠遠不像我剛才描述的那麼和諧。我們早就把完全沉浸在自然中的機會，轉換成科技對自然某種程度的掌控，這樣的交易削弱了我們和荒野的連結，以及荒野本身的自然豐富度。我們行為的影響太過極端，因此進入了人類世（Anthropocene）。在人類世這個時代，人類活動對地球的生態系有決定性的影響[2]。※1人類世究竟始於何時，很有爭議——有人認為是一九四五年第一次核子試爆（三位一體試驗，Trinity Test），也有人覺得是工業革命，我們剛開始把大量二氧化碳釋放到大氣的時候。不過人類活動的全球影響可以追溯到遠比較早的時候。

我們遠離非洲的旅程始於七萬年前，對一路上遇到的野獸來說，是場災禍。例如我們四萬五前年前到達澳洲之前，澳洲大陸擁有二十四種巨型動物，十分壯觀，包括巨型無尾熊、袋獅

※1 原註：「人類世」這個名詞是由美國生物學家尤金．F．斯托默（Eugene F. Stoermer）在一九八〇年代所創，因為荷蘭大氣學家保羅．J．克魯岑（Paul J. Crutzen）而廣為人知。

和二噸半的袋熊，和人類共存了幾千年之後，除了一種之外全遭滅絕[3]。北美野牛根本不是那座大陸上最早被屠殺的野獸——一萬四千年前，我們祖先到達時，當地有四十七種野獸，其中三十四種在二千年內消失。總的來看，我們開始離散時漫步在大地的二百種大型哺乳類之中，半數在我們開始農業時已經絕種。尤瓦爾・諾瓦・哈拉瑞說過，我們的進展使得人類「看起來像生態的連環殺手」[4]。

今日，我們最致命的活動不再是狩獵，而是農業了。我們選擇性馴化某些動、植物，犧牲了其他的，大幅減少地球上野生物種的範圍和多樣性，現在仍在摧毀沒納入我們馴養物種的生物棲地。生態學家警告，我們瀕臨第六次大滅絕，可能和恐龍遇到的一樣致命。二〇一七年，美國生物學家保羅・R・埃力克（Paul R. Ehrlich）組成的研究團隊發現，三分之一種的植物正在減少[5]。一九〇〇起研究過的植物，分布範圍全都喪失至少百分之三十，而百分之四十的族群劇減，下跌幅度至少百分之八十。作家觀察到，那樣的數字是未來絕種的明確跡象。光是過去一世紀，就少了大約二百種脊椎動物，現在一百年間的絕種速度，比過去二百萬年的平均高了一百倍。作者的結論很無情。他們說，我們處於「生物滅絕」中，代表「文明不可或缺的生物多樣性與生態系功能受到大規模人為侵蝕」[6]。

喪失生物多樣性應該是很恐怖的事。老虎或北極熊遭遇的苦難令我們難過，但很少人明白牠們的命運直接與我們的命運相連——畢竟我們很容易就活得比威嚴的野獸更長。不過失去物種帶來的威脅，可能遠大於氣候變遷。只要想想達爾文的洞見就知道了——自然裡的一切息息相關。因此我們要擔心的不只是體面的「明星動物」，還有無脊椎動物，其中目前最大的一群是昆蟲。我們可能大多會樂於接受一個沒有胡蜂或蚊子的世界，不過少了這些昆蟲可能意味著大災難；瑞秋・卡森（Rachel Carson）在她一九六二年的作品《寂靜的春天》（*Silent Spring*）裡就曾這麼主張。卡森標題中的「春天」之所以「寂靜」，是因為二次世界大戰後，美國盲目在作物上噴灑DDT殺蟲劑，除掉了農地上大部分的昆蟲，也除掉了大部分以那些昆蟲為食的鳥類。

卡森警示的半世紀後，昆蟲浩劫（Insectageddon）蔓延全球。二〇一七年，一個在德國自然保護區的二十七年研究發現，飛蟲的數目下跌了百分之七十六[7]。最可能的原因包括棲地消失、使用殺蟲劑和氣候變遷。研究確認許多在歐洲的人多年來偶然注意到的情況——從前夏夜裡開車，擋風玻璃會布滿撞爛的蟲子，現在卻完好如新，令人心驚。沒蟲子的世界背後的意義確實恐怖。昆蟲不只是食物鏈不可或缺的一環，也是許多水果、其他糧食作物與幾乎所有野生植物的關鍵授粉者。自然生命循環少不了昆蟲，牠們會分解動物和植物物質，回收土壤裡的養分。昆蟲學家E・O・威爾森（E. O. Wilson）認為，少了昆蟲，人類沒幾個月能活。

鳥類最愛的食物消失，也難怪會跟著失去蹤影。二〇一七年，法國自然史博物館報告一九八九年來，法國農地的鳥類下降了百分之三十三，英國環境食品與鄉村事務部（Defra）的研究得到同樣的結果，指出一九七〇年以來，鳥類少了百分之五十五[8]。全球的狀況差不多慘淡——二〇一八年，國際鳥盟（BirdLife International）報告全球百分之四十的鳥種數量減少，其中百分之十三有絕種的直接風險[9]。最瀕危的鳥類中，百分之七十四直接受到集約農業衝擊；集約農業被視為全球鳥類數量減少的罪魁禍首[10]。工業化農業最公然體現了我們和其他物種的競爭，也最能清楚看到我們修改自然的影響。

數百萬計未知的生物在我們發現存在之前，就可能消失，那些生物不只是手巧的工人或食物鏈裡必要的一環；它們是我們最大的情報庫，將近四十億年間不斷勘校，能告訴我們如何在地球生存。我們所有食物與藥物都來自自然，誰也不知道自然中可能還有什麼——例如海蛞蝓萃取出的化學物質正在接受測試，有潛力治療癌症[11]。生物多樣性很重要，代表了我們不完全了解的相互連結。就像阿波羅十三號的太空人，他們為了修理破損的太空船而利用備用的工具箱，我們也要珍惜地球上同住的同胞，不只因為牠們代表著生命的奇蹟，而且牠們是我們未來能分享地球最可行的機會（其實是唯一的機會）。

當然事情不全跟**我們**有關；恰恰相反，許多人指出，地球少了我們，會過得非常好。矛盾的是，少了我們，就沒有「最好」或「最爛」可言——唯獨人類為這世界賦與了那層意義。諷刺的是，我們雖然充滿破壞性，但大多人天生喜愛自然。二〇一七年，大衛．愛登堡（David Attenborough）的《藍色星球》系列第二季在BBC播出，證實了這一點，影片中是海豚衝浪、鯨魚打盹的窩心影像，接著是海龜被纏在塑膠裡的影像。這系列立刻造成劇烈的影響，引發熱烈的爭論，促使英國政府為了塑膠利用訂下新目標，大公司承諾減少塑膠使用[12]。

92 小即是美：少了微生物，地球上不會有生命

《藍色星球》第二季說明了，情緒對我們和自然的關係有強大的影響。我們比較關心鳥，沒那麼關心昆蟲，是因為我們長羽毛的朋友賞心悅目，擁有飛行的天賦，展現一些我們認為高尚的行為，像是遷徙幾千哩，無私地餵食幼鶵，有時與伴侶相守一生。雖然有一小群特別的人為蟲子犧牲奉獻，愛鳥的人遠比較多，但少了昆蟲，既不會有鳥，也不會有我們。

我們之中的愛樹人證實的沒錯，自然用不著可愛而親切，也能激起我們的愛。其實自然甚至不用是「活的」，也能感動我們——比方說，我們許多人受到山岳吸引，或光是待在海邊就覺得煥然一新。從這角度看，在谷歌搜尋自然的影像，其實發人省思——我搜尋的時候，前二十張之中，十五張裡有樹木，十張有水，六張有山，另外五張是植物的特寫。那二十張影像中，只有一張裡面有人（是遠方的剪影），沒有一張裡有動物。

仔細想想，其實有點奇怪。我們想像自然時，腦中通常浮現古老森林，某些白雪靄靄的

山，或海上風暴之類的景像。我們幾乎永遠不會想像在我們玫瑰花叢下或在我們腸道裡蠕動的微生物。比起昆蟲，那些微生物對生命更是不可或缺，使得地球上所有山巒、森林、魚、玫瑰和人類有了生命。少了微生物，地球上不會有生命，所以如果我們真要和自然產生連結，就得往小處著眼。

對於不熟悉指數威力的人來說，可能很難想像地球上究竟有多少微生物。據估計，共有1030的微生物（也就是一後面有三十個零），是已知宇宙中星星數量的一百萬倍[13]。微生物小到肉眼看不見，卻占地球生物重量的一半。如果你覺得很難消化這些資訊，可以先吞下這個事實：你腸道裡的細菌總重大約四磅[14]。微生物真的到處都是——不只在實驗室的培養皿或你冰箱深處發黴的優格裡，也在石頭裡、土壤中、海裡和空氣裡、樹上、花朵上、鳥和蜂身上、你愛犬的鼻子上，還有你愛人的嘴唇上、你正拿在手上的書、平板電腦或手機上，也在你嘴裡、眼裡、皮膚和腸道裡。我們體內大約有一千兆的微生物，微生物的細胞量至少是我們體細胞的三倍[15]。看到那樣的數字，難免懷疑我們身為人類有多純粹。

如果微生物有我們以為的一半致命（或一兆分之一致命），我們早就死光了。我們和微生物一同欣欣向榮（反之亦然），顯示了和我們恐微生物的潔癖文化截然不同的情形。雖然有些微生物（歸類為病原體）確實能以無情的效率殺死我們，但絕大部分微生物不只友善，甚至是我們生存的關鍵。

微生物無所不在，所以它們究竟在做什麼呢？答案是，它們做的事和你我沒什麼不同——努力在複雜而充滿競爭的世界生長茁莊。它們在這世界的時間比我們長多了——微生物是地球上最早的生命形態，一般認為出現在大約三十八億五千萬年前，帶電的海中粒子吞噬了海底熱泉（海床上的火山裂縫）噴出的一些礦物質「湯」，形成單細胞的生物體——古細菌[16]。※2我們的共同祖先——古細菌吃下世上第一餐，就這樣發動了地球上的生命，利用化學能處理碳、氫、氧、氮，形成胺基酸，也就是生命的基本構成單元。

有十億年左右的時間，我們充滿硫的酸性地球由古細菌當家，不過大約二十七億年前，某些致命的對手登場了。藍綠菌（Cyanobacteria，又稱藍綠藻）開始在海中爆增，利用太陽能來吸收水中的氫，排放氧這種廢氣。這個過程是原始版的光合作用，改變了我們的地球。氧是非常不挑剔的元素，看到什麼就和什麼結合，尤其是鐵，於是形成了世上第一層鏽帶。對古細菌來說，這意味著大災難——因為氧對古細菌而言是致命的劇毒，於是我們最遠古的祖先不是死了，就是消失到地下。結果它們一去不回——海洋中充滿氧之後，氧氣開始釋放到空氣中，造成了大氧化事件（Great Oxygenation Event），也就是我們今日大氣的基礎。大約九億年前，氧氣濃度在百分之二十一穩定下來之後，構成了複雜生命演化的舞臺，而我們這樣的動物也得以

※2 原註：二〇一三年西澳發現的三十五億年化石，是至今發現最早的生物：那層一公分厚的單細胞微生物群體，就是在那樣的海底熱泉周圍發現的。

在地球上行走[17]。

大部分人大概都能隱約回憶生物課，想起植物是用陽光和水來進行光合作用，而這個過程的關鍵副產物是氧。不過比較少人意識到，這過程要依賴微生物。葉綠體是植物體內進行光合作用的亞細胞生物，正是由我們的老朋友——藍綠菌構成，它們仍在開心地把氧氣噴進大氣中。光合作用（Photosynthesis，來自希臘文的*phos* 光 + *sunthesis* 合成）仍然是地球所有複雜生命的基礎，提供我們所吃的食物和呼吸的空氣。現代的光合作用，是將陽光轉化成化學能，然後用於結合水與二氧化碳中的元素，形成碳水化合物，也就是食物鏈的基礎。這個把戲仍然是藍綠菌、藻類和植物的專利，因此我們其他的地球生靈都是仰賴它們而生（被放逐的古細菌是例外）。以賽亞說「凡有血氣的都盡如草」，其實幾乎沒錯——我們都依賴可以把握時機、趁晴天產乾草的生物（有時就是字面上的意思）。

藍綠菌除了讓我們呼吸，迷你的錦囊裡還有更多妙計——可以固定大氣中的氮。我們在第一章看過，氮是植物和動物的關鍵養分，然而主要存在於空氣中，必須固定之後，植物才能吸收。早在哈柏與波希先生登場之前，藍綠菌就在發揮這種有用的功能，例如讓亞洲的水稻一世紀又一世紀結實飽滿。

我們的生命有賴藍綠菌，那為何沒有更多人聽過它們的名字？有個答案是，藍綠菌太小了，我們靠著先進的顯微鏡一窺它們的世界，現在才逐漸意識到它們的存在。正如太空望遠鏡

（例如哈柏望遠鏡）拓展了我們的宇宙知識，電子顯微鏡則改變了我們對微生物領域的理解。有些科學家仰望星辰，夢想殖民火星，有些則指著我們腳下的土壤，納悶著其中埋藏怎樣的寶藏。我們對自然的理解，正在光譜的兩端經歷一場革命。

93 人類是自然秩序的一部分

自然是改變的準則。

——亞里斯多德[18]

我們了解自然，主要是靠著用儀器窺視自然。這大大解釋我們西方的世界觀。我們覺得遠遠觀察自然很自然，不過仔細想想，其實有點矛盾。如果一種行為感覺很自然，表示我們是自然的一部分；然而，如果我們可以從外部觀察自然，那我們應當不可能是自然的一部分吧？這個難解之謎，至少自《吉爾伽美什》的時代起，就困擾著西方思想，潛伏在我們最深的兩難與最大勝利的根源，在啟蒙運動告終。

這種子照常是由古希臘人播下。亞里斯多德最早質疑自然的原則，他以我們現在視為科學方法的方式，著手觀察、解釋自然現象。對亞里斯多德來說，大自然（Nature）正是我們今日的意思：自然界所有動、植物和無生物的總合。而那些實體的自然（nature）是由內在藍圖決定，告訴那些實體要呈現怎樣的形態。大自然因此是持續演變的狀態，生物遵循內部指令，呈現適當的形態——橡實變成橡木，小牛長成大牛，諸如此類。既然形態會隨著功能而定，於是魚類為了游泳而有鰭，鳥類長出翅膀來飛翔，以此類推。每個物種因此都完美適應了棲地，產生一種自然階級，讓所有成員正好都有得吃——亞里斯多德在他的《政治學》中推論：「我們必須假定植物是為了它們（草食動物）而存在，而草食動物是為了人類而存在[19]。」

亞里斯多德的想法隱約有點熟悉，因為他其實發明了自然科學，為啟蒙運動的理性奠定了基礎。亞里斯多德認為物種依據他們的功能和棲地來自我改良，這種概念終究與達爾文相距不遠。亞里斯多德把自然給物化，不過對他來說，人類仍然幾乎是自然秩序的一部分。要真正物化自然，必須先排除人類，我們已經知道，這過程始於《創世記》的神話[20]。伊甸園仍然是我們對自然的重要形像——是原始的地球形像，壯麗到足以代表天堂本身。不過人類從來不完全屬於那形像。亞當一開始就授命主宰其他動物，享有特權地位，基督教將這地位提升到超越萬物，讓人類擁有靈魂，因此可望進入造物者所在的天堂。

這天大的改變仍然餘波盪漾。不論我們相不相信創世神話是確確實實的真相，人類與自然區隔的概念都無法動搖。這樣的概念困擾了中世紀和文藝復興時期的科學家和神學家，他們試圖調解人類、大自然和上帝之間的三角關係——人類既與自然有區隔，卻又是造物的中心。一五四三年，危機來到了關鍵時刻；一位波蘭的天文學修道士尼古拉・哥白尼（Nicolaus Copernicus）提出星球繞行的中心不是地球，而是太陽。哥白尼為他的褻瀆之舉付出性命，卻在基督教宇宙開啟了毀滅性的裂縫，宣告了啟蒙運動的序幕。這激進的科學與哲學概念大變動，在一六八七年以薩克・牛頓發表《自然哲學的數學原理》（*Philosophiæ Naturalis Principia Mathematica*）時達到早期的巔峰。《原理》是一大力作，偉人結合引力、運動和光學定律，建構出全宇宙的初步模型。

《原理》一如其名，是自然哲學之作——自然哲學是一類思想傳統，將科學、哲學和神學結合為存在論的追尋[21]。《原理》的核心訊息（宇宙可以完全用數學解釋）不只動搖了科學機構，也動搖了所有的知識團體。如果宇宙真的按照可預測的法則來安排，那麼人類（雖然貶離了造物的中心）仍然可望全憑邏輯和理解而掌控宇宙。這世界從來不曾顯得那麼容易受人類理性理解，令人不禁想問，這個強大的新物種本身是什麼。

對於法國數學家兼博學家勒內・笛卡爾（René Descartes）而言，答案是「會思考的存在」。牛頓精確描述了宇宙，啟發了笛卡兒對人類經驗如法炮製，一六三七年提出《方法論》（*Discourse on Method*），質疑我們有什麼能確定的事。笛卡兒主張，我們不能信任我們的感官，因為感官很容易受矇騙——例如把木棍插進水中，看起來會像中間折斷了。我們也不能信任自己的理性，因為我們知道我們很容易犯錯；我們甚至不能信任自己的思想，因為夢總是顯得真實。笛卡兒問，那我們究竟**能相信什麼呢？**答案是，在問那種問題的過程中，我們知道我們自己在發問。笛卡兒說：「為了要思考，就必須存在[22]。」

迪卡兒著名的格言*Cogito, ergo sum*（我思故我在）催生了西方理性主義。在笛卡兒的宇宙中（後面簡稱為笛卡兒的），只有人類有意識，而周遭的一切（包括人類的身體）都屬於機械、物質的領域。動物沒有靈魂，也無法理性思考，因此被貶為機器。笛卡兒說，觀察狗或猴子的時候，看不出牠們的行為不只是機械衝動的結果，和當時流行的發條人偶沒什麼不同。笛卡兒寫道：「如果意識到人類才智能做出多少不同的自動機，就會視這（動物的）身體為機器，而這機器創造於上帝之手，完備的程度無可比擬[23]。」

笛卡兒把自然區分為心靈和物質，其實把人類放到了上帝原本的位置上。他的笛卡兒宇宙並非充滿驚奇，而是理性的方格空間，三維用x、y、z軸表示，而三軸交匯在零點。這種驚人的抽象過程，最可見的遺產是普遍的圖表，轉化我們的空間概念，以及我們對現實的理解。[24]

94 我們吃的方式造成自然的失衡

笛卡兒的幾何學和牛頓的物理構思出來三世紀後，讓我們把人送上月球，見證了啟蒙運動思想的威力。啟蒙運動賦予我們現代性，卻也傳給我們一個破碎的世界，我們必須辛苦找到自己。自然哲學碎裂成千個碎片，由數學獨占鰲頭。圖表和統計主宰了我們的思考；只有數字表達的概念才有價值。啟蒙運動給了我們許多禮物（科學、知識和理解），卻也讓我們思考方式封閉。

少了分科的思考，我們絕對無法分裂原子、發現抗生素，或解開DNA之謎，然而我們的科技能力超越了我們的哲學智慧。我們就像普羅米修斯和他偷來的火焰，得到了神的力量，卻沒能力處理。這種失衡在我們與自然的關係最明顯，而失衡體現在我們吃的方式。

笛卡兒的機器-動物說，直接從他的《方法論》中一躍而出，形成我們後工業時代餐盤裡的重心。

養殖工廠仍是我們超脫自然在道德上最可議的結果。凱思．湯瑪士（Keith Thomas）在他一九八三年的著作《人與自然世界》（*Man and the NaturalWorld*）中評論道，很難再現「令人屏息的人類中心精神」；早期現代思想家正是以這樣的精神，掌握了迪卡兒「動物無法感受痛苦」的概念[25]。就連約翰．洛克也承認，「比起讓所有野獸的靈魂永生，認為所有野獸都是機器的結論」比較輕鬆[26]。現有，我們知道牲畜根本不是沒知覺的機器，反而非常聰明，擁有複雜的社交與情感生活，和我們的沒那麼不同[27]。那我們現在還有什麼藉口？

當然沒有。我們只有嚴重的認知失調，加上幾乎無法扼抑的罪惡感。雖然西方對於吃肉的態度已經開始改變（二〇〇六年，英國的純素食者估計只有十五萬人，二〇一八年成長為六十萬人），我們主流的食物文化卻仍固執地肉食[28]。二〇一八年，肯德雞的英國分店居然沒雞肉可用時，顧客火冒三丈，許多打電話給警察，幾名警察不得不告訴大家，他們最愛的點心暫時缺貨這種事，「並非警方事務」[29]。

95 自然的系統靠互惠維持平衡

無雞可吃不方便，相較於我們家禽習慣造成的嚴重威脅，卻只是雞毛蒜皮。二〇一八年，加地夫大學微生物學教授提摩西．華爾希（Timothy Walsh）發現，黏菌素（colistin）這種「最後一線抗生素」在俄國、印度、越南和南韓的工廠化養雞廠經常使用，促進雞隻生長。你猜對了，使用者包括肯德雞（以及必勝客和麥當勞）的主要供應者。團隊發現，雖然二〇一五年已在中國豬身上發現抗黏菌素的基因mcr-1，但使用黏菌素的情況仍然迅速蔓延。這發現在醫療界掀起恐慌，因為這基因很容易轉移——確實已經以各種形式傳到其他三十個國家了。請華爾希評論雞食中使用黏菌素時，華爾希直言不諱——他稱之為「喪心病狂」[30]。

我們為何冒著自己生命危險來餵養自己呢？答案是，我們預期食物應該很便宜。工業化讓我們忘了食物的原貌——是自然界的活使者。我們把自然當作可以剝削的資源，因此貶低了食物。我們的兩難是我們為了生存，**必須**操控自然，但不能削弱自然。農民當然總是操控自然，不過直到最近，他們操控之舉才會脅到全球生態系。這當然多少和規模有關，但也和這破壞的本質有關。農學家朱爾斯．普雷蒂（Jules Pretty）曾經主張，生物科技本身未必不好——例如選擇更耐鹽或耐旱的植物基因，只是延續了行之幾千年的育種[31]。不過其他「第一代」的基因改造卻大不相同，主要是培育抗特定殺草劑或害蟲的作物。

嘉磷塞是個好例子。嘉磷塞是孟山都公司熱銷的殺草劑年年春（Roundup）的神奇毒性成分。農民和科學家都稱之為世紀難得的發現。而年年春是設計用於「抗農達」（Roundup Ready）這類基因作物，作物經過改造，能抵抗年年春的致命毒性。不過美國農民開心地在田裡噴灑了二十年之後，錯愕地發現雜草反攻了。最早在二〇〇〇年發生於德拉瓦州的大豆田，之後超過十種不同雜草都產生了抗藥性（都有好鬥的名字，像是加拿大蓬、莧和三裂葉豬草），影響遍及二十二州超過一千萬英畝的大豆、棉花和玉米田。這些抗農達雜草一如其名，非常理直氣壯——有些長到七呎高，莖桿粗到會損壞農業機具。這些怪物是從哪來的？答案是，自然厭惡空缺，而對加拿大蓬、莧菜和他們的朋友來說，大片單一栽培的農地少了平常的競爭者，機不可失。一名雜草科學家說得好，這是「快轉的達爾文演化」[32]。※3

處理自然的時候，神奇辦法很少能解決問題。自然系統先天複雜，靠著互惠的原則而維持平衡——「好」微生物自然會抵抗病原體，自然掠食者會吃害蟲，而植物會分泌植物性化合物來自保[33]。※4自然藉著複雜度來培養韌性，但農業的目標向來是化繁為簡。地球上估計有三十萬種可食的植物，其中僅僅十七種提供了我們百分之九十的糧食[34]。少了農業，我們做不了三明治，也不會有城市或無子葡萄，但隨著我們進入都市時代，我們過去除的草、育的種都回頭來糾纏不清。我們的食物系統順暢而有效率——但十分脆弱。我們的祖母會說那是把雞蛋都放在同一個籃子裡。

喪心病狂也是很好的形容。用不著是算命師、微生物學教授甚至老奶奶，也看得出我們目前對食物的做法處處風險。但我們一意孤行。這樣的一個原因是慣性——畢竟我們務農了幾千年，積習難改。另一個原因是權力——食物系統愈來愈受全球集團掌控，他們維持現狀，才能保有既得利益。但關鍵原因可說是我們的笛卡兒世界觀讓我們相信，我們能藉著科技來掌控自然。正如經濟成長現在成了進步的同義詞（在笛卡兒圖表中，表示為愉快爬升的線條），增加作物產量也成為我們判斷農業成不成功的基準。

我們和自然正在進行一場軍備競賽，按邏輯判斷，只會有一個贏家。所以我們未來要餵養自己，有什麼選擇？換個說法問：未來我們想和自然維持怎樣的關係？

96 我們該怎麼餵養自己：兩派想法

不論是行進中的火車撞倒野牛、摧毀雨林，或是把黑鮪魚捕到瀕臨絕種，我們都不斷辜負神話指派給我們的關懷看管角色。今日，我們需要改變做法的共識愈來愈強，但最理想的路要怎麼走，卻少有共識。

至於我們該怎麼餵養自己，大約有兩派想法。第一派是工業遊說，目前最強勢。這類的想法主張我們需要加速掌控自然，更明智地運用肥料和殺蟲劑、基因改造動、植物，盡可能提高生產效率。換句話說，我們需要堅持原本的計畫，只不過要多加把勁。這派想法的概念是，我們愈能集中破壞性的人類活動，就能讓更多自然回歸荒野，保存自然。第二派的想法是有機遊

※3 原註：二〇一八年，嘉磷塞因為更糟的原因而登上頭條——一名庭園管理員德維恩・強生（Dewayne Johnson）控制孟山都損害賠償勝訴，法庭發現經常使用該公司的殺草劑RangerPro，對強生罹患非何杰金氏淋巴瘤（non-Hodgkin's lymphoma）這種有末期癌症有「極大」的影響，因此判強生勝訴。

※4 原註：「植物性化合物」的英文phytochemical的字源是希臘文，*phyton* 植物。

說，你或許猜到了，他們的要旨可以說和工業遊說恰恰相反。這一派指出工業化農業的災難性外部效應，主張我們不該試圖主宰自然，而是需要替代計畫，除了以發展為基礎，也重拾和自然界合作的方式，讓餵養我們的生態系培養出更高的土壤肥力、多樣性、複雜度和韌性。

這兩派想法驚人之處（除了雙方的對立沒什麼幫助），是他們看待要拯救的實體——自然的方式截然不同。對於工業派而言，自然被分成兩半——馴養的部分，我們應該利用到極限，而野性的部分應該完全不干涉。對這一派而言，接觸自然太奢侈，我們不再能承受。另一方面，對有機派而言，自然是一個連續體，野性和馴養的部分彼此交雜。靠近野地是這一派的目標，尤其是把更多野地納入農業。

你可能感覺到，在這哲學的分歧下潛伏著另一派看法，也就是質疑該不該信任人類照顧自然。雖然工業派認為我們不可信，因此必須退出荒野，有機派卻主張愈是參與自然界，能培養出愈理想的行為。有一件很重要的事要考慮：哪種做法最能保證未來（人類和非人類）的生活美好。

97 自然是人類美德的源頭

法國人類學家菲利普・德科拉（Philippe Descola）主張，我們首先要體認到，我們對自然的概念本身是文化的產物[35]。德科拉說，我們西方人很難接受這事實，因為我們相信我們是以客觀、科學的明澈觀點來看待自然，但這又讓我們把自然和文化視為互斥對立。對我們來說，自然是一種中性的背景，各種文化在前面上演。這種觀點使得早期的現代航行者看到原住民賦予自然靈魂時，斥之為野蠻人陷於迷信崇拜。他們從未想過，他們**自己**對自然的觀點（包含抽象空間、機器-動物的概念），本身可能也受文化影響。

德科拉說，十七世紀的西方探險者配備了航海設備，相信只有他們明白自然真正的樣貌，但其實也可能恰恰相反。例如西方把自然區分為野性與馴化，在其他地方並沒有直接對應的概念。像是傳統日本文化中，重要的區隔是山岳與平原，山岳陡峭無人居住，平原則平坦而擁擠。然而日本人認為這兩種空間一樣神聖——山神據說每年下山來，在稻田裡度過夏天，秋天又返回山裡。德科拉說，就這樣，「やま（*yama*，山）和さも（*samo*，居住空間）之間的區別，與其說代表互斥，不如說是一種季節輪替和精神上的互補[36]」。中國的道家思想也可以看到類似的關係。山被視為仙人的居處，成為平原俗世的一種心靈對應。

西方並非沒有那樣的互補——例如在古希臘，蠻荒森林被視為聖地，人們會去讓心靈重生，藉著打獵培養力氣和敏捷。雖然森林和耕地有別，卻被奉為食物的根源，而且因為所有肉類都是祭品，和農產品（例如烤大麥和酒）一同獻上，所以野性和馴化的自然就在用餐的儀式中合而為一。對希臘人來說，野性因此被視為文明的必要附屬物，具有平衡的作用。

不過我們已經知道，這種正面觀點並沒有延續到羅馬時代。羅馬人有精神潔癖，荒野對他們來說幾乎只代表有待馴服、納入文明領域的地方。日爾曼的森林因此成為一種挑釁，不只因為其中野蠻的居民是惱人的好戰士，也因為森林代表對文明生活本身的威脅。

雖然羅馬人厭惡日爾曼人，卻不得不尊敬他們的力量和氣魄，認為主要是因為他們在野外的生活純粹。這種都會的反勢利中，蘊涵了潛在的自我憎惡，幾世紀後，重新浮現於完全成形的浪漫主義中。十八世紀，隨著巴黎、倫敦那樣的城市膨脹，以及綽號「蕪菁」湯森（'Turnip' Townshend）的農學家查爾斯・湯森（Charles Townshend）宣揚圈地、伐除森林和牛飼料對於餵養城市的好處，有些人開始質疑文明本身值不值得這樣大費周章。主要反對者是嘗・雅克・盧梭，他一七五〇年出版的《論科學與藝術》（*Discourse on the Sciences and Arts*）嚴厲地抨擊了金玉其外的巴黎社會（但他自己也是其中赫赫有名的一員）。盧梭說，在沙龍裡高談闊論沒什麼不好，但其實所有文明化社會真正的影響，是矇蔽人的判斷，讓人看不清生命中真正重要的是什麼。如果人類想重拾尊嚴，唯一的希望是回歸自然根源：「如果我們不能享受地思索遠古普遍的單純，就無法深思人類的道德。這概念可以合理地比擬為美麗的海岸，只受到自然之手妝點；我們的目光常轉向海岸，看到海岸線後退，感到悔憾[37]。」

盧梭提出，自然（而非文化）是人類美德的源頭（因此認為「高貴的野蠻人」比文明人優越），其實顛覆了啟蒙主義的價值。盧梭說，科學與知識有各自的用處，前提是要以實質的道德為基礎。盧梭寫道：「科學、文字和藝術……在拖累人類的鏈子上纏上花環[38]。」住在鄉村的小屋裡，遠好過屈從於「社會人群」中盛行「討厭而不可靠的盲從」。相較於那種做作，從不知文明生活的「原始人」是「有福的」。盧梭說：「我不敢提起那些快樂的國家，他們甚至不知道我們辛苦抑制的那些惡習叫什麼[39]。」

98 野性的呼喚

野性中保存了這個世界

——亨利．梭羅（Henry Thoreau）[40]

雖然盧梭遭到同時代大多人嘲諷，卻成為一群詩人與冒險者的領袖；他們無法抗拒野性的呼喚。愛德蒙．柏克（Edmund Burke）在他一七五六年《崇高與美之源起》（*Philosophical Enquiry into the Origin of Our Ideas of the Sublime and Beautiful*）中指出，人們受到高聳的山峰、深不見底的溝壑與流湧的瀑布吸引，是因為那些事物規模宏大、自然威嚴，令人敬畏，因此讓人夢想無限的事物。這和笛卡兒主義一板一眼的確信，是非常不同的無限。崇高的呼喚在許多方面來說，反駁了那種深思熟慮的精準——直接訴諸人類的心與靈魂。就像浪漫主義派畫家卡斯伯・大衛・佛列德利赫（Caspar David Friedrich）之作〈霧海上的旅人〉（Wanderer above the Sea of Fog），浪漫主義者並不夢想掌控荒野，而是尊敬荒野的神聖奧祕。

工業化煤煙的印象，把人們對荒野的渴望變成一陣喧囂，尤其在美國，（至少理論上）仍然有足夠的荒野可以分享。拉爾夫・沃爾多・愛默生（Ralph Waldo Emerson）一八三六年的論文〈論自然〉（Nature）捕捉到這種氣氛，文中提到深切需要藉著擁抱「未被人類改變的精髓——空間、空氣、河流、葉子」，來恢復心靈。愛默生認為，人類失去和自然的連結，類似生了病。愛默生寫道：「我們身處在回顧的的年代，從前的世代正面面對上帝和自然；我們則是透過他們的眼睛來看。我們何不也享有和宇宙原汁原味的關係呢？……今日太陽依然普照[41]。」

對愛默森來說，自然是一切美好的事物——神聖而美麗，能教導也能療癒，是一切滋養的根源，能撫慰所有不幸。他寫道：「愛好自然的人，內外感官都仍然如實地適應彼此……和天堂與人間的交流，成為他每日食糧的一部分[42]。」對於與自然同調的人而言，光是抬頭看天，就能超脫。愛默生說：「如果人想要獨處，就讓他仰望星辰[43]。」不過在樹木間（在「上帝的莊園」），人們才能得到最大的救助。愛默生說，我們在森林裡，會體驗到「人和植物之間的神祕關係」，因此重拾童年的驚奇，是所有「理性與信仰」的基礎[44]。總而言之，自然是文明的解藥。愛默生寫道：「如果身心因為討厭的工作或人際關係而受壓迫，自然就是解藥[45]。」

〈論自然〉確立了遼闊的戶外是美國人心靈的家園。愛默生在傑佛遜的公民農人之外，加上了堅毅的邊疆居民，他們和荒野間的密切關係，為他們增添了自然的高貴特質。當時頂尖知識分子熱切地接納這篇短文，但真正推廣愛默森願景的，是他的一位年輕門生，亨利・大衛・梭羅（Henry David Thoreau）。梭羅原本擔任愛默森家中的助手，一八四五年梭羅二十七歲時，離開了主人位於麻州康科德（Concord）的家，在華爾騰湖（Walden Pond）畔的一間簡樸小屋待了兩年。梭羅的回憶錄《湖濱散記》（*Walden, or Life in the Woods*）出版於一八五四年，比他恩師的著名論文更加出色。《湖濱散記》既是日記，也是曆書與未來隱士的自助指南，詳述了梭羅每日的生活——照料豆田，傾聽鳥鳴，或每天跳進書名中那座湖裡（「是一種宗教體驗」）——以及各種哲學沉思。雖然梭羅經常去附近的康科德買補給品，或只是與人交流，卻和盧梭一樣，批評他理論上拋下的文明。梭羅寫道：「大部分奢侈品和許多所謂生活中的慰藉，不只不是不可或缺，而且確實阻礙人類提升[46]。」

雖然被批得體無完膚，其中許多人認為梭羅的「實驗」只是不切實際的自我沉溺，但《湖濱散記》廣受歡迎，很快就成為新生環境運動的非正式手冊。接著登場的是約翰・繆爾（John

Muir），他是粗曠的蘇格蘭人，也是愛默生的忠實粉絲，一八六七年進入荒野見習的過程比梭羅的更徹底一點，其中包括印地安納州到佛羅里達州的一千哩步道，以及繆爾口中「我能找到最蠻荒、枝葉最茂密、最少人走過的路」[47]。不過繆爾真正的頓悟來自隔年，他目睹了即將賦予他人生意義的地景——內華達山脈的優勝美地峽谷（Yosemite Valley）。繆爾滔滔不絕地寫道：「沒有一座人造的殿堂比得上優勝美地……好像大自然把她最珍貴的寶藏收集在這座山岳宅邸中，吸引她的愛人們和她進行親密傾吐的交流[48]。」

繆爾搬進優勝美地峽谷，接各種零工，為自己在一條小溪旁蓋了一座原木小屋。繆爾愈來愈融入他鍾愛的地景，自己很快也成了地標，一八七一年，鼎鼎大名的愛默生本人拜訪了他。然而，繆爾雖然在荒野非常自在，卻逐漸相信優勝美地應該受到保護，隔絕所有人類影響（他自己的影響也不例外）。他發起運動，希望那座峽谷列為國家公園，並在一九〇三年得到了意外的鼓舞，西奧多．羅斯福要求跟他一同露營（一世紀後，英國探險家貝爾．格里爾斯〔Bear Grylls〕和巴拉克．歐巴馬〔Barack Obama〕比較沒那麼克難的冒險，重現了這趟男孩之旅[49]）。在星空下睡覺、醒來身上覆滿了雪之後，總統宣告自己改信了。一九〇五年優勝美地宣布成為國家公園，永遠保存所有原始的光榮。

99

野性無所不在

智慧不變的特點，是能在平凡中看到奇跡。

——拉爾夫・沃爾多・愛默生[50]

問題是，優勝美地一點也不原始。繆爾在他早期的文字中承認，那裡住著阿瓦尼奇人（Ahwahneechee），這位蘇格蘭人記下了他們和地景之間的深刻連結，語帶一絲嫉妒。一次，繆爾在露營時麵包吃完了，才意識到他有多少事情要跟當地人學習。他寫道：「印地安人和松鼠一樣令我們羞愧。充滿澱粉的根類、種子和樹皮多的是，但餐袋裡空空如也，打亂了我們身體的平衡，危及我們盡興享受[51]。」

繆爾一邊敬佩印地安人優越的野外生存技能，一邊愈來愈因為他鍾愛的峽谷多少出於他們之手而氣餒。不過谷地上鋪滿青翠的綠草地（在德裔美國風景畫家亞伯特・比爾施塔特〔Albert Bierstadt〕的畫布上描繪得十分神聖）不是出於自然的藝術技巧，而是印地安人定期燒掉森林，改善獵場的結果。然而優勝美國神聖化之後，那種不方便的真相就被掩蓋在草皮下——阿瓦尼奇人被小心地從畫面裡吹走了。

繆爾獨特地融合了輪輪廓分明的森林居民和神祕詩人，把環境主義和浪漫主義融合為毫無破綻的整體。繆爾小心建構的原始荒野幻想，補足了舊約聖經起始的想像，穩穩把人性置於自然的框架之外。最新這次遭到逐離伊甸園（某種自願接受的第二次墮落），拒絕讓人類在人間天堂擁有任何立足之地。從現在起，唯一「真正」的自然，是人類未曾染指的自然。威廉・克羅農在他一九九六年的短文〈荒野的麻煩〉（The Trouble with Wilderness）中提出這概念，而這概念在美國產生了特別的影響，邊疆迷思（那裡有不曾探索的廣大疆域）似乎象徵著一個更美好而失落的過去，相較之下，現代只顯得俗麗而溫順。克羅農說，荒野因此成為「失去自己靈魂的不自然文明的對照」[52]。

華茲渥斯（Wordsworth）和柯立芝（Coleridge）等等英國浪漫主義者，必須將就於湖區的迷你壯闊，愛默生、繆爾等人卻有整個大陸可以展現他們的夢想。壯闊塑造了美國的浪漫主義，讓美國環境主義者無法專心處理主要的任務——探究人和自然該怎麼共存。克羅農主張，美國浪漫主義者忽略了馴服的自然，崇拜荒野，促成了某種自我厭惡，讓人們迴避為他們真正過的生活負責。

雖然很少人同意有需要保存荒野，但克羅農說，我們仍然必須體認到，所有地景都會形成一個連續體，也就是我們的家。如果我們能對園子裡一片不起眼的灌木和森林裡高大的紅木一樣驚奇，我們才算了解我們在自然中真正的地位。梭羅說得對——野性（與荒野不同）保存了世界，但我們用不著為了尋找野性而爬上高山，因為野性無所不在，在我們的城市、公園、家園、花園裡，甚至在我們體內。

100 森林與作物的健康，取決於野性的程度

野性保存於人類文化中。

——溫德爾・貝里[53]

對美國農人兼散文作家溫德爾・貝里來說，學習如何與自然共存，是「我們種族永遠無盡的畢生工作」[54]。貝里在他一九八五年的散文〈保存荒野〉（Preserving Wildness）中主張，大自然最困難的部分，是我們必須判斷自己的極限：

人類和其他所有生物一樣，一定會造成影響；否則無法存活。但人類不同於其他生物，必須決定他們要造成怎樣的影響，以及影響規模。如果人類決定造成的影響太小，就會縮限他們的人性。如果決定造成的影響太大，則會削弱自然……所以自然不只是我們的根源，也是我們的限制與衡量標準[55]。

貝里相信，我們最主要的問題，是不確定我們和自然的相對地位。貝里說，有時聽起來「好像自然和人類是兩個不同的階層，截然不同，有極大的分歧[56]」。不過稍加思索，應該能看出自然和人類密不可分。舉例來說，純粹的自然通常不適於人類居住（我們需要某種保護才能在北極存活；在森林裡遊蕩太久，很難不遇到灰熊），不過從我們生活中完全排除自然，也一樣致命。不論我們住在哪，都需要自然和文明——祕訣是二者融合。基本上那就是所有傳統食物文化發展出的模樣。

貝里認為，這沒有通用的解決辦法，因為自然多樣性無窮無盡，我們的反應也一樣。所以想要智取自然，是很嚴重的誤解。以現代荷斯登（Holstein）牛的奇跡為例。荷斯登牛經過育種，每年能產生五萬磅的牛奶。那樣的生產力看似驚人，卻有種種缺點——荷斯登牛舉步維艱，嬌貴得沒辦法淋雨，吃的穀物是用大量「便宜」的油來種植，所用的農法會讓土壤枯竭，或讓農民失業。

貝里說，我們忘了一切繁榮的根源都是野性：「森林或作物的健康程度，完全取決於野性的程度——能用植物在人類行走於大地之前的慣常方式，和土壤、空氣、光和水合作[57]。」因此要和自然和諧共存，就必須「讓馴化和野性和平共處、甚至結盟」。也就是說，我們需要讓我們知道該怎麼做的文化：「擁有讓我們成為人類的文化，現在格外重要——這樣的物種擁有審慎、公正、堅韌、節制與其他美德。因為我們的歷史顯示，人類如果少了自制、紀律和文化提升，既不『自然』、不是『思考的動物』或『裸猿』，而是怪物[58]。」

和自然和諧共存，其實是地方傳統的智慧：「我們只能運用文化來保存自然，而我們只能用馴化來保存野性[59]。」

101 飛地思維：和自然共存的替代性計畫

智人開始在大地漫步以來的二十萬年間，我們試過無數種和自然共存的方式，有些比較成功，有些則否。成功當然是相對的；比方說，依據不同的標準，可能認為羅馬人或木布提人比較成功。如果看的是石匠、演講術和軍隊紀律，那麼羅馬人遙遙領先；如果是看同理心、平等和生態壽命，那麼贏的顯然是木布提人。貝里說得好，學會平衡自然與文化，是永遠未竟的人類工作。

今日，在我們萎縮、炙熱的星球上，開始產生各式各樣的辦法。伐木工、礦工、放牧人和油頁岩開採工逼走了最後的狩獵採集者，我們人類的故事整整繞了一圈。如何和自然共存，現在真的成了全球問題。不論我們的選擇有哪些相對好處，至少有件事很明確——要從現在的計畫轉換成替代計畫，需要遠遠更多的努力和想像力，原因很簡單：現在的計畫代表著現狀。替代計畫（採行有機農法）不只需要我們改變吃的方式，還要改變生活的方式。那表示把我們消費主義的誘惑換成沒那麼激烈的喜悅，例如接觸自然帶來的喜悅（但原本的計畫試圖阻止我們接觸自然）。替代計畫試圖做的事，舉例來說，是用種植自己的番茄，來取代把手機升級得到的刺激。我們很少人甘願做那種交換，但同樣少人有立場批判，因為現在我們大多擁有智慧手機，不過自己種蔬菜的人屈指可數，這狀況和兩代以前完全相反。沒人主張我們都要變農人，或是放棄我們的智慧手機（老天保佑），不過替代計畫顯然涉及轉換我們的喜悅來源。

那樣的改變已經發生了。有許多人（例如屋頂農人班．法蘭納）意識到他們寧可和自然共事，也不想坐在辦公桌後。確實，全球的鄉村生活遭到摧毀的當兒，愈來愈多人試圖再造。例如英國和美國就有獨立的乾酪製造者見證了驚人的復興，二〇一六年，英國製造了七百種農莊乾酪[60]。而且未來十年，英國鄉村的人口也預期成長百分之六，許多新農場和食品業開張大吉[61]。從這角度來看，食物運動就像深海洋流——表面看不見，卻愈來愈快、愈猛烈，甚至能造成實際影響。除了以分享、修理和工藝為重心的類似運動，也暗示了我們確實能以更長久、更有創意的樂趣來打造新生活。

那樣的願景能擴大嗎？對工業遊說而言，答案很明確，不行。除了主張我們需要遠離自然，這一派也主張只有大型農業集團能餵養這世界。但確實是那樣嗎？確實，如果別的事都不變（如果我們繼續期待只為我們的食物付出分毫），那麼其他任何的食物系統都招架不住。話說回來，如果我們在朝著零碳經濟努力的同時，再度開始重視實物，那麼不同的食物系統不只可能實現，而且必然實現，因為原本的農業食物模式根本站不住腳。不論如何，將來某一天，那樣的結果將無可避免，因為大型農業集團終將後繼無力。

從這又衍生出兩個重要卻被忽略的見解。首先，主張工業化農業的人，不明白吃和生活密不可分，而變革性的改變往後往前都有可能。第二，聲稱只有大型農業集團　能餵養世界，忽略了一個可能性——我們未來可能有不同的生活方式，因此這根據的假設有誤。有機的替代方案無疑更複雜、難以想像，但不表示不可能成功。

102 如何餵養世界？「照常行事，絕無可能」

二〇一七年，聯合國糧農組織發表了一篇報告，〈食物與農業的未來〉（The Future of Food and Agriculture），預測二〇五〇年食物、飼料與燃料的生產會提高百分之五十[62]。報告列出我們會遇到氣候變遷、都市化、土地稀缺、生態破壞、戰爭、浪費、害蟲與疾病等等挑戰，表明：「高輸入、資源集約的耕作制度（造成大規模砍伐、水資源缺乏、地力衰竭、排放大量溫室氣體）無法提供永續的食物與農業生產[63]。」

報告的結論是：「照常行事……絕無可能[64]。」相反的，我們需要「變革性的過程，改用全面的做法，例如農業生態學、混農林業、氣候智慧型農業和保育式農法，這些也建立在當地固有、傳統的知識上[65]」。

那樣的做法因為本質關係，多樣性遠高於一體適用的氮、磷、鉀模式。可能涉及非耕（不犁地，減少土壤擾動）、綠肥（播下豆子和豆科植物，增加土壤中的氮）和香草地（暫時的牧草地，間隔播下其他作物，恢復土壤肥力，有時結合圍牧，讓牛隻從田野的一處移到另一處，模仿野生牛群活動）。其中也可能包括各種形式的樸門（permaculture）——這種農法模仿自然，希望使自然的協同增效作用最大化。透過建造攔砂壩之類的方式，藉著培養生物複雜度、棲地並列、混合栽培樹木、灌木、牧和作物，以及氮、能量與水的捕獲與保存，可望達成這個目標[66]。[※5]依據報告的說法，那樣的辦法已經用於全球一億一千七百萬公頃的耕地，大約是全球總面積的百分之八，採行比例最高的是澳洲、加拿大和南美[67]。

糧農組織承認，那樣的做法和高輸入農法的現成方法不同，需要量身訂作。因此成功與否取決於大量的支持系統（良好的教育、減少不公、取得土地、女性賦權、減少遷移、投資鄉村），這一切都需要全球治理來支持，發揮力量，超越已開發、開發中國家之間慣常的鴻溝。要實現這一切，少不了某種形式的共同願景，例如聯合國在二〇一五年九月正式通過《二〇三〇年永續發展議程》（*2030 Agenda for Sustainable Development*）。報告宣告，「在達到永續發展的過程中，所有國家都互相依賴[68]」。

聯合國的《二〇三〇年議程》是我們最接近全球共同路線圖的東西，這份文件有重要的歷史意義，既充滿希望，又脆弱無比。至關緊要的問題當然是，這議程能不能發揮效果。除了議程中迫切呼籲的全球治理可不可能實現的這個關鍵問題（還不提有沒有足夠的權力迫使全球企業勢力屈服），其中支持的農業生態法是否真能餵飽全世界，也有待商榷。既然那樣的爭議通常要看數字，就該來處理些資訊了。

英國酪農兼新聞記者西蒙・費爾利（Simon Fairlie）為那樣的演練付出了數一數二的辛苦努力。費爾利在他的著作《肉食：一種良性的奢侈》（*Meat: A Benign Extravagance*）中（有點感傷地）承認，他的研究不包括「穿著雨靴在泥濘的農場裡走來走去」，而是針對農業這個主題，檢視大量已發表的資料，他發現其中充滿錯誤估計、混淆和明顯的「謬誤」。費爾利探討了在「如何餵養世界」的爭論中經常忽略的問題——飲食，並且在開場時引用了英國詩人波西・雪萊（Percy Shelley）的話；雪萊在一八一三年悲嘆用「最肥沃的區域」養牲畜而大大「浪費了養料」，只為了滿足富人「對死屍的不自然渴望」[69]。費爾利說，雪萊提醒了我們，生態承載量和社會公正之間，有著難以抹滅的連結，其中最強烈的連結就是肉。

※5　原註：在半乾燥地區的季節性河川建造水壩，攔阻、蓄積洪水。

全球肉食主義盛行，工業化畜牧生產的有害缺點，導致許多人推斷素食主義是唯一適合我們時代的飲食。費爾利說，其實沒那麼簡單。養殖工廠雖然「絕對邪惡」，用穀類飼養動物是「現代史中最嚴重的生態胡搞之一」，但不表示吃肉本身是壞事[70]。相反的，假如以人道方式飼養動物能消弭吃動物的道德異議，那麼就有強烈理由用人道方式飼養動物，因為只要正確實行，我們就能用同樣的資源，生產更多、更優質的食物。我們只要提醒自己，當初我們為何要馴養牲畜——因為牠們能吃我們不吃的東西。傳統的混和農業系統中，牲畜總是吃草或廚餘，只要那麼吃，就能成為營養的食物來源，也能持續供應糞肥。動物一向是傳統農業不可分割的一部分，有助於讓當地資源最大化，同時讓養分回歸大地，因此創造出極有效率的地方生態系。

那樣的做法如果沒有生態上的意義，不可能存活那麼久；問題是，那在現代世界有沒有一席之地。費爾利說，為了回答那個問題，不妨看看英國這樣的國家如何在四種不同的情境下餵養自己：有牲畜、沒牲畜，和有化學物質、無化學物質。如果我們要把每人相當於每日二千七百卡的配給，分配到穀物、馬鈴薯、糖、牛奶、肉類、水果、蔬菜和啤酒（不過肉類和乳製品少於我們目前吃的份量，素食者用豌豆和菜籽油來代替），那就有大新聞了——英國可以輕鬆餵飽自己[71]。※6雖然附帶了警告——那樣的系統需要我們大幅改變飲食，表現得像模範公民，不過那數字仍然顯示了很高的潛力。確實，那四種情境需要的土地都少於我們目前耕作的一千八百五十萬公頃。

費爾利說，四種模式中，有機加牲畜的模式最辛苦，需要八百一十萬公頃的耕地和七百八十萬公頃的牧地來餵養全國，只省下二百六十萬公頃的農地。以這樣的農法，餵養七．五人需要兩公頃的土地（一公頃是耕地，一公頃是牧地），而化學加素食的選擇最能輕易餵飽我們，僅僅一公頃的耕地就能養二十人，省下一千五百五十萬公頃的農地；那麼一來，那些土地就能回歸荒野。其他兩種模式中，有機加素食的表現最好，每公頃可以餵養八人，因此有一千一百二十萬未使用的土地，化學加牲畜的情境則需要二．五公頃的土地來餵養十四人，只省下七百六十萬公頃的土地[72]。

103 減肉與植物性有機生產

除了明顯的要點（我們的飲食法與農法影響了需要多少土地餵飽我們），費爾利承認那樣的做法只搔到議題真正複雜度的毛皮。例如有機素食法看似對生態最有益，其實要回收養分很難；傳統上這樣的功能是由動物負責。農牧混合的有機農場中，播下固氮的草皮（例如苜蓿）

※6 原註：費爾利僅僅算上五十六公克的肉和五六八公克的乳製品；他的數據是根據蘇格蘭生態學家肯尼斯．梅蘭比（Kenneth Mellanby）一九七五年的一則研究。

很有效率，既能餵牛，又能利用牛隻為牠們吃草的田地施肥。

費爾利說，把尺度拉大，用那種傳統方式飼養牲畜的潛在益處就很龐大。比方說，用廚餘養豬（這做法歷史悠久，但在二〇〇一年口蹄疫危機時遭到禁止），英國一年能生產八十萬公噸的豬肉，相當於我們肉類總消耗量的六分之一[73]。※7 而我們也不該駁斥播下飼料作物的想法，尤其飼料作物在某些地方長得比人類糧食作物好。由於動物比我們不挑食，所以遠比較能善用我們種下的東西——例如我們可能因為儲藏損失、瑕疵品和削皮而損失半塊田的馬鈴薯，但一群豬會開心地吞下整片田。牛隻也會欣然嚼食收成剩下的殘莖；那種潛在飼料的份量驚人——美國食品分析師J．G．費德（J. G. Fadel）一九九九年的一則研究估計，全球僅僅五種主要作物（小麥、稻米、大麥、玉米和甘蔗）的殘莖，就能供應牛隻所有的能量，和牠們提供全球牛奶所需的所有蛋白質的三分之一[74]。

費爾利主張，動物性食物平均比蔬菜和穀物營養一．二倍，所以把畜牧當成蔬食農法的一部分，非常合理[75]。不過死忠的肉食者用不著急著衝出去給烤架生火，因為這些發現並不是大啖牛排的藉口。費爾利說，恰恰相反，「我在本書從來不曾為了大量吃肉找理由，因為實在沒理由。肉類是奢侈品[76]。」不過費爾利說，確實有他所謂「預設牲畜」很有說服力的案例，也就是把飼養的動物視為「一個致力於提供永續蔬食的農業體系不可或缺的副產物」[77]。換句話說，動物可以用接近以前的方式飼養，主要吃的是我們原本會浪費的營養（草、廚餘和作物殘莖）。

那樣的做法雖然會使我們西方吃的肉類和乳製品銳減，但我們就不用完全放棄培根和乾酪了。費爾利計算道，如果全球實行「預設牲畜」，能提供我們目前消耗的半數肉類和乳製品——一年每人大約十八公斤的肉（相當於每週三百五十公克）、三十九公斤的牛奶（相當於每週配給六百三十毫升的牛奶，或七十五公克的乾酪[78]。費爾利說，雖然不多，不過其實成本是零，因為都是來自種植穀物和蔬菜產生的剩餘物資[79]。※8

吃肉當然還有其他的外部成本，尤其是厄門特魯德（Ermintrude）※9等牛隻消化道和排泄物排放的氣體。甲烷是所有反芻動物共通的無形威脅，糧農組織估計占人為溫室氣體排放的百分之五．四。不過要減少這類排放，並不像乍看之下那麼簡單。雖然讓家畜牛從地景上消失似乎是理所當然的措施，卻要付出生態代價。再生牧場主人艾倫．薩沃里（Allan Savory）和東尼．

※7 原註：追查發現，口蹄疫爆發源於把一些處理不當的污染餿水餵給豬吃，因此適當管控就能避免再度爆發。英國團體「豬主張」（the Pig Idea）正在爭取推翻禁令（隔年歐盟也禁餵廚餘了），主張沒道理浪費那麼珍貴的資源（世上其他地方廣為使用）。

※8 原註：既然這樣務農，會產生大約一億五千萬公噸的穀物過剩，所以費爾利認為我們能承受把一些穀物添加到雜食性牲畜的飼料中，因此每人得到額外八公斤的肉，欠收時也有「食物緩衝」。

※9 譯注：典故可能出自動畫《神奇旋轉木馬》裡的一頭奶牛。

洛弗爾（Tony Lovell）證實了，牛隻適當管理地放牧在貧瘠草原，能反轉沙漠化，並且能作為總體的碳積存庫[80]。從草原上移除所有牲畜，也會引發廢棄的地域改由什麼占據的問題。費爾利認為，如果野生反芻動物以牠們重新占據坦尚尼亞塞倫蓋蒂（Serengeti）一些地區的速度，奪回全球三千八百萬平方公里的牧地，牠們預計產生五千二百萬公噸的甲烷，是目前家畜排放量的八分之五[81]。※10

雖然這顯然是大幅下降，卻令人懷疑如果我們要吃素，我們該怎麼處理自然在野化農地上繁衍的野生動物。如果我們決定為了控制數量而獵捕、吃下那些動物，我們又要走回幾千年前祖先一開始的路子。但如果我們決定因為道德或其他因素而不吃那些動物，就會浪費珍貴的食物資源，要靠著種植更多穀物和蔬菜來彌補，而那些食物已經占了甲烷總排放量的百分之十七。不過我們或許不會種更多稻子，因為生產稻米排放的甲烷比生產同重量牛奶高了四倍[82]。※11

沒有不排放甲烷而能餵飽我們自己的理想辦法，不過這沒什麼奇怪——畢竟要活下去，我們就必須利用自然，有些排放顯然是這個方程式裡的一個因素。不過我們**能**做的，是把我們的農業影響降到最低，同時公平地分享資源，這是「照常行事」絕不可能達成的目標。那樣的目標暗示著我們應該採用更整合、低輸入、以蔬菜為基礎的生活方式——可以稱之為有益純素的生活方式。有些人是比較死忠的肉食者，要幫他們減肉，把養殖工廠的真正成本內部化或許是不錯的開始。那樣的食托邦經濟，自然會鼓勵轉型成植物性有機生產，不過我們真能不求助於氮磷鉀就餵飽自己嗎？

104 未來的食物和農業，必須以自然優先

好消息是，雖然我們還不大能用完全有機的方式餵養自己，但我們可以做得非常接近。這參考的是蘇黎世聯邦理工學院（ETH Zurich）的環境系統學系亞德里安・繆勒（Adrian Müller）博士主導的一個大研究，二〇一七年發表於《自然通訊》（*Nature Communications*）期刊[83]。研究採取系統性做法，處理我們未來該如何餵養世界這個問題，考慮到一些變數，例如飲食、食物浪費和氣候變遷可能的影響。作者用糧農組織的資料當作基準值（假設浪費百分之三十到四十，到了二〇五〇年，需要每人三〇二八卡的食物供應），檢視了一系列的農法，

※10 原註：這數字根據的是塞倫蓋蒂部分地區的重新占據率。

※11 原註：估計稻米占了一九九〇年全球甲烷排放的百分之十（比肉和乳製品加起來更多），現在判斷，這數字自從中國以化學肥料取代有機肥料以來，降低了三分之二，不過「閒置」有機肥料（量大幅增加）的排放要歸在哪裡，還不清楚。

加上各別對溫室氣體排放、水資源與土地利用、森林砍伐、土壤侵蝕等等的可能影響。這研究除了確認有機農法造成的傷害遠小於慣行農法，也發現如果我們把食物浪費減半，別再種植動物專用飼料（而採用費爾利的「預設牲畜」做法）就能用維持現狀所需的農地，以有機農法提供百分之八十的糧食。

作者們指出，如果我們投入研究，改善有機栽培的品種和方法，就能進一步提高這個數字。那樣的改良幾乎確定能縮短化學與有機作物之間的產量差距——報告中假定收穫量的差距是百分之八到二十五[84]。※12二〇一四年一個加州大學團隊的研究得到一致的結果，估計如果用更好的有機品種和栽培方式，例如間作（一片田裡種植一種以上的作物），就能有效消除許多那樣的產量差距[85]。

工業化國家如果鉅資發展依賴化學輸入的高產量作物，那樣的產量差距通常最大，這並非偶然。相反的，二〇〇二年艾賽克斯大學（Essex University）朱爾斯．普雷蒂（Jules Pretty）教授針對開發中國家農業計畫的研究，發現那樣的產量差距在全球南方急劇反轉了。研究跨越五十二國的二〇八個計畫，樣本包括九百萬座農場、將近三千萬公頃的土地——普雷蒂和他的團隊發現，農民由慣行農法改回有機、生態農法的地方，產量平均增加了百分之九十三，十分驚人[86]。作者群指出，那樣的方法通常比較適合那裡典型的小規模、低成本、混合生產，所以在那種地區更有生產力。

全球採用那種方式，潛在的好處無可限量。我們能減少水和能源消耗、溫室氣體排放、殺蟲劑和污染，並且能逆轉一些進行中的物種滅絕。如果我們認真想要活過下一個世紀，而且讓我們所知的世界還算完整無缺，理所當然就該採取「預設的有機」方式。那樣的做法很可能是我們保存野性唯一的機會。密西根大學古生態學家凱瑟琳·巴奇利（Catherine Badgley）曾指出，世上大部分的生物多樣性都存在於農地附近，因此保有小規模的荒野，周圍卻都是殺蟲劑之海，不可能成功。巴奇利警告：「如果我們只試圖在世界各地的島嶼圖維護生物多樣性，那麼大部分的生物多樣性都會消失[87]。」

二〇一九年，EAT-刺胳針委員會的報告〈人類世的食物〉確認了那樣的發現，結論是，我們現在吃的方式，對人類和地球都造成攸關存亡的威脅[88]。這份報的共同作者是全球三十七位專家，領域橫跨飲食、健康和農業，宣告我們亟需「飲食鉅變」，提出第一份有科學根據的全球飲食，以處理營養不良與生態系瓦解的雙重威脅。報告指出，除了讓食物浪費減半，全球消耗的肉類和糖也需要減少一半以上，富裕國家減少更多，包括美國減少百分之八十四的紅肉食用量，歐洲則要減少百分之七十七。為了永續提供那樣的飲食，也需要新的農業改革，包括全球採用生態農法與「永續強化」，避免農業用地的需求增加。報告補充，為了要有效率，那樣的作法需要有強力而經過協調的全球治理來保護土地、森林和海洋。

※12 原註：見西蒙·費爾利，他指出英國小麥和其他穀物的產量差異，幾乎可確定是由於有機品種缺乏投資。

雖然有人反對，認為報告提出的全球飲食沒有適度考量文化多樣性，但一向主張我們必須讓食物重回我們思想中心的人，卻十分歡迎EAT-刺胳針的報告。那年稍晚，氣候變遷政府間委員會（IPCC）的報告〈氣候變遷與土地〉（Climate Change and Land）強烈證實了這概念。這份報告由五十二國的一〇七位頂尖專家共同執筆，其中超過半數來自開發中國家。報告呼籲全面評估全球的飲食和土地利用，強調需要「協調反應」，改吃更植物性的飲食、改用更永續的土地管理系統，來保護土地、保育森林、阻止劣化。報告的結論是：「土地是一部分的解答[89]。」

那樣的報告把重點放在飲食、文化、健康、生態和氣候之間的系統性關聯，對於為何不可能照常行事，是至今最權威而全面的論述。未來的食物和農業，必須以自然優先。

105 自然本身就是「超級農民」

維持土壤肥力，是任何永久農業系統的第一要務。

——亞柏特．霍華德（Albert Howard）爵士[90]

與自然攜手的農業，除了對生態多樣性極其重要之外，最明顯的好處是能讓我們（應該說需要我們）住在靠近大地母親的地方。那樣的親近對有機農業或自然農法十分重要，不只因為能盯著我們的動、植物，也因為費爾利所謂的「堆肥地理」——「回收養分的需求」。如果想拿作物的殘留物餵給雛菊和毛茛，就需要在附近的田地，而不是在某個遙遠的飼育場[91]。※13依照定義，自然農法混雜而在地，因為按英國農學家亞柏特·霍華德爵士在他一九四〇年的著作《農業聖典》（*Agricultural Testament*）中指出，大自然本身就是這樣「耕作」的。

霍華德其實是現代有機農法之父，稱自然為「超級農民」，因為數千年來，大自然在想得到的所有地域，都達到最大的產量、造成最少的浪費。霍華德主張，成功農法的關鍵因此是盡可能緊緊依循自然。

大地母親從不試圖在沒有牲畜時耕作農地——她一向栽培混合作物；費盡心力保護土壤、防止侵蝕；混合的植物和動物廢料轉變成腐植質；沒有浪費，生長和腐敗的過程彼此平衡；做了大量的準備，來維持豐盛的肥力儲備；費盡心思儲存雨水；動、植物都自立自強，抵禦疾病[92]。

霍華德的想法很不簡單，尤其是當面反抗了盛行的農業正統。自從尤斯圖斯·李比希發現植物生長主要取決於氮、磷、鉀之後，農民一直用化學物質來改善作物產量[93]。※14然而對霍華

※13　原註：城市中的垂直農場不是解藥，另一個原因是垂直農場從遙遠的地方輸入肥力，無法使之回歸土壤。

※14　原註：普魯士地理學家亞歷山大·馮·洪堡德（Alexander von Humboldt）一八〇四年發現了祕魯鳥糞的神奇特性

德來說，這種美好的畫面少了些什麼。一九〇五年，霍華德把握機會，成為印度的皇家經濟植物學家，主要是因為這工作附加了七十五英畝的土地給他做實驗。他觀察當地農民，發現他們不用任何化學肥料或殺蟲劑，就能年復一年種植健康、盛產的作物。霍華德仿效他們的作法，很快發現他也能不用任何外部輸入，就種出健康的作物。他之後回憶道：

一九一〇年，我已經學會怎麼種植健康的作物，幾乎沒有任何病害，而且完全不靠真菌學、昆蟲學、細菌學、農業化學、統計學、資訊交換中心、人工堆肥、噴灑機具、殺蟲劑、殺真菌劑、殺菌劑以及現代試驗場的任何其他昂貴行頭[94]。

霍華德開始拼湊起推動我們可食星球的生命循環，以及微生物在其中扮演的關鍵角色。少了現代顯微鏡觀察的資源，霍華德只能猜測微生物的平衡在他眼前達成，但他的自然學家頭腦告訴他，他想像的基本上沒錯，他的直覺證實非常健全。

106 一切的核心是活的土壤

霍華德說，這一切的核心是活的土壤。這是自然經濟的中央交易系統，複雜的群落利用物理、化學和生物過程，把死亡物質轉變回活生生的東西。在土壤中與土地上的各種生物，利用陽光、水和礦物質，這些必需因子推動了生長和腐敗的無恆循環。雖然植物因為能進行光合作用，所以對這過程極為重要，但動物、昆蟲、蠕蟲和微生物也扮演了關鍵角色，幫忙分解有機物質，產生新的腐植質，也就讓土壤擁有獨特顏色與質地的深褐色物質。霍華德說，腐植質是肥力的關鍵，因為那是活介質，植物和土壤能透過腐植土來交換能量和養分。這可能是透過植物的根，或透過「菌根」（mycorrhizae）這種在植物和土壤真菌之間形成的活生生橋梁（mycorrhizae的字根是希臘文，*mykēs* 真菌 + *rhiza* 根）。這兩種交換作用都要靠著腐植質易碎而透氣的結構——植物根部的根毛直接從多孔的土牆中吸收含礦質的水分，而土壤真菌吃腐根質，把養分直接傳給植物。

霍華德注意到，生長在健康土壤的作物，抗病力非常好。他指出，機器和化學物質一旦取代牛拉的犁和糞肥為主的堆肥，就會使作物的韌性銳減[95]。霍華德寫道：「機器不會排出糞尿，因此無助於維持土壤肥力[96]。」霍華德說，動物排泄物對土壤和堆肥至關緊要，一旦缺乏，疾病就迅速蔓延。確實，植物偏好「動物殘留物形成的腐植質」，甚至只要替生病的植物補上，就能恢復健康[97]。一九三四年，霍華德回英格蘭的時候，正好有理想的機會可以展現這種植物醫學，因為他的園子裡有一棵生病長滿蟲的蘋果樹。他立刻把他的堆肥施到蘋果樹根部，不到三年，蘋果樹就完全恢復健康，害蟲也沒了蹤影。霍華德宣告：「我們用不著追求

（印加人早已熟知），從此北美和歐洲開始始用；之後在土地上施加鳥糞帶來驚人的好處，加深了這樣的執念。

量。光是質就夠了[98]。」

那樣的觀點自然讓霍華德處在他稱為「李比希和他信徒」「氮磷鉀思維」的碰撞航線上；他們沒認清化肥絕對無法取代清腐植質的「多方面特質」。腐植質由生物造成，充滿「各式各樣的微生物」，能形成「農民看不見的勞動力中重要的一環」[99]。簡而言之後，腐植質是複雜、多樣而活生生的，化學肥料卻簡單、均質而缺乏生氣。霍華德說，期待一袋化學物質，發揮和像樣的堆肥類似的奇跡，透露出「對於土壤肥力的意義有基本誤解」[100]。

雖然霍華德得到一些影響力強大的盟友，例如伊娃・巴爾芙夫人（Eve Balfour，是英國土壤協會〔British Soil Association〕的共同創辦人），但戰爭爆發，打斷了他真正改革的機會[101]。※15把短期收穫量最大化，是不難理解的戰時目標，不過戰爭結束之後，損害已經造成了，同盟國的政府鼓勵原本準備製作毒藥和炸藥的軍需品工廠，轉型生產殺蟲劑和肥料。部長為了預防戰爭再度爆發而急於讓工廠繼續營運，鼓勵農民用化學物質保持冷靜、繼續前進。※16在農業戰爭這個層面，李比希的信徒贏了。

107 會說話的樹

今日，現代的顯微鏡技術證實，霍華德不只土壤的事說對了，而且說中了遠比他想像更宏大（也更微小）的事。目前已知大約有百分之八十的開花植物都有菌根，包括所有主要可食用的人類作物。菌根對植物和土壤的活力扮演了關鍵的角色[102]。植物直接從菌根得到富含礦物質的養分，而植物提供碳水化合物，從根部滲出含糖的分泌物作為交換。菌根因此體現了營養交換，植物和真菌為了彼此的利益而交換糖分和礦物質。

菌根形成生命鏈中至關緊要的一環，代表著地理和生物交會的那一點[103]。土壤真菌擁有極細的毛狀構造，稱為菌絲（常見於翻開的岩石上）。菌絲能把植物根系的有效表面積變為十倍，促進植物吸收關鍵養分，例如磷。菌根除了是極度有效率的食物樞紐，也是活生生的種間通訊系統。菌根宛如電話局的線路，可以延伸許多哩（古老森林裡的菌根是地球上現存最大的生物），在植物與土壤之間傳遞訊息。忘了一切事物的互聯網吧；世上最複雜的通訊網路比那古老了許多千年，負責傳遞的不是位元，而是微生物。

※15 原註：伊娃・巴爾芙是另一部有機農業經典的作者，一九四三年的《活土壤》（*The Living Soil*）。威廉・阿爾布列希（William Albrecht）是美國土壤科學學會（Soil Science Society）會長，也是霍華德的仰慕者。

※16 譯注：keep calm and carry on，英國在二戰時鼓智士氣的海報口號。

我們至今才開始拼湊植物、真菌和腐植質之間是如何溝通。大衛．R．蒙哥馬利（David R. Montgomery）和安．比寇（Anne Biklé）在他們二〇一六年的書《自然界微生物之祕》（*The Hidden Half of Nature*）寫道，那樣的微生物的作用是「禁衛軍」，區分潛在的病原體，必要的話加以取代或驅除，保護他們的寄主。蒙哥馬利和比寇寫道：「用糖來引誘微生物，是植物界防禦策略的核心[104]。」

那樣的合作關係對植物有什麼價值，從植物的昂貴投資可見一斑——分泌物可能占植物總醣類輸出的百分之四十[105]。除了那樣的甜點，植物也慷慨地給它們的微生物夥伴胺基酸、維生素和植物性化合物大餐。喜爾德納猜得沒錯，植物會策略化地使用自己的植物性化合物，既招募特定的微生物，也引導微生物的行為——作為回報，招募對象會把訊息傳給植物，警告即將到來的危險，觸發防禦免疫反應。透過菌根高速公路，受攻擊的植物可以彼此傳遞警告訊號。J．R．R．托爾金（J. R. R. Tolkien）終究沒那麼奇幻——樹木真的能說話。

那樣的發現挑戰了工業化農業的基礎原則。首先，這顯示了為何犁地（自古以來，農民就這麼做了）的破壞性那麼大——因為犁地破壞了菌根網路，而菌根網路對植物與土壤至關緊要。日本農學家福岡正信揭示了，我們不犁地，也能非常有效率地耕作（甚至生產力遠比較高）。不過福岡希望盡可能靠近自然，發展出他所謂的自然農法（又稱「無為」農法），輪作稻米、裸麥和大麥，收成之前直接把新作物播種到舊作物上，然後把收成作物的莖桿鋪在田上，抑制雜草。福岡在他一九七五年的著作《一根稻草的革命》（*One-Straw Revolution*）裡寫道：「要栽種穀物，大概沒有更簡單的辦法了；只需要散布種子、撒下莖桿，不過我花了超過三十年，才達到這樣的簡單[106]。」福岡的「自然農法」常被稱為「非耕」，除了要做的事非常少，而且生產力很高，產量時常和附近農地的相當，甚至更高。福岡正信寫道：「這種做法和現代農業技術恰恰相反。這種農法不用機器，不用現成肥料、沒有化學物質，可能得到相當於一般日本農田甚至更多的收成[107]。」

李比希本人在生命的盡頭承認了，他以前假設有機物質和土壤肥力毫無關係，其實大錯特錯[108]。※17雖然植物確實需要大量氮、磷、鉀才能長得好，但添加氮、磷、鉀又會打亂植物和土壤之間的自然平衡。其實經常施加化學養分，植物會停止滲出分泌物，不再費心招募微生物幫手來幫忙。結果是根圈枯竭，植物不再有微量養分，抗病能力也變差。替作物施加化學物質，就像餵你的孩子吃速食——孩子或許會迅速成長（主要是橫向發展），整體健康卻要糟殃。

這個類比其實比表面上更貼切。植物形成我們所有食物的基礎，所以縮限植物的食物、削弱植物的免疫系統，會造成直接的衝擊，而且受影響的不只是植物的健康，還有我們的健康。現代微生物學揭露了植物和人類健康之間的直接關係——許多方面來看，根圈和腸道形成直接

※17 原註：李比希的最後一本書，《農業的基本原理》（*The Natural Laws of Husbandry*，中國農業出版社，二〇二〇）寫於一八六三年，推翻了先前的假設，表明有機物應該回歸田地。

的類比。根圈和腸道顯然是所屬生物的微生物群系中最複雜的一部分，都仰賴豐富多樣的微生物群落（有些是共通的）才能運作。說到餵飽我們自己，神奇的解決辦法絕不會成功，因為對所有生物而言，複雜度是健康的關鍵。

108 生命之網：擁抱複雜度

> 人類、獸類、植物和土壤的健康，是不可分割的一個整體。
>
> ——伊娃．巴爾芙夫人[109]

說來真巧，我們用顯微鏡窺看的嗜好，揭露了我們過去試圖操控自然，其實是受到嚴重的誤導。微生物學這個領域不但能治療我們身體和地景，也能治療我們區隔化的思想。我們重新發現古人知道的事（我們的健康和自然界息息相關），只要我們願意，就能藉此改變我們吃和生活的方式。

我們不用再和病原體和害蟲打一場贏不了的仗，可以招募友善的微生物大軍，那些微生物蓄勢待發，願意為我們而戰。我們對微生物的恐懼是視野狹窄的另一個結果；火上加油的是，不幸有極少數微生物是主要的病原體，恰好可以輕易在實驗室裡培養。「細菌致病論」根據的是路易・巴斯德（Louis Pasteur）一八五九年發現空氣中有細菌，而羅伯・科霍（Robert Koch）在一八七六年辨識出造成碳疽病的細菌。這理論毫不意外，把重點放在打擊那些致命的病原體。我們因此有了疫苗、消毒和抗生素，少了這些東西，我們許多人不會活到今天，但負面的遺贈是讓我們對微生物世界的看法變得扭曲、恐懼。

說來諷刺，巴斯德本人造成關鍵的突破，在一八五七年發現酵母菌在發酵作用扮演的角色，我們才更了解微生物的正面好處。發酵是製造許多食物的關鍵（麵包、乾酪、優格、酒、啤酒、咖啡和巧克力，愛吃酸的人還有泡菜和德國酸菜），少了那些食物，幾乎不值得活下去。而發酵要仰賴微生物作用，把糖轉化成酸、氣體或酒精。我們新石器時代的祖先想必開心地發現，結果不只產生了各種可口、複雜的風味，還能保存新鮮食物，有時可以保存好幾年。由於巴斯德發現了這個歷史悠久的過程背後是誰在創造奇跡，所以更諷刺的是，巴斯德辨識出使牛奶發酸的「壞」細菌之後，發明了一種保存液體的方式——殺死其中**所有**的微生物，而我們今日稱這個加熱法為「巴氏滅菌法」。

如果你覺得巴氏滅菌法和殺蟲劑有些相似之處，你還真說對了。用一體適用的解決方案來處理複雜問題，產生的窘境時常比解決的還要多。並不是說那些方案毫無價值——我們沒人想活在沒有抗生素的世界，不過多虧了我們對便宜肉類的需求，那可能性現在似乎非常明確了。但過份簡化地看待生物世界，可能阻止自然系統發揮遠比較好的功能。

比方說薩勒乾酪（Salers）這種硬質乾酪是在法國奧文尼（Auvergne）製作，品質優良、歷史悠久，甚至在普林尼（Pliny）的作品中提到過。現在僅存五個家族還用傳統方式製作這種乾酪；一旦你知道要投入多少，就會明白為什麼了。農人每天要在田野中替他們脾氣壞得出名的母牛擠奶，小牛得拴在牛媽媽腿上，說服牛媽媽讓他們擠，奶量不過溫馴的荷斯登牛的三分之一。接著把牛奶拿回農人的棚屋，倒進稱為*gerle*的木桶，那些牛奶桶經年使用，從不消毒，因此充滿生意盎然的微生物。牛奶桶和牛奶中的微生物著手發酵牛奶中的糖分後，會把奶水變成氣味強烈的獨特乾酪。

傳統薩勒乾酪稀有而美味，供不應求。不過和布隆溫（Bronwen）和法蘭西斯．派西佛（Francis Percival）在他們二〇一七年的著作《重新發明輪子》（*Reinventing the Wheel*）中談到，薩勒乾酪二千年的傳統在二〇〇四年差點嘎然而止，法國食品安全局決定，把生乳倒進骯髒的木桶，總有一天會釀成災禍。乾酪差點就要被判死刑時，救世主以微生物學家麗．克莉絲汀．蒙特爾（Marie-Christine Montel）博士的形象現身了。蒙特爾是法國農業技術研究院（INRA）的主任，她把一些牛奶桶拖進實驗室，發現其中的微生物群落非常活躍，生乳只要接觸幾秒，就會接種。不只這樣，蒙特爾還發現任何病原體污染都受到主動而強硬的抵抗。簡而言之，老舊的木頭牛奶桶是自然穩定、抗病的完美菌元工廠。蒙特爾發現，生乳的功能也很關鍵——她加進巴氏滅菌過的牛奶時，微生物群落會不均衡，無法發揮效用。傳統薩勒乾酪靠著蒙特爾的官方加持，活了下去。

微生物有正面益處（甚至有保護功能）的概念，逐漸改變了我們對自然界的看法。那樣的了解當然已經非正式地存在了數十年——我是醫生與護士的女兒，大人總是鼓勵我吃掉到地上的食物，因為可以增強我的免疫力。我這輩子都這麼做，比我身邊任何人都要健壯，但通常不這麼建議別人，因為聽起來可能有點怪。不過時至今日，現代科學證實了我父母的看法。例如近期的一則研究就發現，和寵物一起長大或住在農場附近的孩子，和一塵不染、超級乾淨的家裡長大的孩子比起來，遠比較不容易過敏[110]。確實，西方近年過敏（例如哮喘）激增的狀況，一般認為和我們的潔癖有關。我們的微生物群系（我們免疫系統核心）就像健康的牛奶桶或根圈，需要豐富、多樣的飲食，才能學會他們那一行的事。我們的腸道就像腦子一樣，需要教育。

109 幕後的微生物首腦

愈了解微生物，愈清楚知道，為什麼西方飲食正在殘害我們。營養是相對新進的領域，先前討論過了，過去一世紀以來一直被知名大師、冒牌醫生、怪胎和食品工業把持。今日，現代顯微鏡學揭露了我們灌下可樂或吞下甜甜圈時，腸道裡實際發生什麼事，於是反擊的時候到了。健康食品產業散播風尚，但我們不再是輕易上當的受害者了。

複雜度為什麼對食物很重要（不只是種類的複雜度，還有分子結構的層面），是因為我們吃東西不只是在餵養自己，也在餵養我們腸道裡大約一千種微生物，它們能讓我們維持健康快樂。直到最近，那些微生物扮演的關鍵角色才終於明朗——不只調控我們的心情和行為，而且能保護我們不受現在成為頭號殺手的富裕病（肥胖、糖尿病、癌症、心臟病、腸道疾病和失智症）侵襲。我們面臨那種危機，幾乎完全歸咎於我們糟糕的飲食——太少變化、太多精緻糖類，最重要的是纖維素不足。複雜碳水化合物（例如纖維素，也就是牛隻開心消化的東西）會直接通過我們的上消化道，因此成為結腸裡微生物的美妙大餐；那些微生物占我們體內微生物群系的四分之三，而我們的免疫系統有百分之八十是靠它們[111]。[※18]簡而言之，植物供應糖分給微生物軍隊，纖維則是我們餵養微生物軍隊的口糧。

家樂和葛拉罕或許是怪胎，卻嗅到了一些重要線索：富含精緻糖類的飲食，其實對我們很不好[112]。[※19]

英國遺傳流行病學家提姆．斯佩克特雖然不像他的美國先驅那麼愛宣教，對這看法卻也一樣堅定——他說微生物多樣性和健康之間，有「直接的關聯」[113]。斯佩克特是人類微生物群系的頂尖專家，對腸道頗有了解。二〇一六年，斯佩克特隨著BBC的《食物計畫》（*Food*

Programme）前往坦尚尼亞待三天，和哈德薩人同吃同住；哈德薩人名列世上最後的狩獵採集者[114]。※20哈德薩人的飲食是用氣味強烈的乳狀猴麵包樹汁當早餐，之後有莓果、塊莖、蜂蜜和昆蟲幼蟲當點心，偶爾吃點豪豬，斯佩克特稱哈德薩人為「微生物群系的巨星」，微生物多樣性比一般西方人高了大約百分之四十。他們的微生物也包括許多歐洲未知的罕見物種，有些可能是幫助我們維持苗條或對抗疾病的關鍵。在那些微生物永遠消失之前找到它們的賽跑，於是展開。

斯佩克特回到倫敦，分析他和哈德薩人待在一起時搜集的糞便樣本時，發現了連他也震驚不已的事。短短幾天裡，他的微生物群系就改頭換面——多樣性大多了，和苗條有關的微生物（例如黏蛋白菌〔Akkermansia〕和克里斯滕森氏菌〔Christensenella〕），以及抑制發炎的普拉梭菌（*Faecalibacterium prausnitzii*）都數量大增。斯佩克特的微生物現在整整有百分之二是由西方未知的一群微生物組成，但已知存在於植物和土壤中。斯佩克特說，那樣的微生物可能擁有驚人的健康特性；我們只是還不知道。他補充道，儘管如此，「如果我有一種優格天天都能為我那麼做，我絕對會買幾噸來吃」[115]。

※18 原註：最常見的複雜碳水化合物是纖維素，存在於幾乎所有植物中，造成植物結構，並讓植物擁可變通的力量。

※19 原註：家樂的習慣（把優格塞進他病人下端的開口），原來不像聽起來那麼古怪。

※20 原註：這段旅程由BBC Radio 4的丹・薩拉迪諾（Dan Saladino）拍攝，製成兩集，名為「和哈德薩人一同打獵」，（Hunting with the Hadza），於二〇一七年七月三日播出。

110

我們也是野性的動物

人類有一種普遍的責任，讓我們不只與有生命、有感覺的動物相繫，甚至和樹木與植物相繫。

——米歇爾・德・蒙田（Michel de Montaigne）[116]

斯佩克特的研究讓我們稍微理解，我們要為一萬二千年的文明付出什麼代價。哈德薩人在荒野中居住、吃喝，以人類來說，外在和內在都和自然再和諧不過了。

他們體現了現代生活幾乎難以達成的理想平衡——沒有汽車、沒電腦，卻沒癌症也沒心臟病。這樣的代價划不划算，有待商榷；這只是人類走上演化之路的結果。

不論我們住在哪、怎麼活，都仍然活生生地反映著自然界——應該說反映了我們創造的改良版自然界。直到現在，哈德薩人那樣的採集者瀕臨絕跡時，我們才開始明白其中的意義。我們簡化自然，因此削弱了自己。《吉爾伽美什》的作者說得對——對我們人類來說，住在城市而遠離荒野，是一種死亡。

不過斯佩克特神奇的微生物大改造證明了，事情還有轉圜的餘地。確實，古老微生物似乎願意以驚人的速度移居到都市人體內，預示著我們與自然關係可能令人興奮的新篇章。某方面來說，我們的科技之旅帶著我們繞了一整圈，提醒了我們狩獵採集祖先直覺知道的事：唯有自然壯盛繁茂，我們才能繁榮昌盛。

這個發現的意義深遠，而且不只適用於我們吃和生活的方式，也適用於文明本身的哲學基礎。不論以怎樣的尺度來看，我們在演化上這個關鍵時刻的任務，不只是和自然和解，或是把世界分割成龐大的幾部分而拯救世界，而是體認到我們是野性的動物。在瘋狂都市化、技術至上的年代，這樣形容自己可能很奇怪，不過目的正是這樣。我們重新喚醒和自然的深刻連結感，這連結感告訴我們的事中，最重要的是我們與之談成的交易其實多麼致命。如果我們希望未來有任何繁榮的機會，就必須重新校正那個交易，而且要快。

那我們該怎麼像野性中的動物一樣吃，一樣活著、思考呢？我們從許多證據知道我們祖先是怎麼辦到的，而現在有些人類仍那麼做，不過那樣的做法能轉換成現代都市的生活方式嗎？答案出乎意料：確實可以，而且比你想像的簡單。以食物為例，我們已經知道野生食物遠比栽培的營養。像是哈德薩人吃的野生莓果，營養含量是德國連鎖超市奧樂齊（Aldi）或英國連鎖超市阿斯達（Asda）賣的藍莓的十倍到百倍之間。因此，與其為了更高的產量而用植物培育出那種野性，我們可以開始用保存植物野性的方式來種植。那當然差不多是有機農業已經在做的事了。但我們可以更進一步，模仿、鼓勵野生生長，產生可食用的生態系，讓那生態系幾乎像野外的生態系一樣豐富、多樣。那樣的方法顯然需要我們吃截然不同的飲食（少些麵包和麵條，多些堅果和莓果，以及更多季節性產品），不過因為專注於質而不是量，所以也極有效率。如果我們吃的莓果比超市賣的營養一百倍，我們只要種百分之一的量就好。

要吃得像野性的動物一樣，我們也需要拓展飲食，納入更多物種，包括昆蟲。全球二十億人已經在吃我們覺得毛骨悚然的蟲蟲；身為野性的動物，我們或許也能學著喜愛昆蟲酥脆的甘味，重視這種營養豐富、環境衝擊低的蛋白質來源。我們也該重新擁抱我們食物中的一些苦味。藥用植物學家艾利克斯．萊爾德（Alex Laird）在《從根到莖》（*Root to Stem*）中指出，我們在柑橘類的白皮、果核和果皮之類食物中嚐到的苦味，是植物化合物存在的跡象，這些天然化學物質是植物的防禦武器與自癒機制[117]。別忘了，大部分的毒品和藥物原本都來自植物，之所以有效，是因為會刺激（因而激勵）我們的免疫系統，使免疫系統準備發揮作用，就像我們的肌肉需要經常運動，我們才能保持健康。因此應該欣賞甘藍菜和菊苣等苦味食物（食品工業卻忙著把這些食物變甜，討好我們的味蕾）。吃東西和過人生一樣，要有磨擦才會茁壯。所以下次你猶豫要不要吃球芽甘藍的時候，想想你腸裡的野生夥伴——不只你愛在耶誕節吃大餐。如果每次你規畫一餐時，都能滿足你微生物夥伴的需要，你會吃得好多了——而且再也不是獨自吃飯了。

111 野化是放手讓自然修復

美國主廚丹・巴柏（Dan Barber）在他位於石倉（Stone Barns）的知名餐廳藍嶺（Blue Hill）的招牌菜，是放在盤架上的自製胡蘿蔔條和娃娃菜——祕訣是了解自然的複雜與美味之間的深刻關聯。巴柏收到傳統種子收集者葛蘭・羅勃茲（Glenn Roberts）寄來的一根皺縮的玉米桿，附上字條，邀他把玉米桿種下，進而啟發了巴柏。巴柏半信半疑地請他的菜農傑克・亞傑爾（Jack Algiere）種下玉米桿，亞傑爾採用了伊羅奎族（Iroquois）傳統的三姊妹法，把玉米桿種在乾燥豆子和南瓜旁（玉米莖為為豆子提供支持，豆子則為玉米提供氮，而南瓜覆蓋地表，抑制雜草）。幾個月後，巴柏用生產的玉米做玉米粥，幾乎經歷了一場頓悟。他在《第三餐盤》（*Third Plate*）中寫道：「那不只是我這輩子吃過最棒的玉米粥，更是超乎我想像的玉米粥，好玉米……味道縈繞不散，緩慢不情願地消逝。令人大夢初醒[118]。」

主廚通常是寫下菜單，然後尋找供應商提供食材；那天，巴柏意識到這做法完全搞錯了。我們不該先決定要吃什麼，然後期望自然提供，而是該問問地景想培育什麼。巴柏明白，美味的關鍵不在廚房，而是在自然的複雜中。他寫道：「一碗玉米粥溫暖你的感官，縈繞在你記憶中……和超越作物、廚師或農民的事物對話——和整個地景以及地景如何組合在一起而對話[119]。」今日，巴柏是位全球的倡議者，不只為自然導向的飲食發聲，也為回歸傳統複雜度和零浪費思維而發聲；這是世上所三偉大料理的基礎。巴柏最近的創業是名叫「七行」的種子公司，結合傳統種子培育和劃時代的（非基改）科技，把最佳的自然風味帶給所有下廚的人。對巴柏來說，吃得好的關鍵是尊重自然。按他的說法，「良好的農法和美味的食物密不可分」[120]。

多吃自然食物顯然會對我們的地景產生激烈的影響；西薩塞克斯的奈普城堡莊園（Knepp Castle Estate）是一片三千五百英畝的貴族領地，那裡正是這種情形。奈普經歷數十年的集約農業，二〇〇〇年時黏土土壤耗竭，莊園近乎破產。所有人查理・布瑞爾（Charlie Burrell）和伊莎貝拉・崔伊（Isabella Tree）決定逆轉損害，做似乎最顯而易見的事：讓自然重回當地。

他們不再種植穀物（穀物在那樣的黏重土總是長得很差），開始讓農場再野化，讓自然棲地（包括灌叢和溼地）復原。崔伊說：「再野化是放手讓它修復[121]。」今日，奈普是豐富、多樣但仍然產量高的地景，長角牛、紅鹿、矮種野馬和湯渥斯（Tamworth）豬在迅速恢復原本生物多樣性的棲地裡遊蕩，各式各樣的植物重新入駐，還出現大量昆蟲、蝙蝠和鳥類（包括英國瀕微的斑鳩和夜鶯）。雖然奈普不再能餵飽以前那麼多人，卻展現了產量和野性並不是互斥的。

有可能用同樣的方式讓我們的城市改頭換面嗎？大部分城市已經有公園、花園、池塘和河流，很容易套用奈普的做法，也有許多野生和半野生的生物——植物、鳥類、昆蟲、刺蝟、狐狸、大鼠和小鼠，牠們已經和我們共存了。除了讓那樣的空間更野性、產量更高，我們還能改變什麼？最重要的改變很可能發生在我們腦中，讓我們再次體認到我們的都市生活仰賴野性的生態系，少了那些生態系，我們很快就不復存在。自稱為野性的動物，是擺脫我們習慣性而致命的人類中心主義的一種辦法。

思考本身不夠，卻是不可或缺的第一步。融合回荒野，和我們非人類的同伴有意識地共存，用模仿自然、與自然互補的方式務農，讓城市與農地再度野化——這些都是能幫我們找到回家之路的做法。我們需要生物多樣性，不只因為生物多樣性是我們生存必需，也因為我們是其中的一分子。我們背負著野性，無法逃離也無法超脫，那是我們失去卻渴望重新連結的守護靈[122]。重新思考我們生活的方式，是早該做的練習；不過更急迫的是重新思考我們自己。

愛默森說得沒錯：我們在樹木間覺得自在，是因為我們和植物共演化——樹木是我們家人，我們也是樹木的家人。日本「森林浴」的做法是沉浸在森林裡一段時間，證實能減輕壓力和焦慮，增強能量、提高免疫[123]。四分之一的日本人會做森林浴，都市化的人類壓力過大，那樣沉浸在自然裡愈來愈被視為一種天然的療法（即使只是一小段時間也行）[124]。和荒野連結（即使只是在公園散步），是後笛卡兒的關鍵修正，提醒我們任何動物（包括科技強化的人類）都不是機器。

112 森林農園的回復法則

我深入一片宛如森林的農園。枝葉茂盛，前方卻有空地；我隱約能看到前面的路。前面遠處，高大的赤楊開展樹冠，在下方的矮樹叢和灌木灑下斑駁的陽光。這裡有些植物來自異國（大片平展的葉子有如恐龍的沙拉），有些則不陌生——我很確定我剛經過的灌木是野覆盆子。我更加深入，意外來到一片林中空地，一棵樹下有幾張粗糙的凳子和一大片荷花池塘，莫內絕對會想畫出來。農園感覺無人照顧，卻有種溫和的秩序感，有點像想像中伊甸園的感覺。

這是德文郡的達廷頓森林農園（Dartington Forest Garden），一九九四年由英國混農林業專家馬丁．克勞福（Martin Crawford）設計、栽植，之後都由他照料。這兩英畝的農地堪稱未來農場。雖然不是特別設計來把產量最大化，但克勞福相信，低維護成本、低投入、全年生產是我們有朝一日能餵飽自己的關鍵。這裡大部分的植物都能吃，但絕不是所有都行——有些能作藥用，有些提供特定的生態系功能，例如提供地面覆蓋，阻止雜草生長，或產生芳香煙來防蟲。克勞福解釋道，森林農園是創造可以維持輸入和輸出自然自衡的生態系，就像野外的生態系一樣。比方說，赤楊是先驅樹種，因為能固氮而早早種下，而赤楊仍是農園主要的固氮來源。纈草則能累積礦物質，深根能吸收其他植物搆不到的養分。纈草一開花就會修矮，把那些養分釋放回土壤，讓其他植物使用。

這裡糧食作物和農園裡的所有植物一樣，都是多年生。在常見的水果、堅果和莓果（例如杏桃、板栗和醋栗）品種之外，還有大約一百四十種，包括白桑（類似菠菜的木本蔬菜）、莢果蕨（莖類似蘆筍）、茉莉芹（常用可食的根和小茴香味的葉）、竹子（因為竹枝和可食的竹筍而受重視）、韭蔥（是威爾斯國徽的多年生版本）還有土耳其大黃，前述的這種恐龍沙拉，嚐起來原來像醋栗。克勞福解釋道，既然所有植物都是多年生，就沒必要翻動或攪動土壤，讓土壤真菌（「最重要的生物」）可以大長特長。

克勞福繼續說，農園沒有蛞蝓和蝸牛的問題，因為蛙和步甲蟲會吃，而且雜草很少，因為他在土上種了覆蓋植物，例如蛇莓，甲蟲也很愛。不過克勞福確實有松鼠問題，他的農園隔壁就是一片松樹林。因此，他不會想要多少堅果就種多少，他的栗子掉到地上時，他必須搶在松鼠之前撿起。

克勞福說，除了尾巴毛茸茸的小麻煩之外，照顧農園很簡單。他修剪樹木，方便搆到果實。四月到七月之間每月除草一次，四個小時的任務包括砍掉某些植物，讓其他植物得到競爭優勢。克勞福說，設計和栽種農園的初期工作結束之後，他的做法幾乎是**放任式**——他相信該讓植物為所欲為，因為植物那樣遠比較快樂、健康。例如野生的醋栗喜歡移動：如果不能移動，壓力就會升高，容易生病。他告訴我們，我們先前經過的那些，原本種在十二公尺之外。克勞福說，這主要是讓自然系統為你做事，我們只偶爾做些微調；我們祖先開始影響蠻荒森林時，無疑在做很類似的事。克勞福補充道，這些事不只負擔不大，而且總是很有趣；絕對勝過他在為銷售而生產的蔬果園工作時，「用鋤頭為胡蘿蔔除草的乏味時光」。

森林農園真的能會是未來的農場嗎？我們世界的資源縮減，氣候愈來愈極端，農園確實有不少優勢——投入極少，養分極高，能保水，因為多樣性高而有天然的韌性，在氣候狀況變化時能持續適應。森林農園就像非耕農業和奈普那樣的野生農場，維持亞柏特．霍華德所稱的回復法則——生長和腐敗自然平衡，是肥力的基礎。加上家禽和豬隻自然在森林裡覓食，森林農園會進一步提高生產力，提供自然健全而半野生的飲食。

我們有森林農園和野生農場可以取用（或許不只在鄉間，也在野化的公園和農園），我們都能活得更接近自然。那樣的農地和農園只需付出最少的照顧，每天都有新的食物能收成，可能成為我們的新常態。我們可以隨意經常造訪，去呼吸森林氣息，種點東西、修剪一番，收集食物做晚餐，或只是去晃晃。我們的身體會更健康，得到慰藉、娛樂，參與有生產力、有意義的共同活動。

113
植物領先我們七億年

那樣的願景是奇想嗎——套用加拿大音樂家瓊妮・蜜雪兒（Joni Mitchell）的話，只是反應了我們回到花園的渴望？森林農園正如垂直農場、純素飲食或田園城市，當然不是完整的答案，但確實是這張拼圖中很有用的一片拼塊。或許有人認為，森林農園相較於我們單一栽培食物的平面想像，有立體、複雜的產量，是真正的垂直農場。

不論我們未來要怎麼活，擁抱複雜會是幸福的關鍵。菲德烈・海耶克（Friedrich Hayek）曾說，市場太複雜，任何人都無法了解，因此應該允許市場自由運作。但說到自然這個複雜無數倍的系統，海耶克的信徒又主張控制、約束，實在諷刺。難道他們覺得讓金錢自由運作有利可圖，讓自然自由運作就不行？

機器人已經在耕作我們的土地了；不久之後，我們或許能創造出可以固氮的穀物。我們無法停止進步的腳步，但我們能決定誰擁有那些科技，以及我們何時用那些科技來平衡自然與我們的生活。我們要達成這個目標，最可望成功的方式大概是非侵入性、共有、科技強化的自然農業。只要我們向超級農民虛心求教，就不會錯得太離譜。不論我們自以為多聰明，都不該忘記我們賴以為生的植物領先我們七億年。我們不願承認我們也是自然秩序的一分子，多少是因為害怕承認我們也逃不過生長與敗壞的永恆循環。前面談過，否定死亡是西方特有的痛苦，源自於我們一向努力征服自然，擺脫自然的致命掌握。科技想像帶給我們最珍貴的禮物在真相的迷你劇院裡上演，揭露的是我們該停止抵抗了。我們人類發現之旅最偉大的見解是，我們一直以來都是自然密不可分的一員——因此我們注視的正是我們自己。

·第七章·

時間

114 花園棚屋

時值十月底，我坐在一間棚屋裡。棚屋位在花園後面，就是維多利亞風格的北倫敦區、那種有林子的大型後花園。最後的午後陽光剛灑到葉子上，把葉子照得又金又紅。這是間非常宜人的棚屋——漆成雅緻的淡綠色調，有著大窗戶、溫暖的照明，地方夠大，我們十來個人可以舒舒服服地圍著一張長桌而坐，還有一張沙發上鋪著毯子，抱枕散落。桌上鋪了格子布，擺了不少蠟燭，餐具櫃上放滿了茶和蛋糕，令人期待。我很慶幸有這些撫慰人心的安排，因為我是來聊聊我們的最後一大禁忌：死亡。

這是我第一次來死亡咖啡館，是陌生人的非正式集會，大家喝咖啡、吃蛋糕，討論死亡的事。這原本是瑞士社會學家伯納德．克瑞塔茲（Bernard Crettaz）的主意，他意識到他的學生非常需要談論死亡，但這需求從不曾被滿足。克瑞塔茲認為，如果他能讓人在安心的場合中（例如餐廳或咖啡館）聚在一起，或許能消除障礙。克瑞塔茲說得對。死亡咖啡館最早是二〇〇四年在巴黎的一間小餐館舉行，吸引了二百五十人，有老有少，很快就成了經常性的活動[1]。

克瑞塔茲說，死亡咖啡館的主要目標是傾聽。只有兩個規矩：必須坦誠，還有避免說教。咖啡館經營了好幾年，很成功，最後克瑞塔茲決定他想回去做正職，當時死亡咖啡館的概念差點就此凋零，不過倫敦網頁設計師強．盎德伍碰巧讀到克瑞塔茲的訪談，意識到他找到了一生志業[2]。二〇一一年，盎德伍重新打造了死亡咖啡館，到了二〇一九年，這運動在六十五國舉辦了超過八千場聚會，不過盎德伍沒活到親眼目睹，他在二〇一七年驟逝，得年不過四十五歲[3]。※1

棚屋裡，我們自己拿了茶和蛋糕之後，有點不安地坐待活動開始。成員形形色色，比我預期的年輕一點，有幾個人三十出頭，年紀最大的是個女人，看起來七十五歲上下。不知為何，我原以為現場的女性會比男性多，但其實差不多男女各半。那一晚的主持人是捷瑪（Gemma），這位三十歲左右的司儀臉上掛著鼓勵的微笑，語氣溫暖，令大家安心。她說今晚沒有議程，只要開頭自我介紹一輪，之後我們要討論什麼都行。

尷尬的沉默一下之後，一名年輕的印度醫生告訴我們，他來這裡是因為他在做安寧照護，覺得在醫院談論死亡的機會太少。他補充道，他覺得死亡咖啡非常有幫助——他來第六次了。接下來是一名年輕的波蘭設計師，他解釋他來這裡是因為波蘭的萬靈節快到了（家人在這節日團聚，追悼死者）而他想看看我們英國的做法。（我很想告訴他，我們通常打扮成巫婆和食屍鬼，威脅陌生人給糖吃。）接下來，一臉擔憂的中年男人說，他來這裡是因為他不相信上帝，但渴望探索是否還是有來世。年長的女人說，她以前相信上帝，但現在不信了，她納悶那一切

※1 原註：死亡咖啡館現在由盎德伍的母親蘇珊・巴斯基・里德（Susan Barsky Reid）和妹妹茱爾斯・巴斯基（Jools Barsky）。

是怎麼回事。一名基督教牧師看起來很想回應，但他忍住了，只告訴我們他是來勘察的，他打算自己主辦死亡咖啡館。接著一名年輕女性解釋道，她是因為最近有朋友自殺，她考慮參加撒瑪利亞會。※2桌旁的大家就這樣侃侃而談。我們來參加的原因和大家的年紀、性別、背景和信仰一樣多彩多姿——俗語說得好，死亡讓大家團結起來。

最初的遲疑過去，談話很快就開始熱絡。我們討論我們對死亡的恐懼，那位七十歲的參與者似乎受害最深，或許也是當然。接著談到來世，牧師差點就違反了克瑞塔茲的黃金戒律，勸老太太重回教會了。這支線情節挑起了我的好奇，我說出了我的疑惑：人天生恐懼死亡，信仰上帝對這有什麼影響。我隔壁的癌症護士顯然見識了不少死亡，她說她覺得信神其實沒幫助；她只想相信有個比我們現在這個搞砸的世界更美好的世界等著我們。

我們接著換了其他話題，討論了安樂死、生前遺囑，以及怎樣計畫「善」終和葬禮最理想。有沒有來世的問題，分歧的雙方旗鼓相當，此外我們大多有共識，尤其是需要破除死亡相關的禁忌。我們聊得如火如荼的時候，捷瑪說我們的時間差不多到了。不過她說歡迎我們留下來用完茶點。我很驚訝：和素昧平生的陌生人談論死亡，兩個小時眨眼就過了。感覺好像可以再聊好幾個小時。我想我可能差點要變成死亡咖啡館的常客了。

115 最後的禁忌：凝視死亡

別溫順地步入美好夜晚；激憤、激憤，反抗天光消逝。

——狄倫・湯瑪斯（Dylan Thomas）

為什麼大多人那麼不擅長談論死亡？還有，我們覺得怎樣是善終？這兩個問題彼此相關，多少都取決於相不相信來世。在這方面，我們這群人居然非常有代表性。二〇一七年為BBC進行的調查發現，英國人相信和不信來世的人數相當（都是百分之四十六），剩下百分之八不確定[4]。

對於我們這樣的世俗國家來說，那數字有點出乎意料。美國每張鈔票都印著「信靠上帝」，幾乎所有演講後，政客都會感謝上帝，和美國比起來，宗教在英國的公眾生活中扮演的角色相對比較不重要。但不論一個人對死後世界有什麼看法（百分之八十的美國人相信那世界存在），英美二國都普遍否定死亡[5]。相信來世，看來未必能治好對死亡的恐懼；結果恰恰相反，正如棚屋裡的癌症護士向我保證的，相信來世和恐懼死亡其實能彼此共存。就連期待死後上天堂的人，也覺得那會和人間的世界很不一樣，而從一個世界轉移到另一個世界的過程，同

※2 譯注：英國的慈善機構，志工以熱線電話為情緒困擾及有自殺想法的人提供支援。

樣令人害怕。

不論你怎麼看待來世，面對死亡一定都很困難，不過這仍無法解釋為何我們那麼難接受死亡。一部分的問題，可能可以歸咎於這年頭的死亡都被醫療化了。我們變得非常擅於延後死亡（甚至可說是欺騙死亡）——有些疾病幾天就能帶走我們阿嬤，現在可以「對抗」那些疾病終將對我們做的事，撐上數個月或數年。我們活在後工業世界，並不難理解我們渴望盡可能活久一點。我們的人生大多比史上任何人都過得多采多姿而舒適；如果我們想留在人世多享受一下，也是人之常情。

現代醫療帶給我們很大的好處，不過美國外科醫師葛文德（Atul Gawande）在《凝視死亡》（*Being Mortal*）中主張，說來矛盾，醫療卻讓我們不得善終。現在世界裡，我們大多全身插滿管子，躺在某一間嗶嗶叫、儀器燈五光十色的醫院病房裡，呼吸我們最後一口氣，而不是平靜地待在家裡，身邊親人朋友圍繞。葛文德說，醫療訓練的重點完全是拯救生命，而不是處理生命的尾聲，因此醫生和病患時常做出扭曲得不切實際的臨終決定[6]。許多醫生不計任何代價設法延長病患的生命，即使末期病人死亡，也被視為某種失敗。結果使得病患接受令人疲乏的治療，幾乎只延長了他們的苦難，讓他們「和沒接受那些干預的人比起來，最後幾週的生活品質嚴重惡化」[7]。

我們忘了垂死時有些優先事項可能比單純延長生命更重要。或許有人寧可用他們最後的日子去計畫已久的旅行，或待在家與家人共度時光，而不是接受無盡的醫療程序。這終究是質與量的選擇——你選擇不計代價活更久，或是把一些壽命換成更美妙的終曲。葛文德說，很少有病患能做這樣的選擇，因為面對死亡時，許多人已經病到無法判斷，使得治療成為預設的選擇。葛文德說：「可以說，我們已經到了主動傷害病患的程度，而不是去面對死亡這個議題[8]。」

為了超越死亡，我們必須**提前**面對生命有限的事實。我們需要安寧照護，而且不只是在生命中最後那幾週，而是從病患診斷結果出來開始。美國的「癌症因應計畫」（Coping with Cancer）發現，如果病患得到需要的支持，能好好思考他們的選擇，許多人會選擇不干預死亡進展，而不是抵抗死亡，他們放棄治療，比較早進入安寧照護。葛文德說，因此他們「少受點苦，體力比較好，更能和其他人長時段互動。此外，這些病患過世六個月後，他們的家屬明顯比較不容易陷入重度憂鬱[9]」。

看來說到善終，關鍵在於接納。我們為自己和近親省去不必要的折磨，能多享受一點剩餘的生命。二〇一〇麻州綜合醫院的一則研究顯示，剩餘的生命比我們預期的更長。研究發現，治療早期就接受安寧照護的病患，通常在生命尾聲時受的苦比較少，而且平均多活了百分之二十五的時間。正如葛文德所說，那樣的結果「幾乎像禪——不再努力活更長，才更長壽」[10]。

永生不死的致命吸引力

那樣面對死亡的方式，短期內不大可能成為主流。長命百歲、青春永駐是西方盛行的執念，報紙上滿是跳傘的老奶奶和肌膚光滑、容貌凍齡的名流。我們普遍渴望不要老去，促成了一整個產業，專門推銷超級食物、補充營養品以至於注射與手術，這一切都標注了青春永駐的承諾。

在僵住的額頭和美顏自拍的背後，潛伏著永恆的問題：如果我們放手去做，可望活多久？目前證據顯示，人體能維持的時間有個天然的年限。至今最長壽的人是一名法國女性珍・卡爾蒙（Jeanne Calment），她過世於一九九七年，享嵩壽一二二歲，僅次於她的九人都是女性，壽命在一一六到一一九歲之間。雖然世界各地百歲人瑞的人數都在增加（二〇〇二到二〇一七年間，英國符合女王拍電報道賀的人數加倍了），不過一百歲之後又多活許多年，在人類中仍然罕見[11]。即使如此，仍有愈來愈多的人（主要在美國）相信，我們靠著正確的生活方式和飲食，可以活到一二五歲，甚至更長壽。

保羅・麥格洛斯林（Paul McGlothlin）和梅洛迪絲・阿菲瑞爾（Meredith Averill）是這個運動的先驅。麥格洛斯林和阿菲瑞爾共同成立了顧名思義的限制卡路里協會（Calorie Restriction Society），主張遵行極為嚴格的飲食計畫，就能延緩老化過程，大大延長我們的壽命。兩人在紐約州溫徹斯特郡（Westchester County）的林地設立長壽中心（Longevity Center），遵循的飲食法嚴苛到超級模特兒都為之失色，熱量攝取比每日建議攝取量少了百分之三十，一天只吃少少的兩餐，通常是純素。二〇一五年，英國食物評論家吉爾斯．柯倫（Giles Coren）前往拍攝兩人時，得到他口中「粗糙無比的無麥麵包淋檸檬汁當早餐，接著是一碗燉大麥、洋蔥和草莓，以整顆切片的檸檬片作結」。科倫驚恐不已，但麥格洛斯林解釋：「我們不是來展示我們有世上最棒的食譜，只是把原則告訴你[12]。」

這些原則包括把血糖降低（麥格洛斯林餐前、餐後都鄭重地測量）到足以激發麥格洛斯林所謂的身體長壽生化反應（禁食模式），細胞的狀態從生長變為維護。麥格洛斯林與阿菲瑞爾在他們二〇〇八年的著作《限制卡路里法》中解釋道，他們讀了老年營養學家汪知濟（Rick Weinruch）的一篇文章，受到啟發，才採用這種折磨人的飲食法。汪知濟在文中指出，小鼠如果吃限制熱量的飲食，壽命平均比吃得好的同伴多百分之三十四[13]。麥格洛斯林與阿菲瑞爾採取了激進的做法，自願當人類白老鼠，看看那樣的飲食限制對人類有沒有用。阿菲瑞爾喜歡全框的太陽眼鏡，在公眾場合幾乎不發一語，一場少見的訪談中，她承認已經計畫她一二五歲的生日「好幾十年了」。阿菲瑞爾戴著遮陽帽，很難看出她吃激烈飲食法之後氣色如何，麥格洛斯林倒是外表憔悴得比實際上老了不少歲。電視評論家安德魯．比倫（Andrew Billen）說得有點惡毒，但一點也沒錯，「麥格洛斯林與阿菲瑞爾如果是九旬夫妻，看起來棒極了。不幸的是，他們不過六十多歲[14]」。

外表當然不是一切，而麥格洛斯林至少讓人想到戀愛中的男人。或許不是人人喜歡以穀物粥維生，經常監控葡萄糖，每天穿著十五公斤的負重背心散步（哄騙骨頭維持強健），但他顯得容光煥發。他向科倫解釋：「我從不想割捨什麼。如果有辦法阻止，我不想接受我的視力會變差，我的腦袋會變糊塗，也不想接受這裡會長一道皺紋。」但科倫反駁，人類本來的情況難道不是那樣嗎？「**但為什麼呢？**」麥格洛斯林堅持。「你難道不特別嗎？那樣的特別會有結束的一刻，而你化為**塵土嗎？**我可不想接受那種事。我還是個小男孩——還有很久、很久要活。」

即使麥格洛斯林與阿菲瑞爾達成他們的目標，我也無緣看到了，不過我完全不介意。對我來說，屬於某個時代，就像擁有可以視為家園的地方一樣重要。我無意殖民火星，也絕對無意活得比親人朋友更長。以龍鐘老嫗的姿態活下去，向一堆心不在焉的未來人類喋喋不休說著有電腦之前的時光，和餘生都在半飢餓狀態一樣，一點也不吸引人。其實，這讓我想起我們最愛的一個家族笑話。一個男人去看他醫生，問他怎樣能活到一百歲。「這個麼，」醫生說，「只要你不再喝酒、抽菸、做愛，就很有機會。」「但如果我放棄你說的所有事，**卻還**活不到一百歲呢？」男人問。醫生說：「別擔心。即使你活不到一百歲，感覺也差不多漫長了。」

117

生態耗竭的時代相當於老年

我們和時間的關係有個核心窘境——說到生命，未必是多多益善。永生的致命吸引力，是常見的寓言與童話隱喻，結局通常不大好。其實，一般共識是永生是一種詛咒——生活充滿乏味的重複、冷淡、無意義，令人渴望以死亡了結。古人堅持永生是神的特權，自有道理。吉爾伽美什尋求永生時，烏塔－納庇什廷告訴他，人被創造得壽命有限，必須學會接納自己的命運。「你辛勤工作，達成了什麼？」智者問吉爾伽美什。「你不斷辛勞，精疲力竭，讓力量泉源充滿悲傷，讓你的生命提前來到尾聲[15]。」吉爾伽美什悲痛不已，但我們也看到了，之後他明白了烏魯克的城牆會比他更長久，因此釋懷。

渴望延續一個人在人世的實質存在，一向是普遍的人類特性。我們用岩石建造城牆和殿堂，希望在我們短暫的存在終結之後，還能在時間中占有立足之地。不過直到最近我們才靠著操控身體，嘗試欺騙死亡，隨著生物科技進展神速，這種做法看起來將大肆流行。除了和吉爾伽美什建造城牆不同，不會產生任何大型的建築物，那樣的手段感覺還有點**不成熟**——拒絕長大；而這是非常膚淺的生命觀。

而且也可以說，這並不符合我們文明到達的階段。這個急功近利的時代為我們帶來了人類世；不論未來可能有怎樣的技術創新，我們顯然都在這時代的最終階段。如果工業化革命的無窮能量是我們的文化青春期，而二十世紀囤積財貨是某種中年，那麼我們生態耗竭的時代當然相當於老年。因此，我們不該努力重拾青春，或許最好學著讓這社會優雅地老去，放慢生活步調，珍惜那樣的生命帶來的喜悅。

世界上有些地方的人口軌跡當然非常不同。雖然多虧了死亡率和出生率降低，歐洲和日本的進步經濟迅速老化，但其他地方（尤其非洲）卻才開始轉變。歐洲在進入千禧年的時候達到了人口成熟（六十歲以上的人多於十五歲以下的人），到了二〇五〇年，預計全球人口會達到同樣的交會點，六十歲以上和十五歲以下的人口各有二十億[16]。不過在那之前，這兩個齡級的人將面臨嚴酷的挑戰。老化的國家會面臨勞工不足、照顧老年人負擔沉重的情形——日本已經用機器人當小學教師、飯店接待員和老年人的陪伴者[17]。※3

而非洲則面對相反的問題，預估人口不到世紀中就會翻倍，來到二十五億人，當時十五歲以下的人將占百分之三十二．二[18]。這問題在印度已經很迫切了，數百萬的村民有史以來第一次接受教育。二〇一九年，印度國有鐵路公開招募六萬三千人，結果有一千九百萬人應徵[19]。都市化、教育和健康措施顯然會成為印度、非洲未來的關鍵，不過那些地方在演進時是否能避開其他地方已經經歷過的陷阱，還有待商榷。那些大陸經歷這世界下一波鉅變的當兒，這不只是他們的問題，也是我們所有人的問題。

西方身為工業化的先驅，是否能負擔起探索其他另類社會模式的責任，是頗有爭議的。但如果我們能切割消費主義和美好生活的概念，就能好好利用這二百年的工業化經驗。此外，如果我們能處理頭重腳輕的人口比例，不只用機器人，也歡迎移民，對我們縮減中的人口將大有用處。我們現在最重大的任務，是擁抱我們社會的成熟度，不把這視為危機，而是重新思考我們該如何與時間連結的好機會。

118
在食物上投注的時間

> 因此，雖然我們無法讓太陽原地不動，卻能讓太陽跑起來。
>
> ——十七世紀英國詩人政治家安德魯・馬維爾（Andrew Marvell）[20]

你和時間的關係如何？在西方，主要的感覺是我們對時間貪得無厭——我們匆匆切換任務，盯著螢幕吞下午餐。就連有本錢放輕鬆的人，也會抱怨「有錢沒時間」。

在時鐘與人造照明出現的時代前，情況非常不同。大家別無選擇，只能和自然的節律同步生活。畢竟我們住在轉動的星球上，所以原住民的生活是依據風、潮汐、季節和日夜交替的規

※3 原註：依據NHS，照顧八歲兒童的成本是照顧三十歲成人的五倍。

律來安排。原住民文化通常有兩種基本的時間尺度——季節和日子的宇宙節律，以及和特定事件相關的規律（例如收成、磨穀粉或製作麵包之類的家事）。各種活動常常代表了時間本身。例如在馬達加斯加，「煮飯」表示半小時，「烤玉米」是十五分鐘，「炸荷花」就是一瞬間，類似我們說的「一眨眼」。在中世紀英國，是用煮蛋的時間來估計幾分鐘[21]。

那麼多事都和食物有關，並不是巧合，因為大多人都在食物投注了很多時間。正如提姆・英格德所說，傳統社會的時間既是任務導向，也和社會有關；完全不是用來度量日常活動的某種抽象概念，而是那些活動的體現。其實對許多原住民而言，時間對生活太次要，所以根本沒有相關的抽象概念。南蘇丹的努爾人（Nuer）人正是如此，人類學家E・E・伊凡・普里查（E. E. Evans-Pritchard）解釋道：

> 努爾人沒有對應我們語言中「時間」的表達方式，因此無法把時間說成某種會流逝、能浪費、存起來等等的東西。我不認為他們經歷過和時間賽跑的感覺，或必須在時間抽象地流逝時協調活動；他們的參考點主要是活動本身，帶有一種閒適的特質……努爾人很幸運[22]。

伊凡・普理查提出，很難不嚮往努爾人對時間的那種安祥態度——很難想像有種生活方式可以遠離我們超高速、毫不停歇、睡眠不足的文化。在西方，工業革命當然摧毀了那種時間自由，把生活切割成工作和休閒，加上富蘭克林決定性的概念——時間就是金錢。歷史學家劉易斯・芒福德（Lewis Mumford）在他一九九〇年的作品《機械的神話》（*The Myth of the Machine*）中指出，真正宣告機器時代來臨的，不是火車，而是時鐘。芒福德主張，允許時間和空間量化之後，這「自動機典範」就成了「西方人散播到全球各地的控制系統中不可或缺的一部分」[23]。我們先前看過，舒馬赫也指出，把時間商品化的方式，將我們分裂成生產者和消費者——一種動物不完整的兩半，受到時間邏輯奴役[24]。※4

用不著是亞馬遜的零工，也能明白這樣的分裂會有什麼結果。今日，我們的經濟不只要我們量測時間，還要我們超越時間。高頻交易、及時化配送、演算法和人工智能只是我們數位追求速度的一些結果。把時間最小化，例如縮減勞力成本，是資本主義的合理目標。現代的零工就像他們維多利亞時代的同伴，不只拿的是奴隸的薪資，而且受到監控，如果工作效率低落，會受到懲罰。

渴望超越時間，不只帶來痛苦，也讓我們生病。晝夜不分的生活方式，擾亂了我們的晝夜節律（這種生物系統會讓我們的身體循環與地球循環同步）。我們的生理時鐘由下視丘的中央「節律調整器」調控，受到眼睛裡的感光細胞刺激，作用是讓我們和晝夜循環同步，讓我們早

※4 原註：見先前討論E. F. 舒馬赫的思想，第四章P.213。

上能起床、吃東西、消化、排便、運動，晚上上床睡覺[25]。※5我們身上的每個細胞都隨著這個節奏擺盪，就像所有的植物細胞一樣——如果你住在一個旋轉的星球，知道何時睡覺、何時醒來顯然很有用。不過多虧了我們努力不懈，許多人注在一種永恆「社交時差」狀態，身體努力適應我們人工的計時。缺乏睡眠讓我們承擔了和不可靠的飲食一樣的健康風險，包括憂鬱、肥胖到糖尿病、癌症、心臟病和失智症[26]。作息不規則最糟糕，因為我們總是在不適合身體消化的時候吃東西。因此，輪班的勞工通常比一般勞工肥胖，而缺乏睡眠也讓一些人更胖，因為飢餓素這種「飢餓荷爾蒙」會生效，把我們變成卡通《辛普森家族》裡的好吃爸爸[27]。

119 重拾對時間的感知

人無法踏入同一條河兩次。

——赫拉克利圖斯（Heracitus）[28]

說來諷刺，我們忙亂的生活是受到無限拖延原則為基礎的經濟所驅動。資本主義提供未來

※5 原註：那樣的個人規律有一個範圍——二十三．八到二十四．八小時。早上起床很辛苦的人，知道了或許會感到安慰。所以有些人才會像早起的鳥，天生會在黎明時跳下床；有些人（像我）則是「夜貓子」。

的報酬，換取當下的犧牲，有如把我們放上一臺無形的跑步機，永遠活在未來會更好的希望中。我們就像渴望耶誕節的兒童，或是逃離靜止背景的卡通人物，我們活在永遠停滯的狀態，無法享受我們已經擁有的事物。資本主義雖然有種種成就，但終究阻止我們活在當下，因而剝奪我們的快樂。

時間之流的自然趨勢是衰退，這種感覺進一步助長了我們在時間之流中掙扎前進的衝動。有許多神話描繪人類墮落而脫離極樂狀態，伊甸園只是其中之一，那樣的比喻因為過去黃金年代的概念而在我們腦中根深蒂固，最早是由希斯亞德在他的《工作與時日》中描繪：「住在奧林帕斯的永生眾神最早創造出的人類是黃金做的。他們活得宛如神祇，無憂無慮，遠離辛勞與苦難。他們也不曾經歷悲慘的晚年，他們享受盛宴，手腳完好如初；他們不受任何疾病侵擾，死時有如入睡[29]。」

在這樣前景光明的開端之後，一切每況愈下——黃金年代之後是「遠遠不及」的白銀年代，愚蠢的人類和母親同住到一百歲，之後迅速老化死亡。接下來是青銅年代，充滿「恐怖勇猛」的戰士為霍布斯的主張而戰，接著這短暫的英雄一幕之後，來到人類的鋼鐵時代，生來就是「日以繼夜的辛勞與悲慘」[30]。

所有亞伯拉罕諸教都接收了對我們宇宙軌跡的這種悲觀看法，警告未來某日可能發生的救贖。時間被設定為始於過去某個時刻（創世），經過現在，乃至未來的某個世界末日或審判日，並且在那時終結。時間由神創造（因此神是永恆的），被視為線性流動，有時稱為光陰似箭，而其中存有日常經驗。十九世紀，熱力學第二定律（熵增原理）讓這種世界末日的觀點有了科學的重量，聲稱能量會持續轉換為更低的形態（例如燃燒的原木化為灰燼），所以時間的流動無法逆轉，時間的演進終將來到宇宙末日，所有潛在的能量都耗盡，物質達到靜止的平衡態，或「熱寂」[31][※6]。

不難看出那樣的理論為何會助長我們對時間的不安。時間有開始、過程和結束的概念，輕易就被連想到我們由出生到死亡的人世壽命，以及時間流逝不只無法逆轉，而且帶來毀滅。只要每天早上照照鏡子，就能見證無情的衰老；注視著沙漏，就能親眼看著時間流逝。

我們對時間的線性感知太根深蒂固，意識到不是所有人都這麼想時，可能很令人震驚，不過就像自然，我們西方人對時間的觀點根本不是放諸四海皆準。比方說，印度的宇宙時間就不被視為線性的，而是循環的——毀滅與重新創造的永恆循環，反映在人世間的輪迴（*samsara*），也就是生與死之輪。為了逃離這種無盡的迴圈，必須一次次過著品德高尚的人生，才能提升靈魂，達到一個穩定、不再轉世的極樂狀態——佛教的涅盤，在印度教和耆那教則稱為解脫（*moksha*）。

120 毫無畏懼地生活，彷彿那是自己最後一天

生命啊，多虧了死亡，你在我眼中珍貴無比。

——塞內卡[32]

我們討論過，印度這種與西方截然不同的宇宙時間觀，反映在看待生命與死亡的截然不同方式上。身體狀況顯然也扮演了很重要的角色——如果生命通常短暫（印度的平均餘命只有六十九歲，不過一九六〇年才僅僅四十二歲），就沒什麼選擇，只能以某種實用主義的方式看待死亡[33]。

十九世紀的歐洲也一樣——今日的英國人平均預期壽命是八十二歲，但一八〇〇年，只有一半的人活過四十歲。許多孩子死在襁褓中——英國和日爾曼兒童三個中有一個死於五歲之前，美國的數字則接近二分之一[34]。※7 中世紀的運氣更差，飢荒、戰爭和疾病使得平均壽命在三十到三十五歲之間徘徊。不論社會地位，死亡都可能在任何年紀突然降臨，可能是自然死

※6 原註：熱力學的第二定律源於十九世紀物理學家薩迪・卡諾（Sadi Carnot）和魯道夫・克勞修斯（Rudolf Clausius）的研究。

※7 原註：美國的這個數字是百分之四十六。

亡，也可能是某種不知名的疾病在幾小時內奪走你的性命，例如襲捲都鐸時代英國的恐怖「汗熱病」，一天之內接連帶走了政治家湯馬斯・克倫威爾（Thomas Cromwell）的妻女[35]。也難怪人們不和死亡對抗到最後（反正通常注定失敗），而是用心準備來世，他們用熱門的指南（例如《死亡的藝術》，*Ars moriendi*），引導他們和家人完成救贖必經的各種步驟。

我們生命有限，相信來世是人類對此一認知最常見的反應，偶然產生了我們最偉大的某些藝術品。不過這種信念絕對沒那麼普遍。其他處理死亡的偉大傳統比較世俗，而這和其他許多事一樣，都起於蘇格拉底。我們知道蘇格拉底冷靜無比地面對死亡；對許多希臘人而言，他的死亡方式既是楷模，又啟發人心。今日，我們可以說蘇格拉底像斯多葛派一樣處之泰然，不過當時還沒有這種說法，因為斯多葛派（Stoics，取自他們集會的彩繪廊柱，Stoa Poikele）是在蘇格拉底死後一世紀才成立，但他們尊他為師[36]。※8

斯多葛派相信，自然秩序是依據一種神聖的邏輯（*logos*），以最崇高的美善為目標[37]。※9既然沒有人類能改變既定的走向，品格高尚的人生因此包括了遵從自然法則、堅定不移地接受自己的命運。斯多葛派認為，不幸只是諸神的試煉，幫我們培養堅韌，而我們只要學會掌控情緒就能達成。那麼樂觀的態度，想當而爾，掌握死亡被斯多葛派視為最崇高的品德。他們主張，死亡沒什麼好怕的——死亡只是虛無，既然我們不會活著經歷到，就不會受苦。

你或許注意到，斯多葛派對死亡的看法非常像伊比鳩魯；確實，這兩個哲學派別都視蘇格拉底為所有凡間事物的終極老師。伊比鳩魯的追隨者菲婁德穆斯（Philodemus）把他的前四大關鍵原則總結為「四步驟的措施」——「別畏懼神，別擔心死亡，好事易成，以及壞事不難忍」[38]。伊比鳩魯說，痛苦不難忍，因為小小的病痛很快就會過去，嚴重的很快就會害死我們。如果我們發覺自己極為痛苦，可以專注在愉快的回憶，用我們的心靈力量來克服。伊比鳩魯躺在自己臨終的床上，實踐他宣揚的說法，堅持他承受的痛苦（腎結石）很容易靠著回憶快樂時光來壓過。

那樣的斯多葛主義（沒別的詞語可以形容）很能吸引踏實的羅馬人；羅馬人將這納入他們盛行的哲學中。在難以預測的羅馬文化中，熱愛命運（*amor fati*）是很有用的技能，尤其是斯多葛派知名的塞內卡，他身為尼祿皇帝的導師，因此有不少機會處理這種事。塞內卡說，要有逆境，才能過著美好人生，因為少了逆境，我們永遠無法發掘自己真正的價值。他寫道：「永遠快樂而度過一生，心中不曾有任何痛苦，等於不理解一半的自然[39]。」處理逆境，不只讓我們變得更強大，也讓我們為最大的挑戰做好準備，面對我們自己的死亡。

塞內卡說，我們一出生就開始死亡了，所以準備赴死應當很簡單才對。接納這一觀點是美好生活的關鍵，因為面對自己生命有限之後，就能以同樣愉快的熱切，每天毫無畏懼地生活，

※8 原註：彩繪廊柱是廣場邊一條有列柱的公共長廊，人人都能聚集在那裡。

※9 原註：斯多葛學派大約西元前三百年由西提姆的芝諾（Zeno of Citium）成立，不過沒有關於他的記載流傳下來。

彷彿那是自己最後一天。因此重要的不是生命長度，而是能不能徹底揮灑生命。塞內卡寫道：「活得夠長命，不是取決於我們的年歲，而是我們的頭腦[40]。」我們不該抗拒時間流逝，該學著品味時間流逝的影響——塞內卡說，「讓我們珍惜、喜愛老年，只要知道如何運用，老年就充滿喜悅」。水果即將爛熟的時候最受歡迎；青春的尾聲最是迷人；最後一杯令飲酒者歡喜[41]。此外，我們人類的壽命終究短暫，所以試圖延長壽命沒意義——「在你腦中想像龐大的時間深淵，想想宇宙；然後對照我們所謂的人命和無限——你就會明白我們祈禱之事多麼渺茫，我們試圖延長的又是多麼薄弱[42]。」

塞內卡在西元六十五年，也不得不實踐他宣揚的事；尼祿懷疑塞內卡參與暗殺他的陰謀，命令他的老教師自殺，讓塞內卡選擇自己的死法。塞內卡把親人朋友召來身邊，提醒他們別難過，然後平靜地劃開血管，在自己生命緩慢流逝的當兒，繼續討論生命的意義[43]。※10

121 借來的時間：如何面對生命有限而活

塞內卡著作的驚人之處在於和當代思想家（例如葛文德）的想法十分相近，那些思想家試圖幫助我們面對自己生命有限的事實。基本上，斯多葛主義正是葛文德呼籲的，不只為了幫我們面對死亡，也讓我們過更好的生活。

西方社會可能是歷史上最不斯多葛派的社會；我們的消費主義文化追求舒適、逃避風險，目標終究是消除生活中的所有痛苦、折磨或努力（甚至削馬鈴薯皮或關上窗簾那樣的努力），以及需要耐心的所有事情。不過我們已經看到，試圖抹除那樣的努力和負面情緒，一點也沒讓我們更快樂。相反的，期待無痛、平靜地活著，只讓我們無法在我們享有的安適中得到更多樂趣。你上一次扭開水龍頭或沖馬桶而感激地歎息，是什麼時候的事？我們已經忘了支撐我們人生的方便軟墊，以及痛苦和努力其實和喜悅、滿足密不可分[44]。※11

塞內卡的文字今日讀起來仍然很有意義，因為死亡就像食物一樣，是個常數。雖然我們活在截然不同的時代，作為我們人生基礎架構的問題（如何面對生命有限而活）仍然不變。斯多葛派最重要的是務實，所以他們能幫助我們在這失控的世界裡腳踏實地。他們思想的中心是很熟悉的概念：和自然均衡共處的美好生活是什麼模樣。對斯多葛派來說，這不只需要重新探索自己物質性的存在，也必須接受自己在時間中的位置。

※10 原註：依據塔西佗所說，塞內卡死得極於緩慢，必須服用毒芹（就是蘇格拉底服用的那種毒藥），泡在熱水中才了結。

※11 原註：說到這，自問「如果要選擇生活中沒有網際網路或抽水馬桶，你會選哪一個」，很發人省思。

葛文德指出，這多少關乎體會到我們在人世間的時間長短，不只影響**我們**而已。例如葛文德的印度祖父活到一一〇歲高壽，仍然負責他家族的農場，天天騎馬巡視他的田，直到最後。葛文德說，他祖父的人生聽起來充滿田園風光，然而那對他家其他人也有影響。葛文德寫道：「想想看，我叔叔伯伯看到他們父親一百歲了，而他們自己也步入老年，還在等著繼承土地，是什麼感覺[45]。」

我們身為良好的政治動物，必須問的問題（如何活得公正、與自然和諧共存）顯然涉及時間的範疇。比方說，如果我們都開始要活到一二五歲，我們的物質需求會增加百分之五十（除非我們餓著肚子活）。同樣的，當我們爭論如何公平分配地球資源時，我們是想跟誰分享？目前生存在地球上的所有人類和非人類生命，或是我們遙遠的後代？那樣的問題是永續發展的核心。一九八七年聯合國布倫特蘭委員會（Brundtland Commission）報告，〈我們共同的未來〉（Our Common Future）首度定義了永續發展，是「滿足目前需求，但不犧牲未來世代滿足他們需求的能力」[46]。

曾經忍住不吃盒子裡最後一塊巧克力的人都該知道，我們並不是天生會期待未來有得享樂，而能延遲享樂。不論如何，我們都偏愛立即的滿足，而所有的工業都在競相提供我們這樣的滿足。在這樣的情境下，我們狩獵採集的心理機制會讓我們陷入危機，也就不足為奇了。我們是在截然不同的時空中，為了在部落中生存而磨鍊出直覺，這種直覺的能力無法輕易拓展到我們沒遇見過的人或動物身上，更不用說那些還未誕生的無數億人了。也難怪如果塞內卡現在還活著，很可能被奉為生態大師。他建議把握機會享受生命，但不要試圖延長生命的自然極限；這是某種形式的時間生態。接受我們壽命短暫，是活得好、讓出空間使其他人活得好的關鍵。普魯東說過，我們只在看戲的時段需要我們在戲院裡的座位；我們不需要擁有整座建築[47]。

122 食物是構成我們未來身體的材料

和其他任何活動比起來，吃東西這種活動更能體現我們肉身的存在何其短暫，因為那正是我們人體轉變的主要方式。我們或許可以活很多年，構成我們的原子卻持續變化，因此當我們成年時，出生時身上的原子很少還存在。這概念乍看之下令人不安，直到你想想吃的意義是什麼，事情才變得顯而易見。食物是構成我們未來身體的材料。而我們的糞便則含有過去身體的材料。我們其實是變化無常的大餐——我們進食的時候，消化著未來的我們，正如我們吃下的食物只是借自地球，最終將回歸地球[48]。※12

※12 原註：感謝佩爾・庫斯提爾（Per Kølster）提供這則資訊，出處為丹麥有機農民埃斯基爾・羅默（Eskild Rommer）。

吃和喝本質上是斯多葛派的行為，不只是因為吃喝代表著稍縱即逝，也是因為吃喝讓我們當下快樂。宴飲遵循了斯多葛的中心要旨——「把握當下」。伯納德・克瑞塔茲意識到，用餐、痛飲時我們感到快樂有活力——甚至可能思索死亡的事。伊比鳩魯學派的飲酒器因此時常繪著骷髏頭，提醒狂飲者及時享受生命。這主題也傳到羅馬，最愛的敬酒詞是「今朝有酒今朝醉」。這句酒詞出自賀拉斯（Horace）詩的第一句，那是慶祝克麗奧佩特拉過世的詩，乾杯既是為了敵人死去而欣喜，也是在歡醉中挑釁自己的死亡。

挑釁死亡是羅馬農神節的關鍵，農神是農業與富饒之神，據說會在農神節回歸人世，暫時帶回他的黃金年代。除了免不了大吃大喝，農神節也是一片混亂的日子，奴隸可以侮辱主人、穿他們的衣服，甚至讓主人在桌邊服侍。農神節定於冬至時分，黑暗正將回復光明，而盛宴或許代表恐懼死亡的最大防衛——儀式性的歡笑[49]。農神節翻轉階級、慶祝肉體的快樂，有許多儀式不著痕跡地轉變成耶誕節，是必要的時間停滯，那段時間裡，人類與宇宙的節律融為一體。隨著世界在生死間徘徊，人們開心起來，悲劇與喜劇交融。

在中世紀歐洲，農神節的精神以狂歡節的形式繼續下去，這盛宴夠下流粗俗，看得出發源自異教徒。狂歡節舉辦的時間與一年中各種教會慶典同時（最著名的是大齋節期），慶祝與肉體有關的一切。狂歡節的雙重主題因此是肉與性[50]。※13除了烤肉和大啖派餅，也有異性變裝和市鎮廣場上象徵性地把犁具犁過處女之類的儀式，伴隨著老套的一連串香腸主題雙關語。

米凱爾・巴赫汀（Mikhail Bakhtin）在他一九六五年的著作《拉伯雷與他的世界》（*Rabelais and his World*）中主張，那樣亂七八糟的淫穢對狂歡節的意義極為重要，「世界與神祇的嚴肅、滑稽面向一樣神聖，一樣『正統』」[51]。狂歡節在日曆上冬至或春分之類的關鍵日子舉行，可以說把宇宙的秩序帶到了人間。慶典因此在本質上與轉變有關——從黑暗到光明、過去到未來、生到死再到生。巴赫汀寫道：「狂歡節是真正的時間節慶，也是改變、演化與更新的節慶[52]。」

123 融入生命之流

狂歡節的主題顯示了，身為人類的悲喜劇在於我們今天雖然吃喝、做愛，有一天卻將成為蟲子的食物。被迫腳踏實地，正是那個意思——接受人在自然生命循環、死亡與重生中的地位。巴赫汀說，儀式性的歡笑是將我們完美、不可變的形象拆解成風化般的岩石，以讓我們融入生命之流。」他寫道，「毀壞，其實就是埋葬、播種、同時毀滅，帶來更多更美好的東西[53]。」

※13 原註：狂歡節的英文Carnival來自拉丁文*carnis*（肉）和*levare*（收起）。

中世紀怪誕肉體的形象（見於大教堂的滴水獸和布勒哲爾〔Bruegel〕與波希〔Bosch〕的作品，或拉伯雷筆下放屁打嗝的英雄），正表達了這個概念。巴赫汀說，那樣的影像顯露出的不是外在的醜惡，而是內在的真相，藉著頌揚毀壞，幫助我們找到時間中的實質位置——「未完成而開放的肉體（正在垂死、生成、誕生之中），和這世界沒有清楚定義的界線區隔；而是和世界、動物、物體交混。廣大無邊，它就如宇宙，等同於包含了所有元素的物質性世界[54]。」

在文藝復興時代，那樣的主題套上了比較道德說教的外衣——*memento mori*（勿忘人終將一死），象徵地提醒生命有限，例如把骷髏頭擱在桌上，或義大利畫家卡拉瓦喬（Caravaggio）那一籃挑釁的腐敗水果。這種傳統最著名的例子，是一五三三年霍爾拜因（Holbein）雙人畫像《大使們》（*The Ambassadors*）畫面下方飄過的那抹鬼影。變形的幻影從側面觀看，原來是個人類的骷髏頭。藝術手法可能令人不解，甚至毛骨悚然，不過對霍爾拜因同時代的人來說，其中的訊息很明確：不論你的財富地位如何，都不該自以為是；在死亡面前，我們一概平等。

虛空派（vanitas）的荷蘭靜物畫傳達了類似的訊息。畫中異常鮮活地描繪了剛剛人去樓空的宴席，麵包碎屑、灑出酒的葡萄酒杯，紅龍蝦亮晶晶的眼睛瞪視指控，那樣的影像是荷蘭黃金時代與商人罪惡感的產物，他們掙扎著調解他們的清教徒價值與豐盛驚人的財富。這些繪畫捕捉到生命的精髓和稍縱即逝的本質，難能可貴。我們面前是半顆去皮的檸檬淌著汁，或晶瑩的一杯白葡萄酒映著光。我們覺得我們可以伸手拿酒喝下，於是加入我們忍不住渴望的幻象——我們可以在停滯的時間中，永遠延長喜悅。

124 人類世的災難：以生態向度重新思考時間

「『人類世』是最早的反人類中心概念。」

——提摩西・莫頓（Timothy Morton）[55]

隨著二十一世紀加緊腳步，我們放慢速度的需求從沒這麼明確。斯多葛派意識到，慢活並不表示缺乏刺激，只是活在當下而已。基本上，慢活運動就是這麼回事——像斯多葛主義一樣，體認到生命最精華的時刻，不是過去或未來，而是現在。塞內卡甚至說，人類比神更幸運，因為我們知道自己的時日有限，可以體驗生命此時此地完整的燦爛，而永生的神永遠無法。

其中的「此時」當然是人類世，這規模驚人的人為大災難，我們大多人甚至畏於思考。不過提摩西・莫頓在《暗黑生態》（*Dark Ecology*）中主張，承認我們的複雜性是解決的第一步。莫頓說，我們很難面對困境，是因為我們過去的所作所為回過頭來糾纏我們的那種感覺很怪異，令我們畏縮。意識到在有限星球上一切都不會真的「就這麼消逝」，隨之而來的「厭惡共存感」折磨著我們[56]。

莫頓的解決辦法其實融合了斯多葛主義和狂歡節——他提議我們接受我們荒謬的狀況，學著發笑以對。莫頓認為，一個辦法是體認到我們人類的時代只是「地質時間的一瞬」，在宇宙的角度毫不重要。他問道：「從宇宙終結時熵的角度來看，誰在乎人類世呢？[57]」莫頓說，氣候變遷是大災難，不過只是從古至今一系列「套疊大災難」的最新版[58]。氣候變遷發生在冰河期之後，而冰河期又發生在殺死恐龍的小行星之後，那之前是大氧化事件，以及月亮形成，追溯到時間之初，還有大爆炸。這一切的事件仍在上演——我們的星球在大爆炸的餘波中移動，我們呼吸的空氣是由進行中的大氧化事件產生。時間是一系列的套疊事件，形成一個漫長而進行中的現在。所以時間不是線性的，而是同心圓。

莫頓的主張反映了塞內卡的建議——我們想像自己在「時間深淵的遼闊空間中」。玩弄我們的時間感，可能有助於接受我們自己的生命有限，而我們這個種族終將消逝——可以說是生態思維的終極階段。這也有助於接受我們混亂、糟糕的現在，轉而迎向挑戰，對付氣候變遷。最近急劇增加的政治行動（如學校抗議氣候暖化議題、英國「反物種滅絕」行動）顯示，許多人準備克服對宇宙時間的恐懼，把握當下。

面對時間很困難，但也賦予力量——這是成長的必要副產物。徹底活在當下（調解我們自己的壽命和宇宙時間），我們才能無所畏懼地行動。和自然接軌能撫慰我們，一個原因是我們進入森林或眺望山巒時，是和不同的時間秩序產生連結——我們和早在我們之前就存在於此、我們消逝很久之後仍然存在的東西融為一體。我們在時間中迷失了自己，接受我們的存在稍縱即逝。我們終於跌落人類中心的寶座；任何鬧劇的演員都會告訴你，這在本質上多麼可笑。

或許不是人人都愛想像自己不復存在，不過佛教和斯多葛派千百年來都知道，這是和時間和解極為有效的辦法。生態學家喬安娜．梅西（Joanna Macey）提出，西方的莫名不安，大多源自我們對時間的概念獨立於我們的實際經驗——佛教認為「苦」（*dukkha*，不快樂）主要就是來自這樣的分裂[59]。對十三世紀的日本禪師道元而言，那樣的二元性並不存在，因為物體只存在於時間中，而時間只能透過物體來體現；道元把這種不可分割的特質表達為「有時」（*uji*）。對道元而言，時間是流動的，但不是從一刻到下一刻那樣的流動，而是體現於存在本身的流動。

道元形而上思想的一個獨特面向，是和現代理論物理極為相似，尤其是量子重力的領域。義大利理論物理學家卡羅．羅維理（Carlo Rovelli）在他二〇一八年的著作《時間的秩序》（*The Order of Time*）中解釋道，我們眼中的光陰似箭，只不過是個有用的假想。其實，正如愛因斯坦的理解，時間是相對的，取決於所在之處，以不同的速度而動。因此時間並不是中性的抽象概念，而是我們存在的本質。我們**屬於**時間，正像鳥兒、石頭、樹和山屬於時間，不是因為我們存在於相同的當下，而是因為我們透過時間這個力場而互動。羅維理說，因此我們最好別把這世界想成物體的集合，而是事件的網絡[60]。羅維理說，意識到「無常普遍存在」，等於發現存在的真相。「我們了解世界，不是靠世界目前的模樣，而是世界演變的過程[61]。」

125 心流：除了消費也需要創造

欲速則不達（*Festina lente*）。

——羅馬俗諺

不論我們對宇宙時間有什麼看法，我們都知道，地球時序（terrestrial sort）並非常數。例如說，只需要比較在郵局站錯隊伍時的感覺，相較於注視愛人雙眼時的感覺，就會明白。在某些情境下（演奏音樂、爬山或打造瓶中船），時間可能感覺停滯不動。我們已經知道，哈里．契克森米哈伊稱之為心流——這是冥想的世俗對應物[62]。※14

我們投入時，時間會靜止不動。因此我們不再用滴答作響的鐘來量測我們的日子，而是更適合在園子裡弄弄園藝，畫畫或烤蛋糕。你或許會反駁，「可是我們**得**做的那些事呢？**可是工**

作呢？」那當然正是舒馬赫怒斥資本主義任意分割時間，試圖針對的問題。工作有意義（任務導向而且有社交性）的時候，能讓我們投入，因此幫助我們超越時間。因此，待在家（進行非經濟工作，例如烹煮或園藝的地方）的時光，可以是激發創意的避風港[63]。居家生活不屬於現金經濟，因此勝過稍縱即逝的商品。

有人（例如沉迷於電動的青少年）或許會說，在電腦上掀起幻想戰爭時，時間也會停滯。這確實不假，不過遊戲和園藝、冥想之類不依賴人工刺激的活動，有著本質上的不同。雖然這兩種活動都能造成心流的體驗，但電腦遊戲靠的是把我們拉進虛擬世界，不依賴人工刺激的活動則是讓我們立足在現實世界。遊戲迷就像喜歡來一杯的人，由人工的刺激中得到興奮感，種植和冥想的人則自己創造。遊戲迷可以說是在消費他們的永恆，園藝愛好者和僧侶則是創造自己的永恆。

為什麼休閒擴張（很可能起因於工作機械化）之所以成為問題，前述的差異正是關鍵。我們身為晚期資本主義的動物，少有人有能力處理無盡的空閒——下班後，我們大多把時間花在消費勞動的獎賞，例如即食餐點、購物和娛樂。不過再怎麼消費，也無法彌補無意義的生活。為了過得好，我們需要感到有用處，所以需要創造。純粹休閒的生活絕對無法令人快樂；我們也需要有所行動——除了消費，也需要生產——要主動，而不是被動。

※14 原註：見第一章，P.56。

阿道斯・赫胥黎（Aldous Huxley）在他一九三二年的反烏托邦小說《美麗新世界》裡探索了，如果邏輯遭到顛覆，生活會是什麼模樣。這本書的背景設在未來的一個世界國家，所有家庭羈絆都遭廢除，人類從試管中培養出來，履行他們在社會秩序中被指派的位置（從聰明的高級阿爾法，到做苦工的愛普西隆），描繪了禁止親密與情感的社會，生命都用在無意義的消耗、遊戲、娛樂與性的無盡循環。控制者穆斯塔法・蒙德（Mustapha Mond）解釋道，只要感到有苦惱萌芽，就能服用政府核准的免費藥物，蘇麻：

> 老人沒時間、沒閒暇體驗快感，甚至沒有一刻能坐下來想一想——即使很不幸地，他們居然在一時半刻的分心中，像打呵欠似的、萌生出對閒暇的渴望——也總是有蘇麻，美味的蘇麻，半公克可以用上半個假日，一公克可以用上一個週末，兩公克讓你去宜人的東方，三公克直達月球的黑暗永恆……[64]

《美麗新世界》成書以來，從不曾如此刻這麼貼切。今日，人類基因改造變得可行，公民和消費者難以區別，機器人威脅了生計，數百萬人依賴抗憂鬱藥物和鴉片類止痛藥，我們和赫胥黎的世界相像得嚇人[65]。

赫胥黎的訊息是，杜絕苦難無法創造快樂，因為快樂與苦難是一體兩面的。《美麗新世界》中沒人怕死，因為對蘇麻上癮的公民來說，生命毫無意義，他們被剝奪了所有人類情感，已經沒什麼好失去的。快樂仰賴另一個極端，所以赫胥黎才有著名的主張——要有權不快樂。他意識到，少了黑暗，也不會有光明。

126
用食物找回自然與時間的關係

我們知道世事無常，那念頭鎮日糾纏，其中卻自有芬芳。
——二十世紀初德語詩人萊納・馬利亞・里爾克（Rainer Maria Rilke）66

我小時候和大多兒童一樣，喜愛夏天，但討厭秋天。濟慈的「霧氣與甘甜富饒的季節」並不令我喜悅。整個夏天開心地在海灘玩水，或在園子裡遊戲之後，商店開始出現令人懼怕的「返校」陳列，展示灰色制服和一堆堆的筆記本與筆，那種頹喪的感覺，宛如週日夜晚被放大的一千倍。日光消逝，夜晚降臨，葉片溼冷腐敗的氣息——感覺一切都預示著毀滅。

現在我明白了，我害怕秋天，不只歸咎於恐龍般的教師；也反映了更深層原始的恐懼，那樣的恐懼曾經促使古代農人向神獻祭，使羅馬人酗酒，使我們的祖先建造巨石陣。我們的生命繞著太陽轉，隨著每年過去，有一種又一章尾聲到來、未寫下的新篇章準備開啟的感覺。

這年頭，我每個季節都一樣喜歡（顯然多少要慶幸我離開了學校）。我至少能同意愛默生說的，「一年中的每個時刻都有自己的美」[67]。我那條路底有一座花園廣場，我喜歡觀察樹木在一年之中的變化——春天裡，樹木的葉子初生時多麼蒼白柔嫩，盛夏我感激地走在樹蔭下，樹葉多麼翠綠茂盛，秋天轉為鏽紅與黃色，窸窣作響，冬天光禿深色的樹形映著蒼白的天空。不過我最愛的是襯著土耳其藍的春日天空、沐浴在櫻花燦爛盛開的粉紅之中。我對電視劇作家丹尼斯．波特（Dennis Potter）一九九四年訪問梅爾文．布萊格（Melvyn Bragg）※15時的話有同感（僅僅幾週後，波特就因癌症過世）。波特描述了望向窗外他那棵李樹的感覺：

> 看起來像蘋果花，卻是白色的，看著那些花，你不會說「喔花真美」，而是知道——上星期，我在寫作時望向窗外的李樹，那是世上最潔白、最像泡沫、最**鮮麗**的花；我看得出，而事情既比以往更微不足道，又比以往更重要，微不足道和重要之間的差異似乎沒什麼，而是一切的**現在性**令人驚歎，好像人們看得出，知道吧，我沒辦法跟你說——你得親自體會——不過可以說其中蘊含了燦爛，其中蘊含了**慰藉**、寬慰啊（我對安慰人沒什麼興趣，管他的）；事實是，如果你**看到**現在式，**老兄**要是你看得到，**老兄**你就能慶祝那個現在式了。

波特受到感動，是因為他知道李樹會活得比他長——隔年李樹再綻放的時候，他已經無緣看見了。雖然如此，他強烈的感受，加上身為知名劇作家，能表達他的感受，仍然令他欣喜。

很少人經歷過那樣熱烈的時刻，何況是表達出來（大多人都活在乏味的例行公事中），不過正是在那些事物中找出喜悅，我們的人生才能發光發熱。而最好的辦法，就是找回和食物的連結。自從我在倫敦家裡屋頂上成為微型農人以來，我和時間與自然的整個關係都變了。不再用工作的責任與假日來計量，而是決定要種哪種植物、買種子和堆肥、種植和培育、澆水和做支架、收成、醃漬、分享、吃下我鍾愛的蔬菜。這輩子裡，我的行為第一次直接和實際的規律有直接連結，這樣的連結既麻煩又令人滿足。

伊比鳩魯、塞內卡和佛陀都意識到，活在當下是美好生活的精髓。也是在我們的限度內幸福生活的關鍵。在我們庸碌的世界中，唯有那樣，才能成為理想的政治動物。亞里斯多德、盧梭和克魯波特金都明白，想要在社會中過得好，就必須能獨立。投入、觀察、關注、回應，是政治與栽培食物都需要的特質。政治與種植關乎期待，也都需要某種放下的能力。那樣的技能是順時而活的精髓——是美好生活與長壽的關鍵。

一九九四年，美國探險者丹・布特納（Dan Buettner）著手調查他口中的全球藍區——也就是居民格外長壽的社會[68]。※16布特納研究了五個自給自足的群體，分別在義大利半島西南的

※15 譯注：小說家、文化評論家、廣播電視主持人，現任英國上議院議員。

※16 原註：這概念最初來自老年學家詹尼・派斯（Gianni Pes）和米歇爾・普蘭（Michel Poulain），他們辨識出薩丁尼島的努羅奧（Nuoro），男性百歲人瑞的密度最高，並在地圖上畫出同心圓，圓心是密度最高的地方：藍區。

薩丁尼島（Sardinia）、希臘的伊卡利亞島（Icaria）、哥斯大黎加、沖繩和加州，這些地方不只有世上最長壽的人，而且人們最健康、快樂。布特納決定了解背後的原因，他比較了這些社會的共通點，得到了九個關鍵特質[69]，包括自然環境需要人們運動（可能是爬坡、在園子裡工作，或做家務），以及社群、家庭、信仰和歸屬感強烈。所有群體都有強烈的目標感（日文是生き甲斐，ikigai），以及有助於紓壓的日常儀式，例如散步或小憩。最後很重要的是，他們都享有節制的植物性飲食，可能每天喝一、二杯葡萄酒（薩丁尼人）[70]。※17

這些藍區都沒在亞馬遜營運中心的配送範圍內，而且驚人的是，住在那些地區的人，好像十分滿足。他們過著簡單、活動量大而有意義的生活，達到了資本主義發揮全力也常常辦不到的結果。所有藍區都是以農村為基礎的農業制度，雖然沒人會宣揚回歸那種農業制度，但我們顯然還有很多事可以跟那樣的社會學習。這可以歸結於一些富有美國人和一個希臘老人相遇的故事。希臘老人坐在橄欖樹下，啜飲烏佐茴香酒，眺望大海[71]。美國人問希臘人，橄欖樹是不是他的，希臘人說是，美國人問他為什麼不僱人收成橄欖，榨橄欖油。男人問：「我幹麼要那樣？」美國人答道，那樣他就能變有錢，做他想做的任何事。男人問：「你是說，那樣我就可以坐在這棵樹下，對著夕陽啜飲烏佐酒？」

127 食物連結了我們與世界

眼中有農民者，看遍天下。

——羅馬哲學家皇帝馬可・奧理略（Marcus Aurelius）72

快樂很短暫；快樂和時間一樣，不是商品。如果我們要找到快樂，就必須重設我們的時間界域——設法調解家庭時間和宇宙時間。我相信唯一的辦法，正在我們的餐盤上仰望著我們。

食物連結了我們和彼此，也連結了我們與世界，食物是我們終極的時間守護者。那些活生生的會呼吸的生命體演化為潮汐、季節的韻律與我們每日所需的能量，讓我們的身體充滿了生氣。時間是我們所有人至今依然遵循的儀式之核心所在。食物儀式性的力量，正是它所有面向中最關鍵的——我們想要順時生活，就需要儀式。

正如默西亞・埃里亞德（Mircea Eliade）在他一九五九年著作《聖與俗——宗教的本質》（*The Sacred and The Profane*）中解釋的，儀式是兩種時間秩序之間的人類生活經驗。不論宗教或世俗，當我們做彌撒、蓋房子、為嬰兒祈福、雕刻燕鳥交合、餐前禱告或吟唱蘇格蘭民謠

※17 原註：而沖繩人依循二千五百年歷史的儒家理念，腹八分（百分之八十原則），提醒用餐者吃到胃八分滿的時候，就適可而止。

〈友誼萬歲〉（Auld Lang Syne）的那一刻，都蘊含著從前所有類似的行為——那是套疊時間的活生生體現。在科技讓人類以超音速旅行、或不用人造衛星就能互邀晚餐以前，儀式是我們的祖先得以超越時間的方式。儀式結合了日常與神聖的時間秩序——例如分享餐食之前先獻祭——是人們在時間中找到自身定位的方式。當我們重複久遠歷史中的某些行為時，我們結合了我們經驗的當下與更龐大浩瀚的宇宙秩序。埃里亞德主張，這是讓時間凝結的方法，因為「神聖的時間本質上可以逆轉，確切地來說，它是原初神話時間的展現。」[73]

打從文化存在以來，食物就是那類儀式的核心。沒什麼能像食物一樣，強力結合我們人生的宇宙與家庭層面。食物是我們日常生活規律，也是生與死的化身，體現了「平凡」（mundane）的雙重意義——我們用這詞來表示「無聊、乏味、日常」，但mundane這字的字根卻是「世界、宇宙、萬物的」（來自拉丁文mundus）。很少有詞語能那麼強而有力地表達出我們和宇宙之間竟是如此缺乏聯繫。線索在於我們居住的星球——地球和我們賴以為生的土地，都有一個「地」字。這提醒了我們，那些我們嚼食或不假思索吞進喉嚨的可食之物、也就是那些我們並未重視或加以思考的生命體，就是塑造我們世界、使我們得以存在之物——正是這稱之為食物的東西，能讓我們與時間和解。

食物所具有的獨特療癒力，來自於我們和世界之間的深刻關係，而食物正代表了這世界。我們對食物的力量視而不見，是因為我們忘了食物真正的意義。我們學習看見食物（並且透過食物來看世界），就能在自然秩序中再度找到我們真正的立足之地。重視我們吃的東西、知道我們吃的是什麼，就能重新和彼此與我們的世界產生聯結。這是食托邦的真正意義——透過食物了解身而為人的意義，以及如何與我們的人類和非人類同胞長期共存。藉著有意識地一同進食，我們既能深深扎根又得以和更宏大的事物相連。我們可以在時間之內與之外同時存在，我們將感到無比自在。

我寫作的當下接近十二月二十七日午夜，世上最知名的節日之一已經過了兩天。我最喜歡慶祝節日，也心滿意足地享受了美好盛宴。當我坐在這裡，想到全球其他二十億人跟我一樣有同感，就很開心。耶誕節前後的倫敦宛如天堂——許多倫敦人離開這裡，和家人去英國其他地方慶祝——這裡和其他地方一樣，耶誕節是回歸根源的時候。街道安靜，沒有新聞，電子信箱空空如也；我的節日心願清單上只缺少一陣細雪。時間似乎靜止不動（這是我們忙亂世界能停下來的最大程度了）。農神節萬歲——當北半球度過最漫長的一夜時，我們都需要慶祝這一刻，以及我們和宇宙的共同連結。

人類的困境或許沒有簡單的解答，但不論未來有什麼阻礙，食物都會是我們的指引。沒有人早於食物而存在——食物先於我們，維繫我們，而且會比我們更長久存在。我們最冀望的，終究是把我們和所愛之人、我們活生生的世界連結在一起的關係。

28 至於這是如何運作的，深入討論請見Shoshana Zuboff, *The Age of Surveillance Capitalism*, Profile Books, 2019.（肖莎娜・祖博夫，《監控資本主義時代》，時報出版，二〇二〇。）

29 Jared Diamond, *Collapse: How Societies Choose to Fail or Survive,* Penguin, 2006, p.11.（賈德・戴蒙，《大崩壞：人類社會的明天？》，時報出版，二〇一九。）

30 Jean Anthelme Brillat-Savarin, *The Physiology of Taste* (1825), Penguin, 1970, p.54.（布里亞・薩瓦蘭，《廚房裡的哲學家》，譯林出版社，二〇一三。）

31 見前言 P.16頁。

32 http://www.dailymail.co.uk/femail/food/article-1341290/The-adored-mother-meals-I-hated-The-evil-stepmum-cooked-like-dream-And-food-shaped-bittersweet-childhood-TV-chef-Nigel-Slater.html

33 Jean-Anthelme Brillat-Savarin, op. cit., p.13.

34 Charles Darwin, *On the Origin of Species* (1859), Oxford World's Classics, 2008, pp.50–1.

35 鉀（potassium）的化學符號的是K，源自中世紀拉丁文kalium，也就是鉀鹼。

36 見Smil, op.cit., p.160.

37 《創世記》1: 29。

38 《創世記》2: 17。

39 見Reay Tannahill, *Food in History*, Penguin, 1973, pp.105–109.

40 Epicurus, *The Art of Happiness*, George K. Strodach (trans.), Penguin, 2012, p.183.

41 Ibid., p.61.

42 Abraham Maslow, *Towards a Psychology of Being* (1962),Wilder Publications, 2011, p.27.（亞伯拉罕・馬斯洛，《自我實現與人格成熟》。光啟書局，一九八八。）

43 Ibid., p.36.

44 馬斯洛指出，這樣的策略很容易適得其反，因為很少人喜歡被當作「滿足需求者」，而不是他們自己（ibid., p.37）。

45 Ibid., p.33.

46 Mihaly Csikszentmihalyi, *Flow:The Psychology of Optimal Experience*, Harper Perennial, 2008.（哈里・契克森米哈伊，《心流：高手都在研究的最優體驗心理學》。行路出版，二〇一九。）

第二章 身體

1 Brillat-Savarin, op. cit., p.162.

2 http://www.annualreports.co.uk/Company/weight-watchers-international-inc

3 https://www.globenewswire.com/news-release/2019/02/25/1741719/0/en/United-States-Weight-Loss-Diet-Control-Market-Report-2019-Value-Growth-Rates-of-All-Major-Weight-Loss-Segments-Early-1980s-to-2018–2019-and-2023-Forecasts.html

4 https://www.huffingtonpost.co.uk/2016/03/10/majority-brits-are-on-a-diet-most-of-the-time_n_9426086.html

5 https://nypost.com/2018/09/26/nobody-eats-three-meals-a-day-anymore/

6 https://harris-interactive.co.uk/wp-content/uploads/sites/7/2015/09/HI_ UK_FMCG_Grocer-report-bagged-snacks-February.pdf

7 https://news.stanford.edu/news/multi/features/food/eating.html

8 一些研究顯示，這種狀況現在已經蔓延到墨西哥，是採用美式飲食的直接結果。

9 英國因為和美國有「特殊關係」，因此特別容易被美國的速食文化影響。

10 Harold McGee, *On Food and Cooking, The Science and Lore of the Kitchen*, Charles Scribner, New York, 1984, p.561.（哈洛德・馬基，《食物與廚藝》。大家出版，二〇〇九～二〇一〇。）

11 Jean-Jacques Rousseau, *Emile*, 1762: http://www.gutenberg.org/cache/epub/5427/pg5427.html（尚・雅克・盧梭，《愛彌兒》，臺灣商務，二〇一三。）

12 Charles Spence and Betina Piqueras-Fiszman, *The Perfect Meal:The multisensory science of food and dining*,Wiley Blackwell, 2014, p.201.（查爾斯・史賓斯，《美味的科學：從擺盤、食器到用餐情境的飲食新科學》。商周，二〇一八。）

13 Marcel Proust, *Remembrance of Things Past*, Vol. 1.' Swann's Way', Chatto and Windus 1976, p.58.（馬賽爾・普魯斯特，《追憶似水年華》，聯經出版公司，二〇一五。）

附錄

第一章　食物

1 https://www.pidgeondigital.com/talks/technology-is-the-answer-but-what-was-the-question-/

2 Winston Churchill, 'Fifty Years Hence', *Strand Magazine,* 1931: 'With a greater knowledge of what are called hormones, i.e. the chemical messengers in our blood, it will be possible to control growth. We shall escape the absurdity of growing a whole chicken in order to eat the breast or wing, by growing these parts separately under a suitable medium.' https://www. nationalchurchillmuseum.org/fifty-years-hence.html

3 http://www.fao.org/docrep/010/a0701e/a0701e00.HTM; https://www.thelancet.com/commissions/EAT

4 這是由於各種牲畜的蛋白質轉換效率。見Vaclav Smil, *Enriching the Earth*, MIT Press, 2004, p.165。

5 'Towards Happier Meals in a Globalised World', Worldwatch Institute Website, 3rd February, 2014.

6 Raj Patel, *The Value of Nothing: How to Reshape Market Society and Redefine Democracy*, London, Portobello, 2009, p.44.（拉吉・帕特爾，《價格戰爭—評估地球價值的新方式》。時報文化，二〇一〇。）

7 Jonathan Safran Foer, *Eating Animals*, Penguin, 2009, pp.92–93.（強納森・薩法蘭・佛耳原，《吃動物》，台灣商務，二〇一一。）

8 https://www.sentienceinstitute.org/us-factory-farming-estimates

9 M. Bar-On Yinon, Rob Phillips and Ron Milo, 'The biomass distribution on Earth', P*NAS,* 19 June 2018, 115 (25) 6506–6511, https://www.pnas.org/content/115/25/6506

10 https://www.theguardian.com/sustainable-business/fake-food-tech-revolutionise-protein

11 https://money.cnn.com/2018/02/01/technology/google-earnings/index.html

12 http://www.fao.org/docrep/018/i3107e/i3107e03.pdf

13 這數字會波動；最新的數據見：http://www.fao.org/hunger/en/; http://www.who.int/mediacentre/factsheets/fs311/en/321

14 Marion Nestle, *Food Politics*, University of California Press, 2002, p.13.（瑪麗安・奈索，《美味的陷阱》，世潮，二〇〇四。）

15 Tristram Stuart, *Waste: Uncovering the Global Food Scandal*, London, Penguin, 2009, p.188.（特拉姆・史都華，《浪費》。遠足文化，二〇一二。）

16 Ibid., p.193.

17 *Livestock's Long Shadow*, UN Food and Agriculture Organisation, Rome 2006.

18 http://www.nytimes.com/2013/06/16/world/asia/chinas-great-uproot-ing-moving-250-million-into-cities.html?_r=1&, accessed 6 March 2014.

19 Malcolm Moore, 'China now eats twice as much meat as the United States', *Daily Telegraph*, 12 October 2012.

20 http://culturedbeef.net

21 Virginia Woolf, *A Room of One's Own* (1928), Bloomsbury, 1993, p.27.（維吉尼亞・吳爾芙，《自己的房間》，漫遊者文化，二〇一七。）

22 美國心理學家丹尼爾・康納曼指出，我們常常沒那麼有意識地做出那些決定。見Daniel Kahneman, *Thinking, Fast and Slow*, Penguin, 2011, pp.39–49.（丹尼爾・康納曼，《快思慢想》，天下文化，二〇一八。）

23 Richard Layard, *Happiness: Lessons From a New Science*, Penguin, 2005, p.3.（李查・萊亞德，《快樂經濟學》，經濟新潮社，二〇〇六。）

24 Edith Hamilton and Huntingdon Cairns (eds), *Plato:The Collected Dialogues*, Princeton University Press, 1987, p.23.

25 Aristotle, *The Nicomachean Ethics*, J. A. K. Thomson (trans.), Penguin, 1978, p.63.

26 Op. cit., p.109.

27 Douglas Adams, *The Hitchhiker's Guide to the Galaxy*, Pan Books, 1979, pp.135–6.（道格拉斯・亞當斯，《銀河便車指南》。時報出版，二〇〇五。）

47 George Orwell, *The Road to Wigan Pier* (1937), Penguin, 2001, p.92.（喬治・歐威爾，《通往威根碼頭之路》，上海譯文出版社，二〇一七。）

48 對於美國食物系統運作方式的詳細討論，見Marion Nestle, *Food Politics: How the food industry in uences nutrition and health*, University of California Press, 2002, pp.1–18.（瑪莉安・奈索，《美味的陷阱》，世茂出版社，二〇〇四。）

49 news.yale.edu/2013/11/04/fast-food-companies-still-target-kids-marketing-unhealthy-products/

50 https://www.cdc.gov/nchs/data/hus/2018/021.pdf

51 http://www.gallup.com/poll/163868/fast-food-major-part-diet.aspx

52 Brenda Davis, 'Defeating Diabetes: Lessons From the Marshall Islands', *Today's Dietitian*,Vol.10, No. 8, p.24

53 http://www.dailymail.co.uk/health/article-2301172/Fattest-countries-world-revealed-Extraordinary-graphic-charts-average-body-mass-index-men-women-country-surprising-results.html

54 歐洲共同市場拒絕同意美國促進荷爾蒙分泌的牛肉進入歐洲，美國因此制裁洛克福乾酪，博維身為這種藍紋乾酪的生產者，挺身抗議。

55 http://www.aboutmcdonalds.com

56 http://www.telegraph.co.uk/news/worldnews/europe/france/10862560/French-town-protests-to-demand-McDonalds-restaurant.html

57 Andy Warhol, *The Philosophy of Andy Warhol* (1975), Harvest, 1977.（安迪・沃荷，《安迪・沃荷的普普人生》。臉譜，二〇一〇。）

58 Oscar Wilde, *Lady Windermere's Fan* (1892),Act I., Methuen & Co, 1917, p.21.（王爾德，《溫夫人的扇子》。九歌，二〇一三。）

59 http://www.scientificamerican.com/article/gut-second-brain/

60 Paul J. Kenny, 'Is Obesity an Addiction?', *Scientific American,* 20 August 2013: http://www.scientificamerican.com/article/is-obesity-an-addiction/

61 Ibid.

62 Ibid.

63 Horizon, 'The Truth about Fat', BBC2, 21 March 2012.（《肥胖的真相》）

64 http://www.poverty.org.uk/63/index.shtml

65 法國人平均每天花二小時十三分鐘吃喝，比其他任何國家更長，而且是美國人的一倍以上；美國只花一小時一分鐘吃喝：https://www. thelocal.fr/20180313/french-spend-twice-as-long-eating-and-drinking-as-americans

66 Paul Rozin, Abigail K. Remick and Claude Fischler, 'Broad themes of dif- ference between French and Americans in attitudes to food and other life domains: personal versus communal values, quantity versus quality, and comforts versus joys', *Frontiers in Psychology*, 26 July 2011.

67 Ibid., p.8.

68 Ibid., p.2.

69 與克勞德・費席勒的私人通訊。

70 凡德羅的個人座右銘。

71 Ibid. p.18.

72 Ibid, p.73.

73 Harvey Levenstein, *Revolution at the Table: The Transformation of the American Diet*, University of California Press, 2003, p.93.（哈維・利文斯坦，《食不由己: 揭露科學家、政客及商人如何掌控你的每日飲食》。麥田出版社，二〇一四。）

74 Harold McGee, op. cit.,p.283.

75 Quoted in ibid, p.246.

76 家樂在一八六三年透過與教會領袖懷愛倫（Ellen White）通信，相信飲食直接來自上帝。

77 其實，你麥片包裝上的名字指的是約翰的弟弟威爾，威爾一次和兄長產生分歧之後，成立了巴特克里烤玉米片公司（Battle Creek Toasted Corn Flake Company），也就是今日我們所知的家樂氏。

78 Pollan, *In Defence of Food*, p.45.（波倫，《食物無罪》。平安文化，二〇〇九。）

14 Bee Wilson, *First Bite: How we learn to eat*, 4th Estate, 2016, p.117.
15 見於BBC2 Horizon節目：https://www.telegraph.co.uk/culture/tvandradio/9960559/Horizon-The-Truth-About-Taste-BBC-Two-review.html
16 http://www.sciencemag.org/content/343/6177/1370323
17 引用於和作者的一場訪談。
18 Ibid., p.116.
19 Harold McGee, op. cit., p.562.
20 Brillat-Savarin, op. cit., p.13.
21 Charles Darwin, *The Descent of Man* (1879), Penguin, 2004, p.68.（查爾斯・達爾文，《人類的由來及性選擇》。五南，二〇二二。）
22 http://www.scientificamerican.com/article/thinking-hard-calories/
23 Richard Wrangham, *Catching Fire: How Cooking Made us Human*, Profile Books, 2009, pp.109–113.
24 Gaston Bachelard, T*he Psycholanalysis of Fire*, Beacon Press, 1968, p.7.（加斯東・巴舍拉，《火的精神分析》，河南大學出版社，二〇一六。）
25 繪者魯道夫・札林格表示，他沒有那樣的意圖。
26 *The Surgeon General's Vision for a Healthy and Fit Nation 2010, U.S.* Department of Health and Human Services.
27 Edward O. Wilson, *The Social Conquest of Earth*, New York, Liveright Publishing Corporation, 2012, p.7.（愛德華・威爾森，《群的征服》。左岸文化，二〇一八。）
28 〈以賽亞書〉40: 6：「凡有血氣的盡都如草。他的美容都像草上的花。」
29 雖然柑橘類水果以療效聞名，但直到一七四七年，英國海軍軍醫詹姆斯・林德（James Lind）進行了臨床試驗，才證實了柑橘類水果能預防壞血病，導致那些水果成了英國船隻的標準配備，而他們的船員被戲稱為萊姆佬。
30 Michael Pollan, *In Defence of Food*, Allen Lane, 2008, p.117.
31 雖然世上愈來愈多人現在會喝牛奶（包括中國人），但大部分人都有乳糖不耐症。
32 Ibid., p.102.
33 貴湖大學（University of Guelph）的拉夫・C・馬丁（Ralph C. Martin）教授，二〇一一年十月二十日在多倫多食物政策議會（Toronto Food Policy Council）演講。
34 見Tim Spector, *The Diet Myth: The Real Science Behind What We Eat*, Weidenfeld & Nicolson, 2015, pp.118–122.（提姆・斯佩克特，《飲食的迷思：關於營養、健康和遺傳的科學真相》。廣西師範大學出版社，二〇一九。）
35 Michael Pollan, *The Omnivore's Dilemma: The Search for a Perfect Meal in a Fast-Food World*, Bloomsbury, 2006, p.84.（麥可・波倫，《雜食者的兩難》。大家出版，二〇一二。）
36 *The Big Bang Theory*, CBS, Season 1, Episode 4.（影集《生活大爆炸》（又譯《宅男行不行》），CBS，第一季第四集。）
37 Graham Harvey, *We Want Real Food: Why Our Food is De cient in Minerals and Nutrients and What We Can Do About It*, Constable and Robinson, 2006, p.52.
38 詳細討論草飼牛的優點，見ibid., pp.82–99.
39 Ibid., p.95.
40 引用自*Food Programme*, Radio 4, 2 November 2015.
41 過度加工的食品，最初是巴西聖保羅大學（University of São Paulo）的卡洛斯・蒙泰羅（Carlos Monteiro）教練帶領的團隊定義的，被稱為Nova食品分類（Nova classification）。
42 https://www.theguardian.com/science/2018/feb/02/ultra-processed-products-now-half-of-all-uk-family-food-purchases
43 https://www.theguardian.com/science/2018/feb/14/ultra-processed-foods-may-be-linked-to-cancer-says-study324
44 Carlo Petrini, *Slow Food:The Case for Taste*, Columbia University Press, 2001, p.10.（卡羅・佩屈尼，《慢食新世界》。商周出版，二〇〇九。）
45 定義為是否需要走超過五十公尺，才能找到新鮮食物來源。
46 *Jamie's School Dinners*, Channel 4, 2005.（《校園主廚奧利佛》）

11 Judith Flanders, *The Making of Home,* Atlantic Books, 2014, p.185.（朱迪絲・弗蘭德斯，《家的起源：西方居所五百年》。三聯書店，二〇二〇。）
12 見Joseph Rykwert, *The Idea of a Town,* Faber and Faber, 1976, p.168.
13 Ibid., pp.121–6.
14 Colin Turnbull, *The Forest People*, Simon and Schuster, 1962, p.14.
15 Ibid., p.92.
16 Ibid., p.26.
17 引用於Tim Ingold, *The Perception of the Environment, Essays on Livelihood, Dwelling and Skil*l, London and New York, Routledge, 2011, p.21.
18 Ibid., p.22.
19 Ibid., p.23.
20 Jean-Jacques Rousseau, *The Social Contract* (1762), Penguin, 2004, p.2.（尚・雅克・盧梭，《社會契約論》，香港商務印書館，二〇一七。）
21 這樣的關係常見於語言，例如盎格魯－薩克遜的heorp也有整間房子的意思。見Flanders, op. cit., p.56.
22 Wrangham, op. cit., pp.138–9.
23 Ibid., pp.135–6.
24 Wilson, op. cit., p.44.
25 Ibid., p.17.
26 Ibid.
27 見Yuval Noah Harari, *Sapiens:A Brief History of Humankind*, Harvill Secker, 2014, pp.20–1.（尤瓦爾・諾瓦・哈拉瑞《人類大歷史：從野獸到扮演上帝》。天下文化，二〇一八。）
28 Jean-Jacques Rousseau, *The Social Contract and The First and Second Discourses*, Susan Dunn (ed.),Yale University Press, 2002, p.120.
29 Wilson, op. cit., p.93.
30 其實有些群體已經開始定居，尤其是接近理想食物來源（例如河流）的群體。見Tom Standage, *An Edible History of Humanity*, Atlantic Books, 2010, pp.20–1.（湯姆，斯丹迪奇，《歷史大口吃－食物如何推動世界文明發展》，行人文化實驗室，二〇一〇。）
31 Ibid., pp.13–15.
32 喀拉哈里（Kalahari）的孔－布希曼人（!Kung bushmen）一週花十九小時收集食物，還有許多時間從事其他活動。見ibid., p.16.
33 Ingold, op. cit., pp.323–4.
34 Standage, op. cit., p.18.
35 Ibid.
36 Ibid.
37 Jared Diamond, *Guns, Germs and Steel: A Short History of Everybody for the Last 13,000 years*,Vintage, 2005, p.142.（賈德・戴蒙，《槍炮、病菌與鋼鐵：人類社會的命運》。時報出版，一九九八。）
38 由菲利普・M・郝塞（Philip M. Hauser）估計，引用於Norbert Schoenauer, *6000 Years of Housing*,W.W. Norton and Co., 1981, p.96.（諾伯特・肖瑙爾，《住宅6000年》。中國人民大學出版社，二〇一二年。）
39 人類學家努里特・伯德・大衛（Nurit Bird-David）指出，森林居民一般認為森林有如父母，無償地給予恩賜，而農民認為土地是實體，互惠地產生恩賜，報答人類給予的好處。見Ingold, op. cit., p.43.
40 Hesiod, *Works and Days* (701–702), in *Hesiod,Theogony and Works and Days*, M. L.West (trans.), Oxford World Classics, OUP, 2008, p.58.
41 Aristotle, *The Politics*,T.A. Sinclair (trans.), Penguin, 1981, p.56.（亞里斯多德，《政治學》。上海譯文出版社，二〇一九。）
42 Ibid., p.59.
43 Hesiod, op.cit., (404–412), p.49.

79 Ibid, p.22.波倫指出，這名詞的出處是澳洲社會學家吉爾吉・斯克里尼斯（Gyorgy Scrinis）。
80 http://nutribase.com/fwchartf.html
81 'Americana:The Theory of Weightlessness', *Time Magazine*, 21 November 1960: http://content.time.com/time/magazine/article/0,9171,874185,00.html
82 http://www.independent.co.uk/life-style/health-and-families/features/the-science-of-saturated-fat-a-big-fat-surprise-about-nutrition-9692121.html
83 糖本身逐漸被更甜、更便宜、更難消化的高果糖玉米糖漿（digest high-fructose corn syrup，HFCS）取代。高果糖玉米糖漿是在一九七一年，由日本科學家發明。
84 https://experiencelife.com/article/a-big-fat-mistake/
85 這是尤德金那本書的書名，出版於一九七二年。
86 http://www.telegraph.co.uk/news/celebritynews/6602430/Kate-Moss-Nothing-tastes-as-good-as-skinny-feels.html
87 http://centennial.rucares.org/index.php?page=Weight_Loss
88 http://www.dailymail.co.uk/health/article-2117445/Women-tried-61-diets-age-45-constant-battle-stay-slim.html
89 http://sheu.org.uk/content/page/young-people-2014
90 https://www.theguardian.com/society/2019/feb/15/hospital-admissions-for-eating-disorders-surge-to-highest-in-eight-years
91 有些節食者太過執著於遵循那類「健康」飲食法（時常要排除一整類食物，例如麩質或乳製品），結果不只營養不良，甚至罹患健康飲食痴迷症（orthorexia nervosa），是類似強迫症的狀況。
92 https://www.npd.com/wps/portal/npd/us/news/press-releases/the-npd-group-reports-dieting-is-at-an-all-time-low-dieting-season-has-begun-but-its-not-what-it-used-to-be/
93 Rob Rhinehart, *How I Stopped Eating Food*, 二〇一三年發佈於他的部落格「大部無害」，部落格現已停用。（《大部無害》是道格拉斯・亞當斯《銀河便車指南》系列作的第五集，引用的是地球指南的一個條目）。http://robrhinehart.com/?p=298; http://robrhinehart.com/?p=298
94 http://www.economist.com/blogs/babbage/2013/05/nutrition
95 Rob Rhinehart, *Mostly Harmless*, 25 April 2013.
96 https://www.ft.com/content/77666780-4daf-11e6-8172-e39ecd3b86fc; https://www.newyorker.com/magazine/2014/05/12/the-end-of-food
97 R. Buckminster Fuller, *Nine Chains to the Moon* (1938), Anchor Books, 1973, pp.252–9.

第三章　家

1 Gaston Bachelard, *The Poetics of Space*, Beacon, 1969, p.4.
2 Ibid., p.14.
3 Wrangham, op. cit., p.157.
4 一九六〇、七〇年代在史丹佛大學進行的一個著名實驗中，心理學教授沃爾特・米歇爾（Walter Mischel）讓一些四歲兒童選擇立刻得到點心（例如棉花糖或奧利歐餅乾），或是抵抗吃的誘惑十五分鐘，就能得到更多的點心（兩片餅乾）。米歇爾發現，兒童身為縮小版的成年人，能抵抗誘惑的兒童，人生成就遠比不能抵抗的好。見Kahneman, op.cit., p.47.
5 見Margaret Visser, *The Rituals of Dinner*, Penguin, 1991, p.91.（瑪格麗特・維薩，《餐桌禮儀》。新星出版社，二〇〇七。）
6 Brillat-Savarin, op.cit., p.55.
7 https://www.theguardian.com/society/2018/may/23/the-friend-effect-why-the-secret-of-health-and-happiness-is-surprisingly-simple
8 催產素高漲，也會觸發血清素和多巴胺。見Paul J. Zak, *The Moral Molecule*, Corgi, 2012, pp.28–32 and pp.95–100.
9 Brillat Savarin, op. cit., p.163.
10 有些當地人反對「週日晚上空氣中的惡臭」。見David Howes (ed.), *Empire of the Senses: The Sensual Cultural Reader*, Berg, 2004, p.232.

要。見Harvey Levenstein, *Paradox of Plenty: A Social History of Eating in Modern America*, Oxford University Press, 1993, p.32.

79 Catherine Beecher, *A Treatise on Domestic Economy*, Harper, New York, 1842, p.143.

80 廚房設計的詳細討論，見 Carolyn Steel, *Hungry City: How Food Shapes Our Lives*, Chatto & Windus, 2008, pp.155–200.

81 http://www.striking-women.org/module/women-and-work/post-world-war-ii-1946–1970

82 https://www.census.gov/newsroom/press-releases/2016/cb16-192.html; https://www.ons.gov.uk/peoplepopulationandcommunity/birthsdeath-sandmarriages/families/bulletins/familiesandhouseholds/2017

83 https://www.bls.gov/opub/ted/2017/employment-in-families-with-children-in-2016.htm; https://www.ons.gov.uk/employmentandlabour-market/peopleinwork/employmentandemployeetypes/articles/familiesandthelabourmarketengland/2017

84 https://www.theatlantic.com/magazine/archive/2010/07/the-end-of-men/308135/

85 https://qz.com/1367506/pew-research-teens-worried-they-spend-too-much-time-on-phones/

86 https://www.dailymail.co.uk/news/article-4236684/Half-Europe-s-ready-meals-eaten-Britain.html

87 當然永遠有少部分人喜愛他們的工作；讓這樣的人愈來愈多，是經久不衰的烏托邦夢想。

88 David Graeber,'On the Phenomenon of Bullshit Jobs:A Work Rant', *Strike! Magazine, Issue 3,August 2013: https://strikemag.org/bullshit-jobs*

89 https://www.thetimes.co.uk/article/review-bullshit-jobs-a-theory-by-david-graeber-quit-now-your-job-is-pointless-9tk2l8jrq

90 見第二章。

91 https://www.about.sainsburys.co.uk/~/media/Files/S/Sainsburys/living-well-index/sainsburys-living-well-index-may-2018.pdf

92 Matthew Crawford, *The Case for Working with Your Hands: or Why Office Work is Bad for Us and Fixing Things Feels Good*, Penguin, 2009, p.2.

93 詳細討論手對人類認知的重要性，見Richard Sennett, *The Craftsman*, Penguin, 2009, pp.149–78.（理查．桑內特，《匠人：創造者的技藝與追求》。馬可孛羅，二〇二一。）

94 http://www.economist.com/news/china/21631113-why-so-many-chinese-children-wear-glasses-losing-focus

95 出現在德萊頓一六七二年的劇作，《征服格納達》（The Conquest of Granada）。

96 BedZED是由建築師比爾．鄧斯特和生態慈善組織「生態區域」合作設計的：https://www.bioregional.com/projects-and-services/case-studies/bedzed-the-uks-first-large-scale-eco-village

97 https://journals.sagepub.com/doi/pdf/10.1177/0956247809339007

第四章　社會

1 引用於Ernest Mignon, *Les Mots du Général*, Librairie Arthème Fayard, 1962, Ch.3

2 https://www.rungisinternational.com/wp-content/uploads/2018/06/RUNGIS-RA_2017_EN_OK.pdf

3 市場與城市關係的詳細討論，見Steel, op. cit., pp.105–52。

4 玻璃與鋼鐵的廳堂，是一八五〇年代依據維克多．巴爾塔（Victor Baltard）設計，建於歷史悠久的市場位置。

5 Emile Zola,*The Belly of Paris*,(*LeVentre de Paris*,1873),Brian Nelson (trans.), Oxford World Classics, OUP, 2007, p.14.

6 見Stephen Kaplan, *Provisioning Paris: Merchants and Millers in the Grain and Flour Trade During the Eighteenth Century,* Ithaca and London, Cornell University Press, 1984.

7 市場的搬運工（法文稱fort）對於掀起騷動而導致革命，扮演了重要的角色。

8 杭吉斯在一九六九年開張。

9 引用於Kaplan, op. cit., p.119.

10 一八五八到一八六七年間，芝加哥的小麥價格從一蒲式耳（約36.37公升）五十五分，攀升到一蒲式耳二．八八元，之後又跌回七十七分。見Niall Ferguson, *The Ascent of Money: A Financial History of the World*,Penguin,2009,p.227.（尼爾．弗格森，《貨幣崛起》，麥田出版，二〇〇

44 Xenophon, *Oeconomicus*, trans. E.C. Marchant and O.J. Todd, Loeb Classical Library, (7.36), p.453.
45 Ibid., 7.3, p.441.
46 Ibid., 10.12, p.479.
47 Aristotle, op.cit., p.85.
48 Peter Laslett, *The World We Have Lost – Further Explored*, Routledge, 2015, p. 4.
49 Flanders, op. cit., p.28.
50 黑死病大約消滅了歐洲大約三分之一的人口，是削弱封建勢力的一大因素——能用的工人減少，地主只好更善待他們的農民。
51 David J. Kerzer and Marzio Barbagli (eds.), F*amily Life in Early Modern Times, 1500–1789, The History of the European Family*,Vol.1,Yale University Press, 2001, pp.39–40.
52 Flanders, op. cit., p.34.
53 相較之下，早婚社會的妻子通常不准再婚。
54 Ibid., p.48.
55 Peter Laslett, op.cit., p.1.
56 Ibid., p.3.
57 Flanders, op. cit., p.33–4.
58 Laslett, op. cit., p.4.
59 William Blake, Milton (1804–8) ,quoted in Humphrey Jennings,*Pandaemonium 1660–1886, The coming of the machine as seen by contemporary observers* (1985), Icon Books, 2012, p.127.
60 W. G. Hoskins, *The Making of the English Landscape*, Pelican 1955, p.185.（W.G.霍斯金斯，《英格蘭景觀的形成》。商務印書館，二〇一八。）
61 見Frank E. Huggett, T*he Land Question*, Thames and Hudson, 1975, pp.21–4.
62 物價因為戰爭的人為因素而高漲。
63 George Crabbe, The Village: http://www.gutenberg.org/les/5203/5203-h/5203-h.htm. Oliver Goldsmith, *The Deserted Village*, 1770. https://www.poetryfoundation.org/poems/44292/the-deserted-village
64 十七世紀的「廠外代工」做法（棉花商直接把原料帶到農家紡紗、織布，之後回來拿取布料成品），進一步促進了鄉村人家的經濟。
65 Friedrich Engels, *The Condition of the Working Class in England* (1844), Penguin, 2009, p.92.
66 Eric Hobsbawm, *The Age of Revolution 1789–1848*, Abacus, 1962p, p.66.（艾瑞克·霍布斯鮑姆，《革命的年代：1789～1848》。江蘇人民出版社，一九九九年。）
67 Engels, op. cit., p.167.
68 John Ruskin, *Sesame and Lilies* (1865): http://www.gutenberg.org/cache/ epub/1293/pg1293-images.html（約翰·羅斯金，《芝麻與百合》。外語教學與研究出版社，二〇一〇。）
69 John Burnett, *A Social History of Housing 1815–1970*, Newton Abbott, David and Charles, 1978, pp.185.
70 Theodore Zeldin, *An Intimate History of Humanity*,Vintage, 1998, p.370.（西奧多·澤爾丁，《情感的歷史》。九州出版社，二〇〇七。）
71 With Jane E. Panton, *From Kitchen to Garrett – Hints for young Householders*, Ward & Downey, Londres, 1888, quoted in Burnett, op. cit., pp.188–9.
72 查爾斯·普特（Charles Pooter）是喬治·葛羅史密斯一八九二年的郊區喜劇，《小人物日記》（*Diary of a Nobody*）裡虛構的銀行行員。
73 Wrangham, op. cit., p.151.
74 Burnett, op. cit., p.145.
75 總數不確定，因為許多家務勞動者沒算進官方數字，而她們在戰時改做其他工作。見Gail Braybon, *Women Workers in the First World War*, Routledge, 1989, p.49.
76 Walter Long, president of the Local Government Board: ibid., p.215.
77 John Burnett, 'Time, place and content: the changing structure of meals in Britain in the 19th and 20th centuries', in Martin R. Schärer and Alexander Fenton (eds), F*ood and Material Culture,* East Linton Scotland,Tuckwell Press, 1998, Ch.9, p.121.
78 《美國家庭》的一則廣告寫道：「希特勒威脅歐洲，不過貝蒂哈芬的老闆要來晚餐，那非常重

43 Ibid., p.296.
44 Ibid., p.294.
45 Ibid., p.330.
46 Peter J. Hatch, *A Rich Spot of Earth:Thomas Jefferson's Revolutionary Garden at Monticello,* Yale University Press, 2012, p.3.
47 美國獨立宣言，由湯瑪斯・傑佛遜起草，約翰・亞當斯（John Adams）和班傑明・富蘭克林修改，在一七七六年七月四日由國會正式通過。
48 http://www.theguardian.com/business/2014/nov/13/us-wealth-inequality-top-01-worth-as-much-as-the-bottom-90
49 Locke, op. cit., p.293.
50 Marcel Mauss, *The Gift* (1950), Routledge, 2006, p.105.（牟斯，《禮物：舊社會中交換的形式與功能》。遠流，一九八九。）
51 見Branislow Malinowski, *Argonauts of the Western Pacific* (1922), Routledge, 2014.（馬林諾夫斯基，《西太平洋的航海者》。上海譯文出版社，二〇二一。）
52 Mauss, op. cit., pp.25–6.
53 見Evan D. G. Fraser and Andrew Rimas, *Empires of Food: Feast, Famine and the Rise and Fall of Civilizations,* Random House, 2010, pp.104–7.
54 Reay Tannahill, *Food in History*, Penguin, 1988, p.47.
55 見Ferguson, op. cit., p.31.
56 Ibid., pp.26–7.西班牙在十六世紀犯下這個錯，在新世界開採了太多銀，使得家鄉的銀價崩盤。
57 Xenophon, *Ways and Means*, 4:7, quoted in Tomas Sedlacek, *Economics of Good and Evil:The Quest for Economic Meaning from Gilgamesh to Wall Street,* Oxford University Press, 2013, p.104.（托馬斯・賽德拉切克，《善惡經濟學》。大牌出版社，二〇一三。）
58 Ibid., p.35.
59 「資本家」最早記錄於十七世紀的荷蘭。見Fernand Braudel, *Civilization and Capitalism 15th–18th Century*,Vol. 2, Fontana, 1985, p.234.（費爾南・布勞岱爾，《15至18世紀的物質文明、經濟和資本主義》。貓頭鷹出版社，一九九九。）
60 See Ferguson, op.cit., p.51.
61 Adam Smith, *The Wealth of Nations* Books I–III (1776), Penguin Classics, 1999, p.479.（亞當・史斯密，《國富論》。先覺出版社，二〇〇〇。）
62 大部分的活動是由頂尖的農藝學家推廣，例如亞瑟・楊格和查爾斯・「蕪菁」・湯森。見Huggett, op. cit., p.66。
63 E. A.Wrigley, *Cities People and Wealth:The Transformation of Traditional Society*, Blackwell, 1987, p.142.
64 Ibid.
65 Daniel Defoe, *Complete Tradesman*, ii, Ch.6, quoted in George Dodd, *The Food of London*, Longman, Brown, Green and Longmans, 1856, pp.110–11. ">
66 這問題的詳細討論，見Kaplan, op. cit.
67 巴黎食物短缺，是導致法國大革命的一個關鍵因素。見Kaplan, op. cit。
68 Smith, op. cit., p.479.
69 Ibid., p.112.史密斯說，製針的工序很多，一個工人（一天也難做出一根針），但十名專精各個工序的工廠工人，卻能同時產出四萬八千根針。
70 Ibid., p.119.
71 Ibid., p.269.
72 Ibid., p.126.
73 例如見J. K. Galbraith, *The Affluent Society*; Amartya Sen, *Development as Freedom*（約翰・肯尼思・加爾布雷思，《富裕社會》。江蘇人民出版社，二〇〇九）；Joseph Stiglitz, *The Price of Inequality*（約瑟夫・史迪格里茲，《不公平的代價》。天下雜誌，二〇一三）；Thomas Picketty, *Capitalism in the Twenty-First Century*（托瑪・皮凱提，《二十一世紀資本論》。衛城出版，二〇一四）；及Tim Jackson, *Prosperity Without Growth*（提姆・傑克森，《誰說經濟一定要成長？》。

九。）

11 http://triplecrisis.com/food-price-volatility/

12 之前由美國期貨交易委員會（Commodity Futures Trading Commission）執行。

13 Olivier de Schutter, *Food Commodities Speculation and Food Price Crises: Regulation to reduce the risks of price volatility*, UNFAO Briefing Note 02, eptember 2010, pp.2–3.

14 One key reason why food is not just another 'commodity'.

15 United Nations Conference on Trade and Development, *Key Statistics and Trends in International Trade 2014*, p.7.; https://news.virginia.edu/content/global-food-trade-may-not-meet-all-future-demand-uva- study-indicates

16 De Schutter, op. cit., p.1.

17 食物如何塑造公共空間的發展，詳細討論見Steel, op. cit. pp.118–33。

18 發掘這個醜聞的英國記者卡蘿・卡德瓦拉德（Carol Cadwalladr）堅持強調這一點：https://www.ted.com/talks/carole_cadwalladr_facebook_s_role_in_brexit_and_the_threat_to_democracy?language=en

19 Harari, op. cit., p.27.

20 Rousseau, *The Social Contract and the First and Second Discourses*, p.164.（盧梭，《社會契約論》。香港商務印書館，二〇一八。）

21 Ibid., p.166.

22 Shalom H. Schwartz, 'Value orientations: Measurement, antecedents and consequences across nations', in R. Jowell, C. Roberts, R. Fitzgerald, and G. Eva (eds.), *Measuring attitudes cross-nationally: lessons from the European Social Survey*, Sage, 2006.

23 Thomas Paine, *Rights of Man, Common Sense and Other Political Writings*, Oxford World Classics, OUP, 2008, p.5.（湯瑪斯・潘恩，《人的權利》，五南圖書，二〇二〇。）

24 Wrangham, op. cit., p.133.

25 鄧巴發現，靈長類的腦容量和所屬團體的個體數量呈現直接相關。

26 See Jared Diamond, *The World Until Yesterday*, Penguin, 2013, pp.12–20.

27 http://www.britannica.com/topic/slavery-sociology

28 Aristotle, *The Politics*, p.69.（亞里斯多德，《政治學》。上海譯文出版社，二〇一九。）

29 完整的引用是：「沒人敢妄稱民主完美或無所不知。其實有人說，其他時而嘗試的政府形式都很糟，民主只是沒那麼糟而已。」Winston Churchill, *House of Commons*, 11 November 1947, https://api.parliament.uk/historic-hansard/commons/1947/nov/11/parliament-bill

30 Thomas Hobbes, *Leviathan* (1651), Cambridge University Press, 2004, p.87.（湯瑪斯・霍布斯，《利維坦》。五南出版社，二〇二一。）

31 Ibid., p.33.

32 「自然的狀態」這個名詞似乎是霍布斯發明的，但其實是來自格勞秀斯的作品，他率先提到人性的「自然法則和權利」：ibid., p.xxviii。

33 Ibid., p.87.

34 Ibid., p.89.

35 霍布斯很可能很驚訝，美國主導入侵伊拉克的十年之後，許多伊拉克人厭倦了暴動和混亂，渴望回歸專橫的薩達姆・海珊（Saddam Hussein）統治下安定的生活。

36 Hobbes, op. cit., p.120.

37 不過洛克的《政府論》其實明確是為了駁斥羅伯特・菲爾默（Robert Filmer）一六八〇年的論文，《君權論》（*Patriarcha, or the Natural Power of Kings*）。見John Locke, *Two Treatises of Government*, Peter Laslett (ed.), Cambridge University Press, 2015, pp.67–79（約翰・洛克，《政府論》。華志文化，二〇二一）。

38 Ibid., p.271.

39 Ibid., p.286.

40 Ibid., p.287.

41 Ibid., p.291.

42 Ibid., p.295.

105 https://www.ft.com/content/2ce78f36-ed2e-11e5-888e-2eadd5fbc4a4; https://www.cia.gov/library/publications/the-world-factbook/fields/2012.html
106 唐納・川普「讓美國再次偉大」的競選造勢。
107 http://www.chinalaborwatch.org/reports
108 http://www.chinalaborwatch.org/upfile/2013_7_29/apple_s_unkept_promises.pdf; https://www.theguardian.com/global-development/2015/jul/20/thai-fishing-industry-implicated-enslavement-deaths-rohingya
109 https://www.theguardian.com/business/2016/jul/22/mike-ashley-running-sports-direct-like-victorian-workhouse
110 Carl Benedikt Frey and Michael A. Osborne, *The Future Of Employment: How Susceptible Are Jobs To Computerisation?*, Oxford Martin Programme on Technology and Employment, 17 September 2013: http://www.oxfordmar- tin.ox.ac.uk/publications/view/1314; 'When Robots Steal Our Jobs', Analysis, BBC Radio 4, 8 March 2015.
111 https://www.ons.gov.uk/employmentandlabourmarket/peopleinwork/employmenta ndemployeetypes/articles/whichoccupationsareathighestriskofbeingautomated/2019-03-25
112 E. F. Schumacher, *Small is Beautiful: A Study of Economics as if People Mattered* (1973),Vintage, 1993, p.2.（舒馬赫，《小即是美》。立緒，二〇一九。）
113 Rutger Bregman, *Utopia for Realists*, Bloomsbury 2017.（羅格・布雷格曼，《改變每個人的3個狂熱夢想》。英屬蓋曼群島商網路與書，二〇一八。）
114 Ibid. p.46.
115 Ibid.
116 John Maynard Keynes, 'Economic Possibilities for Our Grandchildren': http://www.econ.yale.edu/smith/econ116a/keynes1.pdf
117 Ibid.
118 https://www.theatlantic.com/magazine/archive/2013/06/are-we-truly-overworked/309321/
119 Schumacher, op. cit., p.8.
120 Ibid., p.84.
121 Ibid., p.85.
122 Ibid., p.40.
123 Quoted in Naomi Klein, *The Shock Doctrine*, Penguin 2008, p.6.（娜歐蜜・克萊恩，《震撼主義》。時報出版，二〇〇九。）
124 美國農業法案（US Farm Bill）最初起草於一九三三年，屬於羅斯福新政的一環，十年間總金額高達一兆美元。由於按農地面積補助，大部分的錢都流向大型農業企業。二〇一四年，前一萬家最大的農場經營者得到十萬到一百萬美元的補助；後百分之八十的經營者拿到的補助，平均只有五千美元。歐盟的農場補助占歐盟總預算的百分之四十，也偏重大型農場經農者。綠色和平二〇一六年的一份報告發現，英國前百大受補助者之中，超過五分之一是貴族家族成員，有十六人（包括英國女王和擁有賽馬的沙烏地阿拉伯親王）名列《週日泰晤士報》（Sunday Times）的富豪榜。前一百名受補助者總共得到八千七百九十萬英鎊的農業補助，超過後五五一一九名受補助者在單一給付制度下的總合。見https://newrepublic.com/article/116470/farm-bill-2014-its-even-worse-old-farm-bill; https:// www.theguardian.com/environment/2016/sep/29/the-queen- aristocrats-and-saudi-prince-among-recipients-of-eu-farm-subsidies
125 https://sustainablefoodtrust.org/key-issues/true-cost-accounting/
126 Thomas Aquinas, *Summa Theologica*, IIa–IIae Q.66.A.7 Corpus, quoted in Sedlacek, op. cit., p.150.（聖多瑪斯・阿奎那，《神學大全》。中華道明會與碧岳學社，二〇〇八。）
127 International Business Times: http://www.ibtimes.com/us-spends-less-food-any-other-country-world-maps-1546945, accessed 22 June 2014.
128 見Carlo Petrini, *Slow Food Nation: Why Our Food should be Good, Clean and Fair*, Rizzoli, 2007, pp.93–143.（卡羅・佩屈尼，《慢食新世界》。商周出版，二〇〇九。）
129 www.greenpeace.org/usa/sustainable-agriculture/issues/corporate-control/
130 Woody Tasch, *Inquiries into the Nature of Slow Money: Investing as if Food, Farms, and Fertility*

早安財經，二〇一一）及Raj Patel, *The Value of Nothing*（拉吉．帕特爾，《價格戰爭—評估地球價值的新方式》。時報文化，二〇一〇）

74 Adam Smith, *The Theory of Moral Sentiments* (1759), Penguin, 2009, p.13.（亞當．史密斯，《道德情感論》。五南，二〇一八）

75 Ibid., p.73.

76 Ibid., p.213.

77 Ibid., pp.220, 221.

78 Ibid., p.19.

79 Karl Polanyi, *The Great Transformation: The Political and Economic Origins of Our Time* (1944), Beacon Press, 2001, p.45.（卡爾．博蘭尼，《鉅變》。春山出版，二〇二〇。）

80 Ibid., p.44.

81 Ibid., p.171.

82 Karl Marx and Friedrich Engels, *The Communist Manifesto* (1848), Samuel Moore (trans.), Penguin, 1967, p.223.（卡爾．馬克思與弗里德里希．恩格斯，《共產黨宣言》。麥田出版社，二〇一四。）

83 Ibid., p.222.

84 Ibid., p.223.

85 Ibid., p.227.

86 Benjamin Franklin, *Advice to a Young Tradesman, Written by an Old One*, quoted by Max Weber in *The Protestant Ethic and the 'Spirit' of Capitalism* (1905), Peter Baehr and Gordon C.Wells (trans.), Penguin, 2002, p.9.（馬克斯．韋伯，《新教倫理與資本主義精神》。左岸文化，二〇〇八）

87 這問題的詳細討論，見 Simon Schama, *The Embarrassment of Riches: An Interpretation of Dutch Culture in the Golden Age*, Fontana Press.1991.

88 喀爾文教派的預選說（predestination）教義判定，上帝決定一個人是否注定受救贖，是在人出生之前。

89 資本主義淵源的討論，見Braudel, op. cit., pp.232–49.

90 Weber, op. cit., p.9.

91 Ibid. p.10.

92 Ibid., p.12.

93 Friedrich Hayek, *The Road to Serfdom* (1944), Routledge, 2001, p.13.（海耶克，《到奴役之路》。桂冠，一九九〇。）

94 Joel Bakan, *The Corporation: The Pathological Pursuit of Profit and Power*, Constable and Robinson, 2005, p.14.

95 Ibid., p.13.

96 John Kenneth Galbraith, *The Affluent Society* (1958), Penguin, 1999, p.1.（約翰．肯尼思．加爾布雷思，《富裕社會》。江蘇人民出版社，二〇〇九）

97 二戰之後為了調節貨幣關係，四十四個同盟國在一九四四年簽署了布列頓森林協定（Bretton Woods Agreement）。這項協定促成了國際貨幣基金和世界銀行。

98 https://www.theguardian.com/business/2018/aug/16/ceo-versus-worker-wage-american-companies-pay-gap-study-2018

99 https://www.trusselltrust.org/news-and-blog/latest-stats/end-year-stats/

100 全球貿易濫用的詳細討論，見Joseph Stiglitz, *Globalisation and its Discontents*, Penguin, 2002, pp.3–22.

101 數據出自英國審計部，見：https://www.nao.org.uk/highlights/taxpayer-support-for-uk-banks-faqs/

102 Joseph Stiglitz, *The Price of Inequality*, Penguin, 2013, p.40.（約瑟夫．史迪格里茲，《不公平的代價》，天下雜誌，二〇一三。）

103 Galbraith, op. cit., p.66.

104 阿弗瑞德．馬夏爾的《經濟學原理》（*Principles of Economics*，五南出版）是歷代公認的經濟學教科書，其實立基於其他人的成果，尤其是法國經濟學家里昂．瓦拉斯(Léon Walras）和英國經濟學家威廉．傑逢斯（William Jevons）。

12 戴波米耶自己概述的垂直農場優點，見Dickson Despommier, *The Vertical Farm, Feeding the World in the 21st Century*, Picador, 2010, pp.145–75.（迪克森・戴波米耶，《垂直農場：城市發展新趨勢》。馬可孛羅，二〇一五。）

13 http://growing-underground.com

14 出自作者二〇一八年二月的訪談。

15 Despommier, op. cit., p.215.

16 George Dodd, *The Food of London*, Longman Brown, Green and Longmans, London, 1856, pp.222–3.

17 荷蘭建築師事務所MVRDV在二〇〇一年的豬城計畫（Pig City project）中，提出以一系列富麗堂皇的高塔，容納荷蘭的一千五百萬頭豬，主張食用豬在高聳的「公寓」，有著開放式陽臺，會過得比牠們在一般飼養豬的黑暗、擁擠環境更好。見www.mvrdv.nl/projects/134/pig-city/

18 http://www.fao.org/fileadmin/user_upload/newsroom/docs/en-so-law-facts_1.pdf

19 http://uk.businessinsider.com/inside-aerofarms-the-worlds-largest- vertical-farm-2016-3?r=US&IR=T

20 價格參考Ocado and Liffe, March 2019.

21 http://www.newyorker.com/magazine/2017/01/09/the-vertical-farm

22 這問題的詳細討論（以及先有城市的論點），見Jane Jacobs, *The Economy of Cities*, Vintage, 1969.（珍・雅各，《與珍雅各邊走邊聊城市經濟學》。早安財經，二〇一六。）

23 這假設最初是由邱念（Johann Von Thünen）提出，他一八二六年之作《孤立國》（*The Isolated State*）率先分析了城市富饒的腹地如何自然發展。

24 Fraser and Rimas, op. cit., p.107.

25 *The Epic of Gilgamesh*, Andrew George (trans.), Penguin, 1999, p.5（《吉爾伽美什史詩》，商務印書館，二〇二一。）

26 Ibid., p.14.

27 Ibid., p.48.

28 Plato, *Laws*, V.738e, in *The Collected Dialogues*, Edith Hamilton and Huntingdon Cairns (eds), Princeton, 1987, p.1323.（柏拉圖，《法篇》。左岸文化，二〇〇七。）

29 Ibid., p.1324.

30 Aristotle, *The Politics*, pp.105–6.（亞里斯多德，《政治學》。上海譯文出版社，二〇一九。）

31 我自己的羅馬食物供應地圖，見Steel, op. cit., p.74.

32 「食物里程」這個詞是由倫敦大學城市學院的食物政策教授提姆・朗（Tim Lang）所創，用來描述我們食物在我們吃下之前移動的距離。

33 羅馬被德國社會學家維爾納・桑巴特（Werner Sombart）封為最早的消費城市，見*Der Moderne Kapitalismus Leipzig and Berlin*, 1916, pp.142–3, quoted in Neville Morley, *Metropolis and Hinterland*, Cambridge University Press, 1996, p.18.（桑巴特，《現代資本主義》。上海商務印書館，一九三六。）

34 評論者包括普林尼，抱怨羅馬衰退始於嗜吃那些奢侈的食物，哀嘆羅馬的食物依賴其他地方。見Morley, op. cit., p.88.。

35 迦太基主教聖西彼廉（St Cyprian）在西元二五〇年寫道，「這世界老了，不像從前那麼有活力，見證了自己的衰敗」。引用於Herbert Girardet, *Cities People Planet*, Wiley Academy, 2004, p.46.

36 西元前三千年，鹽分濃度提高，迫使農民放棄原本偏好的小麥，改種大麥，詩人悲嘆，「田地發白」。見J. N. Postgate, *Early Mesopotamia: Society and Economy at the Dawn of History*, London and New York, Routledge, 1994, p.181.

37 Plato, *Critias*, 111c, Hamilton and Cairns, op. cit., p.1216.

38 *Cultus*有許多意義，包括耕地、崇拜、文明，也是「cult」（膜拜、異教）這個字的字源。

39 尤利烏斯・凱撒在他的《高盧戰記》（*Gallic Wars*）中寫到，他的仇敵之中，「以貝爾加人（Belgae）最英勇，因為和我們省的文明與優雅最遙遠，商人最少上門，進口那些讓頭腦變柔弱的東西」。Caius Julius Caesar, *De Bello Gallico &; Other Commentaries*, W. A. Macdevitt (trans.), Everyman's Library, 1929, Book 1, I.

40 Tacitus, *Germania*, Ch.16, M. Hutton (trans.), London,William Heinemann, 1970, p.155.（塔西佗，〈《日爾曼紀》導論與中譯〉，國立政治大學歷史學報 ，16期〔1999/05/01〕，P201-236。）

Mattered, Chelsea Green, 2008.

131 https://slowmoney.org/our-team/founder/

132 https://slowmoney.org/local-groups/soil/]

133 Aditya Chakrabortty,'In 2011 Preston hit rock bottom.Then it took back control'.*Guardian*, 31 January 2018: https://www.theguardian.com/com-mentisfree/2018/jan/31/preston-hit-rock-bottom-took-back-control

134 蒙德拉貢合作企業（Mondragón Corporation）成立於西班牙內戰之後，是合作企業的聯盟，目前是西班牙第十大公司，由八萬名員工持有。

135 Ibid.

136 https://www.theguardian.com/politics/2018/nov/01/preston-named-as-most-most-improved-city-in-uk

137 https://truthout.org/video/thomas-piketty-the-market-and-private-property-should-be-the-slaves-of-democracy/

138 皮凱提說，資本主義自然造成不平等，所以我們需要直接在體制中重新分配。皮凱提主張，一個辦法是對年收入超過五十萬美元的人，徵收百分之八十的「沒收稅」。此外，對私有財產應該有全球累進的稅收，需要所有銀行交易透明化、國際資訊交流。見Thomas Picketty, *Capitalism in the Twenty-First Century*, Belknap Press of Harvard University Press, 2014, pp.512–20.（托瑪・皮凱提，《二十一世紀資本論》。衛城出版，二〇一四。）

139 Leviticus 25: 2–5.

140 見Sedlacek, op. cit., p.76.

141 Mauss, op. cit., p.47.

142 關鍵是保存種子、播種的權力，見：http://vandanashiva.com

143 Voltaire, *Candide* (1758), Philip Littell (trans.), Boni & Liveright, New York, 1918, p.167.

144 見Herman Daly, *Beyond Growth*, Beacon Press, 1996, pp.31–44.（赫爾曼・戴利，《超越增長》。上海譯文出版社，二〇〇六。）

145 見第六章。

146 全球最快樂的國家，包括斯堪地那維亞半島和目前的世界冠軍——丹麥，收入比都是吊車尾。見Richard Wilkinson and Kate Pickett, *The Spirit Level: Why equality is better for everyone*, Penguin, 2010.（理查・威金森與凱特・皮凱特，《社會不平等：為何國家越富裕，社會問題越多？》。時報出版，二〇一九。）

147 有人居住的花園是烏托邦正典中最受歡迎的主題，起頭的正是伊甸園本身。湯瑪斯・摩爾一五一六年的《烏托邦》提出了一個自給自足的城邦網路，其中住著種植蔬菜的狂熱者；埃伯尼澤・霍華在一九〇二的《百年眾望經典・明日田園城市》基本上是是摩爾的《烏托邦》鋪上了鐵軌。而威廉・莫里斯（William Morris）一九八〇年的《烏有鄉消息》（*News from Nowhere*，商務印書館）想像倫敦變成鄉村天堂，臉色紅潤的農民在特拉法加廣場拔下樹上的杏桃。

第五章　城市與鄉間

1 班・法蘭納，二〇一七年一月三十日接受作者訪問。

2 Ibid.

3 見Anastasia Cole Plakias, *The Farm on the Roof*,Avery, 2016.（安娜斯塔西亞・普拉基斯，《我在紐約當農夫》。時報出版，二〇一七。）

4 'Feeding Our Cities in the 21st Century', Soil Association 60th Anniversary Conference press release, 12 September 2005.

5 www.verticalfarm.com

6 http://nymag.com/news/features/30020/

7 http://www.plantlab.nl

8 http://aerofarms.com/technology/

9 不過這數字並不包括垂直農場的非生產面積。

10 http://aerofarms.com/story/

11 Attributed.

界食物體系的隱形戰爭》。高寶，二〇〇九。）
68 Dyer, op.cit., p.3.
69 James T. Horner and Leverne A. Barrett, *Personality Types of Farm Couples*, University of Nebraska, 1987, quoted in ibid., p.35.
70 Dyer, op.cit., p.19.
71 Doug Saunders, *Arrival City: How the Largest Migration in History is Shaping our World*,Windmill Books, 2011, p.1.（道格・桑德斯，《落腳城市》。麥田，二〇一一。）
72 Ibid., p.121.
73 Ibid., p.122.
74 Ibid., p.128.
75 Ibid., p.112.
76 http://english.gov.cn/state_council/2014/09/09/content_281474986284089.htm
77 Stewart Brand, *Whole Earth Discipline*, Atlantic Books, 2009, p.44.（斯圖爾特・布蘭德，《地球的法則》，中信出版社。）
78 Ibid., p.47.
79 Ibid., p.39.
80 Diana Lee-Smith,'My House is My Husband:A Kenyan Study ofWomen's Access to Land and Housing', PhD thesis for Lund University Sweden, 1997, pp.143–4.
81 布蘭德覺得「基因工程」這個詞比「基因改造」好，他指出，因為所有所有演化都有基因改造的成分。見ibid., p.118.
82 Ibid., p.27.
83 Patel, *Stuffed and Starved*, pp.119–27.（帕特爾，《糧食戰爭》。）
84 Ibid., pp.126–7.
85 Ebenezer Howard, *Garden Cities of To-Morrow* (1902), MIT Press, 1965, p.48. （埃伯尼澤・霍華，《百年眾望經典・明日田園城市》。聯經，二〇二〇。）
86 Ibid., pp.45–6.
87 Henry George, 'What the Railroad Will Bring Us', *The Overland Monthly*, Vol. 1, October 1868, No. 4, pp.297–306, https://quod.lib.umich.edu/m/moajrnl/ahj1472.1-01.004/293:1?rgn=full+text;view=image
88 Henry George, *Progress and Poverty* (1879), Pantianos Classics, 1905, p.107.（亨利・喬治，《進步與貧困》，商務印書館，二〇一〇。）
89 居民會特別付一筆「費率租金」費用，其中「租金」支付的是原本的貸款，「費率」則支持公共工程和服務，例如衛生保健和退休金，因此其實產生了一個地方福利國。見Robert Beevers, *The Garden City Utopia:A Critical Biography of Ebenezer Howard*, Macmillan Press, 1988, p.62.
90 Ibid., p.14
91 Ibid., p.79.
92 Ibid., p.76.
93 列契沃斯建造的詳細過程，見 Peter Hall, *Cities of Tomorrow*, Blackwell, 2002, pp.97–101.（彼得・霍爾，《明日城市》。聯經出版，二〇一七）。
94 希臘文*eu* 美好 + *topos* 地方，或*ou* 無 + *topos* 地方。
95 Anna Minton, *Big Capital*, Penguin, 2017, p.3.
96 Ibid., p.54.
97 Ibid., p.xiv.
98 Rem Koolhaas, 'Countryside', *O32C*, Issue 23, Winter 2012/2013, pp.49–72.
99 Ibid., p.62.
100 Ibid., p.61.
101 Ibid., p.53.
102 Pliny the Younger, Ep.2.17.2, quoted in Morley, op. cit., p.91.
103 說來諷刺，霍華德希望他的花園城市密集建造，結果卻恰恰相反。
104 Makoto Yokohari, 'Agricultural Urbanism: Re-designing Tokyo's Urban Fabric with Agriculture', Herrenhausen Conference, Hanover, May 2019: https://www.researchgate.net/publication/329999704_

41 這幅溼壁畫的詳細分析，見Maria Luisa Meoni, *Utopia and Reality in Ambrogio Lorenzetti's Good Government*, Firenze, Edizioni IFI, 2006.

42 中世紀義大利城邦出現的討論，見Henri Lefebvre, *The Production of Space*, Donald Nicholson-Smith (trans.), Blackwell 1998, pp.78–9, 277–8.（亨利・列斐伏爾，《空間的生產》。商務印書館，二〇二一。）

43 這時代的標誌是一八二五年九月二十七日，英國斯托克頓（Stockton）到達林頓（Darlington）的鐵路初次運行。

44 Christopher Watson, 'Trends In World Urbanisation', in *Proceedings of the First International Conference on Urban Pests*, K. B. Wildey and Wm H. Robinson (eds), Centre for Urban and Regional Studies, University of Birmingham, UK, 1993.

45 William Cronon, *Nature's Metropolis: Chicago and the Great West*, New York, W.W. Norton and Co., 1991, pp.216–17.（威廉・克羅農，《自然的大都會：芝加哥與西部大開發》。江蘇人民出版社，二〇二〇。）

46 Ibid., p.225.

47 鐵路出現之前，最早的豬肉城市是辛辛那提。

48 Cronon, op. cit., p.244.

49 二〇〇七年，JBS以十五億美元併購了Swift公司。

50 https://www.bbc.co.uk/news/world-latin-america-46327634

51 http://www.mightyearth.org/forests/

52 雖然公園是受保護的棲地，靠著世界銀行的基金而成立，主要所有人卻是當時總統米歇爾・泰梅爾（Michel Temer）的一些密友，而他本人陷入了和JBS有關的一個貪腐醜聞中。見https://www.theguardian.com/world/2017/may/18/brazil-explosive-recordings- implicate-president-michel-temer-in-bribery

53 https://www.theguardian.com/world/2019/aug/02/brazil-space-institute-director-sacked-in-amazon-deforestation-row

54 Cronon, op. cit., p.198.

55 https://www.un.org/development/desa/en/news/population/2018-revi-sion-of-world-urbanization-prospects.html

56 Ibid.

57 http://www.economist.com/news/china/21640396-how-fix-chinese-cities-great-sprawl-china

58 書寫的早期運用，見Bruce G. Trigger, *Understanding Early Civilisations*, Cambridge University Press, 2007, pp.588–90.

59 Friedrich Engels, op. cit., p.52.

60 *The Fastest Changing Place on Earth*, BBC2, first broadcast on 5 March 2012.

61 'Pitfalls Abound in China's Push From Farm to City', *New York Times*, 13 July 2013: http://www.nytimes.com/2013/07/14/world/asia/pitfalls-abound-in-chinas-push-from-farm-to-city.html?pagewanted=all

62 William C. Sullivan and Chun-Yen Chang (eds.), 'Landscapes and Human Health' (special issue), *International Journal of Environmental Research and Public Health*, May 2017 (ISSN 1660-4601): http://www.mdpi.com/journal/ijerph/special_issues/landscapes

63 https://www.agclassroom.org/gan/timeline/1900.htm

64 Joel Dyer, *Harvest of Rage: Why Oklahoma City Is Only the Beginning*,Westview Press, 1997, p.4.

65 Pollan, *The Omnivore's Dilemma*, p.52.（麥可・波倫，《雜食者的兩難》。大家出版，二〇一二。）

66 Ibid., p.53.

67 一九九四年，北美自由貿易協定（North American Free Trade Agreement，NAFTA）讓墨西哥充斥著便宜的美國玉米；這類墨西哥主食在那之前，有四十個品種，這時卻只有一個雜交品種。結果是迫使墨西哥將近半數的農民（一百三十萬人）流落到城市，發現自己買食物的錢，高過他們親自種植時的支出。見Raj Patel, *Stuffed and Starved: Markets, Power and the Hidden Battle for the World Food System*, Portobello, 2007, pp.48–54.（拉吉・帕特爾，《糧食戰爭：市場、權力和世

137 Ibid.
138 地價稅如何運作的深入討論，見 Martin Adams, *Land: A New Paradigm for a Thriving World,* North Atlantic Books, 2015.馬丁指出，重點其實不是收土地稅，而是要求地主為了共同資源排除了那些土地，而補償群體；馬丁因此偏好稱之為「公共土地捐」。
139 不過喬治不是第一個這麼假設的人；那殊榮屬於亞當・史密斯，他最先提出基於每個地主「總是壟斷，索取利用他土地能得到的最高租金」，而對地租收取稅金。Adam Smith,*The Wealth of Nations* Books IV-V, Penguin Classics, 1999, p.436.（亞當・史斯密，《國富論》。先覺出版社，二〇〇〇。）
140 https://www.theguardian.com/commentisfree/2017/oct/11/labour-global-economy-planet
141 Aristotle, *The Politics*, p.108.（亞里斯多德，《政治學》。上海譯文出版社，二〇一九。）
142 這名詞最早是由英國經濟學家威廉・佛斯特・洛伊（William Forster Lloyd）所創，見*Two Lectures on the Checks to Population*, Oxford University, 1833。亦見Garrett Hardin, 'The Tragedy of the Commons', *Science*,Vol. 162, Issue 3859, 1968, pp.1243–8: http://science.sciencemag.org/content/162/3859/1243.full
143 哈丁舉出公共牧場的例子，理智的牧人會因為他能餵養自己牲畜的直接好處，而忍不住過度放牧。但只會在群體中承受超限利用的代價。Hardin, op. cit., p.1244.
144 Garrett Hardin, *Political Requirements for Preserving Our Common Heritage, Wildlife and America,* H. P. Bokaw (ed.),Washington DC, 1978, p.314.
145 Elinor Ostrom, 'Beyond Markets and States: Polycentric Governance of Complex Economic Systems', *American Economic Review* 100, June 2010, p.10: http://www.aeaweb.org/articles.php?doi=10.1257/aer.100.3.1
146 歐斯壯發現，小型到中型的城市遠比大型城市擅長監督他們的資源。
147 Elinor Ostrom,'Beyond Markets and States',talk given at Indiana University, 2009.
148 羅勃・霍普金斯（Rob Hopkins）在一九九〇年代發起轉型運動（Transition Movement），城鎮和當地團體合作，逐漸減少他們的碳排放--食物只是霍普金斯議程上的一項目標；不過他不久就發現，以食物為主的計畫大多最能讓人參與、投入。（與作者的談話。）
149 Raymond J. Struyk and Karen Angelici, *The Russian Dacha Phenomenon, Housing Studies*,Volume 11, Issue 2,April 1996, pp.233–50.
150 https://www.foodcoop.com
151 www.growingpower.org.
152 https://stephenritz.com/the-power-of-a-plant/
153 https://www.growingcommunities.org
154 見André Viljoen (ed.), *CPULs, Continuous Productive Urban Landscapes*, Architectural Press, 2005.

第六章　自然

1 Wendell Berry, *Home Economics*, Counterpoint, Los Angeles, 1987, p.10.
2 「人類世」這個名詞是由美國生物學家尤金・F・斯托默（Eugene F. Stoermer）在一九八〇年代所創，因為荷蘭大氣學家保羅・J・克魯岑（Paul J. Crutzen）而廣為人知。
3 Harari, op. cit., p.65.
4 Ibid., p.67.
5 Gerardo Ceballos, Paul R. Ehrlich, and Rodolfo Dirzo, 'Biological annihilation via the ongoing sixth mass extinction signaled by vertebrate population losses and declines',*PNAS*, 25 July 2017: http://www.pnas.org/content/114/ 30/E6089
6 Ibid.
7 http://journals.plos.org/plosone/article?id=10.1371/journal.pone.0185809
8 https://news.nationalgeographic.com/2018/05/farmland-birds-declines-agriculture-environnment-science/; https://www.independent.co.uk/environment/uk-bird-numbers-species-declines-british-wildlife-turtle-dove-corn-bunting-willow-tits-farmland-a7744666.html
9 https://www.birdlife.org/sites/default/files/attachments/BL_ ReportENG_V11_spreads.pdf, pp.21, 23.
10 Ibid., p.31.

Agricultural_ Urbanism_Re-designing_Tokyo's_Urban_Fabric_with_Agriculture_Preprint
105 Patrick Geddes, *Cities in Evolution* (1915), Routledge, 1997, p.96.（格迪斯，《進化中的城市》。中國建築工業出版社，二〇一二。）
106 Kate Raworth, *Doughnut Economics: Seven Ways to Think Like a 21st Century Economist,* Random House, 2017.（凱特・沃拉斯，《甜甜圈經濟學》，今週刊出版，二〇二〇。）
107 Patrick Geddes, 'The Valley Plan of Civilization', *The Survey*, 54, pp.40–4, quoted in Peter Hall, op. cit., p.149.
108 Geddes (1915), op.cit., p.97.
109 Tim Lang, Erik Millstone and Terry Marsden,'A Food Brexit:Time to Get Real', July 2017: https://www.sussex.ac.uk/webteam/gateway/file.php?name=foodbrexitreport-langmillstonemarsden-july2017pdf.pdf&site=25
110 Ibid., p.18.
111 Lizzie Collingham, *The Taste of War: World War Two and the Battle for Food*, Penguin, 2012, pp.90–1.（莉琪・科林，《漢戰爭的滋味：為食物而戰，重整國際秩序的第二次世界大戰》。麥田，二〇二二。）
112 Rousseau, *The Social Contract and the First and Second Discourses*, p.113.（盧梭，《社會契約論》。香港商務印書館，二〇一八。）
113 Pierre-Joseph Proudhon:'What is Property?',in *Property is Theft! –A Pierre-Joseph Proudhon Anthology*, Iain McKay (ed.), A. K. Press, 2011, p.87.
114 Ibid., p.95.
115 Ibid., p.131.
116 Ibid., pp.130–1.
117 Ibid., p.136.
118 Ibid., p.136.
119 Ibid., p.137.
120 Peter Kropotkin, *The Conquest of Bread* (1892), Penguin, 2015, p.19.（克魯泡特金，《麵包與自由》。商務印書館，二〇一二。）
121 Ibid., p.13.
122 George Orwell, *Homage to Catalonia* (1938), Penguin, 2000, pp.3–4.（喬治・歐威爾，《向加泰隆尼亞致敬》。群星文化，二〇一八。）
123 Ibid., p.98.
124 另一個比較期近的例子是，敘利亞東北的庫德人國家羅賈瓦（Rojava）從二〇一二年起，就朝著無政府的原則努力，也是在內戰的狀況下。見紀錄片*Accidental Anarchist: Life Without Government*, BBC4, 23 July 2017.
125 引用於 Martin Buber, *Paths in Utopia* (1949), R. F. C. Hull (trans.), Boston, Beacon Press, 1958, p.42.
126 Peter Kropotkin, *Fields, Factories and Workshops, or, Industry Combined with Agriculture and Brain Work with Manual Work* (1898), Martino Publishing, 2014, p.5.
127 Ibid., p.7.
128 Ibid., p.38.
129 Ibid., p.21.
130 Ibid., p.180.
131 Ibid., p.217.
132 Henry George, *Progress and Poverty*, p.120.（亨利・喬治，《進步與貧困》，商務印書館，二〇一〇。）
133 諾姆・喬姆斯基（Noam Chomsky）主張，無政府主義其實今日正在以占領運動的形式復甦。見 Noam Chomsky, *On Anarchism*, Penguin, 2013.
134 http://www.bbc.co.uk/news/magazine-33133712
135 http://www.countrylife.co.uk/articles/who-really-owns-britain-20219
136 George, *Progress and Poverty*, p.147.（亨利・喬治，《進步與貧困》，商務印書館，二〇一〇。）

沃爾多・愛默生，〈論自然〉，收錄於《論自然・美國學者》。生活・讀書・新知三聯書店，二〇一五。）
42 Ibid., p.38.
43 Ibid., p.37.
44 Ibid., p.39.
45 Ibid., p.43.
46 Henry David Thoreau, *Walden, or Life in the Woods* (1854), Oxford University Press, 1997, p.122.（亨利・大衛・梭羅，《湖濱散記》。野人文化，二〇二〇。）
47 John Muir, *A Thousand-mile Walk to the Gulf*, Boston and New York, Houghton Mif in, 1916, p.xxxii.（約翰・謬爾，《墨西哥灣千哩徒步行》。馬可孛羅，二〇二一。）
48 John Muir, *The Yosemite*: http://www.gutenberg.org/files/7091/7091-h/7091-h.htm
49 John Muir, 'The Treasures of the Yosemite' and 'Features of the Proposed Yosemite National Park', *The Century Magazine*,Vol. 40, No. 4, August 1890, and No. 5, September 1890.
50 Ralph Waldo Emerson, op. cit., p.80.
51 John Muir, *My First Summer in the Sierra*, Boston and New York, Houghton Mifflin, 1911, p.99.（約翰・謬爾，《我的山間初夏》。臉譜，二〇二〇。）
52 William Cronon, 'The Trouble with Wilderness', in William Cronon (ed.), *Uncommon Ground: Rethinking the Human Place in Nature*, New York, W. W. Norton and Company, 1996, p.80.
53 Wendell Berry, *Home Economics*, Counterpoint, Los Angeles, 1987, p.11.
54 Ibid., p.139.
55 Ibid., pp.7–8.
56 Ibid., p.6.
57 Ibid., p.140.
58 Ibid., p.142.
59 Ibid., p.143.
60 https://www.express.co.uk/life-style/food/694191/cheese-UK-Britain-France-brie-cheddar-producer-world-Monty-Python-Cathedral-City
61 *Back to the Land*, Series 2 Episode 9, BBC2, 21 May 2018.
62 UNFAO,'The Future of Food and Agriculture,Trends and Challenges', p.x.
63 Ibid., p.xi.
64 Ibid., p.7.
65 Ibid., p.xi.
66 在半乾燥地區的季節性河川建造水壩，攔阻、蓄積洪水。見 https://thewaterproject.org
67 UNFAO, op.cit., pp.48–9.
68 Ibid., p.xii.
69 Simon Fairlie, *Meat: A Benign Extravagance*, Chelsea Green, 2010, p.1.
70 Ibid., p.9.
71 費爾利僅僅算上五十六公克的肉和五六八公克的乳製品；他的數據是根據蘇格蘭生態學家肯尼斯・梅蘭比（Kenneth Mellanby）一九七五年的一則研究。見Simon Fairlie, op.cit., p.95.
72 Ibid, pp.95–7.
73 追查發現，口蹄疫爆發源於把一些處理不當的污染餿水餵給豬吃，因此適當管控就能避免再度爆發。英國團體「豬主張」（the Pig Idea）正在爭取推翻禁令（隔年歐盟也禁餵廚餘了），主張沒道理浪費那麼珍貴的資源（世上其他地方廣為使用）。見 http://www.thepigidea.org
74 引用於Fairlie, op. cit., p.29.
75 Ibid., p.21.
76 Ibid., p.2.
77 Ibid., p.42.
78 Ibid., pp.38–9.
79 Ibid., p.40.既然這樣務農，會產生大約一億五千萬公噸的穀物過剩，所以費爾利認為我們能承受把一些穀物添加到雜食性牲畜的飼料中，因此每人得到額外八公斤的肉，欠收時也有「食物緩

11 https://www.theguardian.com/environment/2017/dec/14/a-different-dimension-of-loss-great-insect-die-off-sixth-extinction
12 https://www.bbc.com/news/uk-43051153
13 David R. Montgomery and Anne Biklé, *The Hidden Half of Nature: The Microbial Roots of Life and Health*, New York, W. W. Norton and Company, 2016, p.24.
14 Spector, op.cit., p.25.
15 Montgomery and Biklé, op. cit., p.2.
16 二〇一三年西澳發現的三十五億年化石，是至今發現最早的生物--那層一公分厚的單細胞微生物群體，就是在那樣的海底熱泉周圍發現的。見Seth Borenstein,'Oldest Fossil Found: Meet Your Mom', 13 November 2013, Associated Press: http://apnews.excite. com/article/20131113/DAA1VSC01.html
17 https://www.scientificamerican.com/article/origin-of-oxygen-in-atmosphere/
18 Aristotle, *Physics*, Robin Water eld (trans.), Oxford University Press, 1996, p.56.
19 Aristotle, *The Politics*, p.79.（亞里斯多德，《政治學》。上海譯文出版社，二〇一九。）
20 見第一章。
21 這題目的詳細討論，見Ernst Cassirer, *The Individual and the Cosmos in Renaissance Philosophy*, University of Pennsylvania Press, 1963.
22 René Descartes, *Discourse on Method and Meditations on First Philosophy*, Donald A. Cress (trans.), Hackett, 1998, pp.18–19.（勒內・笛卡兒，《談談方法》。五南，二〇二〇。《沉思錄》。商務，二〇二〇。）
23 Ibid., p.31.
24 和這抽象看法相關的問題討論，見Dalibor Vesely, *Architecture in the Age of Divided Representation*, MIT Press, 2004, pp.188–96.
25 Keith Thomas, *Man and the Natural World: Changing Attitudes in England 1500–1800*, Allen Lane, 1983, p.18.（基思・托馬斯，《16和17世紀英格蘭大眾信仰研究》。譯林出版社，二〇一九。）
26 Ibid., p.34.
27 例如見天寶・格蘭丁（Temple Grandin）的作品，或 Rosamund Young, *The Secret Life of Cows*, Faber & Faber, 2017.
28 https://www.vegansociety.com/about-us/further-information/key-facts
29 http://www.bbc.co.uk/news/uk-england-43140836
30 https://www.thebureauinvestigates.com/stories/2018-01-30/a-game-of-chicken-how-indian-poultry-farming-is-creating-global-superbugs
31 見Jules Pretty, *Agri-culture – Reconnecting People, Land and Nature, Earthscan*, 2002, pp.126–45.
32 二〇一八年，嘉磷塞因為更糟的原因而登上頭條——一名庭園管理員德維恩・強生（Dewayne Johnson）控制孟山都損害賠償勝訴，法庭發現經常使用該公司的殺草劑RangerPro，對強生罹患非何杰金氏淋巴瘤（non-Hodgkin's lymphoma）這種末期癌症有「極大」的影響，因此判強生勝訴。
33 「植物性化合物」的英文phytochemical的字源是希臘文，*phyton* 植物。
34 數據來自拉夫・C・馬丁教授二〇一一年十月在多倫多食物政策議會的演講：https://www.plant.uoguelph.ca/rcmartin
35 見Philippe Descola – *Beyond Nature and Culture*, Janet Lloyd (trans.), University of Chicago Press, 2013.
36 Ibid., p.46.
37 Jean-Jacques Rousseau, *The Social Contract and Discourses*, G. D. H. Cole (trans.), London and Toronto, J. M. Dent and Sons, 1923, p.145.（盧梭，《社約論》。臺灣商務，二〇〇〇。）
38 Rousseau, *The Social Contract and the First and Second Discourses*, p.48.
39 Ibid., p.52.
40 Henry David Thoreau, 'Walking', *The Works of Thoreau*, Henry S. Canby (ed.), Boston, Houghton Mif in, 1937, p.672.（亨利・梭羅，《心靈散步》。藍鯨文化出版社，一九九九。）
41 Ralph Waldo Emerson, *Nature* (1836), in *Nature and Selected Essays*, Penguin, 2003, p.35.（拉爾夫・

（大衛・蒙哥馬利，《耕作革命：讓土壤煥發生機》。上海科學技術出版社，二〇一七。）
109 Eve Balfour, *The Living Soil* (1943), Soil Association, 2006, p.21.
110 https://microbiomejournal.biomedcentral.com/articles/10.1186/s40168-017-0254-x
111 最常見的複雜碳水化合物是纖維素，存在於幾乎所有植物中，造成植物結構，並讓植物擁可變通的力量。
112 家樂的習慣（把優格塞進他病人下端的開口），原來不像聽起來那麼古怪。
113 Spector, op.cit., p.18.
114 這段旅程由BBC Radio 4的丹・薩拉迪諾（Dan Saladino）拍攝，製成兩集，名為「和哈德薩人一同打獵」（Hunting with the Hadza），於二〇一七年七月三日播出：https://www.bbc.co.uk/programmes/b08wmmwq
115 Ibid.
116 Michel de Montaigne, *The Complete Works*, Donald M. Frame (trans.), Everyman's Library, p.385.
117 見Alex Laird, *Root to Stem,A Seasonal Guide to Natural Recipes and Remedies for Everyday Life,* Penguin 2019, pp.63–6.
118 Dan Barber, *The Third Plate: Field Notes on the Future of Food*, Abacus, 2014, p.7.（丹・巴柏，《第三餐盤》。商周出版，二〇一六。）
119 Ibid., p.8.
120 Ibid.
121 Isabella Tree, *Wilding:The Return of Nature to a British Farm,* Picador, 2018, p.8.
122 再野化的好處討論，見George Monbiot, *Feral: Rewilding the Land, Sea and Human Life*, Penguin 2014.
123 Qing Li, *Effect of forest bathing trips on human immune function*, Japanese Society for Hygiene, 2009: https://link.springer.com/article/10.1007/s12199-008-0068-3
124 那種研究的最新摘要範例，見Jo Barton, Rachel Bragg, Carly Wood, Jules Pretty (eds), *Green Exercise: Linking Nature, Health and Well-being*, Routledge 2016.

第七章　時間

1 *Dying to Talk*, BBC World Service, 27 April 2017: https://www.bbc.co.uk/ programmes/p0506ttc
2 https://deathcafe.com
3 死亡咖啡館現在由盎德伍的母親蘇珊・巴斯基・里德（Susan Barsky Reid）和妹妹茱爾斯・巴斯基（Jools Barsky）經營。
4 https://faithsurvey.co.uk/download/uk-religion-survey.pdf
5 https://www.nbcnews.com/better/wellness/fewer-americans-believe-god-yet-they-still-believe-afterlife-n542966
6 Atul Gawande, *Being Mortal: Illness, Medicine and What Matters in the End*, Profile Books, 2014, p.1.（葛文德，《凝視死亡》。天下文化，二〇一九。）
7 Ibid., p.155.
8 Ibid., p.178.
9 Ibid., p.177.
10 Ibid., p.178.
11 https://www.theguardian.com/society/2017/sep/27/rise-in-uk-life-expectancy-slows-significantly-figures-show
12 *Eat to Live Forever with Giles Coren*, BBC2, 18 March 2015.
13 Paul McGlothin and Meredith Averill, *The CR Way: Using the secrets of calorie restriction for a longer, healthier life*, Collins, 2008, p.xiii.
14 https://www.thetimes.co.uk/article/tv-review-eat-to-live-forever-with-giles-coren-the-billion-dollar-chicken-shop-6nz30cn7jgr
15 *The Epic of Gilgamesh*, op. cit., p.86.
16 Sarah Harper, *How Population Change Will Transform Our World*, Oxford University Press, 2016, p.2.
17 依據NHS，照顧八歲兒童的成本是照顧三十歲成人的五倍。見https://www.england.nhs. uk/five-

衝」。

80 https://www.savory.global/our-mission/,https://atlasofthefuture.org/futurehero-tony-lovell-5-billion-hectares-hope/

81 Fairlie, op. cit., p.172.這數字根據的是塞倫蓋蒂部分地區的重新占據率。

82 Ibid, p.171.估計稻米占了一九九〇年全球甲烷排放的百分之十（比肉和乳製品加起來更多），現在判斷，這數字自從中國以化學肥料取代有機肥料以來，降低了三分之二，不過「閒置」有機肥料（量大幅增加）的排放要歸在哪裡，還不清楚。

83 Adrian Muller, Christian Schader, Nadia El-Hage Scialabba, Judith Brüggemann, Anne Isensee, Karl-Heinz Erb, Pete Smith, Peter Klocke, Florian Leiber, Matthias Stolze and Urs Niggli, 'Strategies for Feeding the World more Sustainably with Organic Agriculture', *Nature Communications*, Vol.8, Article No. 1290, 2017: http://www.nature.com/articles/s41467-017-01410-w

84 Ibid., p.3.另見西蒙・費爾利，他指出英國小麥和其他穀物的產量差異，幾乎可確定是由於有機品種缺乏投資。Fairlie, op. cit., pp.87–8,

85 Tom Bawden, 'Organic farming can feed the world if done right, scientists claim', *Independent*, 10 December 2014:https://www.independent.co.uk/environment/organic-farming-can-feed-the-world-if-done-right-scien-tists-claim-9913651.html

86 J. N. Pretty, J. I. L. Morison and R. E. Hine, 'Reducing food poverty by increasing agricultural sustainability in developing countries', *Agriculture, Ecosystems and Environment* 95, 2003, pp.217–34.

87 Brian Halweil, "Can organic farming feed us all?", The Free Library, 1 May 2006, www.thefreelibrary.com/Can organic farming feed us all?-a0145475719/

88 https://eatforum.org/eat-lancet-commission/

89 https://www.ipcc.ch/report/srccl/

90 Albert Howard, *An Agricultural Testament* (1940), Oxford University Press, 1956, p.1.（亞柏特・霍華德，《農業聖典》。中國農業大學出版社，二〇一三。）

91 城市中的垂直農場不是解藥，另一個原因是垂直農場從遙遠的地方輸入肥力，無法使之回歸土壤。

92 Howard, op. cit., p.4.

93 普魯士地理學家亞歷山大・馮・洪堡德（Alexander von Humboldt）一八〇四年發現了祕魯鳥糞的神奇特性（印加人早已熟知），從此北美和歐洲開始始用；之後在土地上施加鳥糞帶來驚人的好處，加深了這樣的執念。見Smil, op. cit., pp.39–42.

94 Howard, op. cit., p.161.

95 Ibid., pp.56–62, 166–8.

96 Ibid., p.18.

97 Ibid., pp.42–3.

98 Ibid., p.22.

99 Ibid., p.27.

100 Ibid.

101 伊娃・巴爾芙著有另一部有機農業經典——一九四三年的《活土壤》（*The Living Soil*）。威廉・阿爾布列希（William Albrecht）是美國土壤科學學會（Soil Science Society）會長，也是霍華德的仰慕者。

102 Montgomery and Biklé, op. cit., p.104.

103 Ibid., p.105.

104 Ibid., p.100.

105 Ibid., p.99.

106 Masanobu Fukuoka, 'The One-Straw Revolution', *New York Review of Books*, 1978, p.45.（福岡正信，《一根稻草的革命》。綠色陣線協會，二〇一三。）

107 Ibid., p.3.

108 李比希的最後一本書，《農業的基本原理》（*The Natural Laws of Husbandry*，中國農業出版社，二〇二〇）寫於一八六三年，推翻了先前的假設，表明有機物應該回歸田地。見David R. Montgomery, *Growing a Revolution: Bringing Our Soil Back to Life*,W.W. Norton, 2017, pp.246–9.

55 Timothy Morton, *Dark Ecology: For a Logic of Future Coexistence*, Columbia University Press, 2018, p.24.

56 Ibid., p.118, p.123.

57 Ibid., p.75.

58 Ibid., p.69.

59 http://www.joannamacy.net

60 Carlo Rovelli, *The Order of Time*, Allen Lane, 2018, pp.86–7.（卡羅．羅維理，《時間的秩序》。世茂，二〇二一。）

61 Ibid., p.92.

62 見第一章，P.56。

63 Ingold, op. cit., p.331.

64 Aldous Huxley, *Brave New World* (1932),Vintage, 2007, p.47.（阿道斯．赫胥黎，《美麗新世界》。好讀，二〇一四。）

65 https://edition.cnn.com/2017/09/18/health/opioid-crisis-fast-facts/index.html

66 Rainer Maria Rilke, 'Sonnet XXVII', In *Praise of Mortality: Selections from Rainer Maria Rilke's Duino Elegies and Sonnets to Orpheus*,Anita Barrows and Joanna Macy (trans.), Riverhead Books, 2005, p.133.

67 Emerson, op. cit., p.44.

68 這概念最初來自老年學家詹尼．派斯（Gianni Pes）和米歇爾．普蘭（Michel Poulain）的成果，他們辨識出薩丁島的努羅奧（Nuoro），男性百歲人瑞的密度最高，並在地圖上畫出同心圓，圓心是密度最高的地方：藍區。

69 https://www.bluezones.com

70 而沖繩人依循二千五百年歷史的儒家理念，腹八分（百分之八十原則），提醒用餐者吃到胃八分滿的時候，就適可而止。

71 Daniel Klein, *Travels with Epicurus*, Penguin, 2012, pp.22–3.（丹尼爾．克萊恩，《我還年輕：不老族的快樂哲學》，馬可孛羅，二〇一四。）

72 Marcus Aurelius, *Meditations*, Book 6.37, Penguin, 2006, p.53.（馬可斯．奧理略．安東尼努斯，《沉思錄》。遠流，二〇一九。）

73 Mircea Eliade, *The Sacred and the Profane:The Nature of Religion*,Willard R. Trask (trans.), Harvest/Harcourt Brace Jovanovich, 1959, p.68.